분재 총론

분재총론

2018년 11월 20일 8쇄 발행

지은이 * 김세원
펴낸이 * 남병덕
펴낸곳 * 전원문화사
07689 서울시 강서구 화곡로 43가길 30 . 2층
        T.02)6735-2100 F.6735-2103
등록 * 1999년 11월 16일 제 1999-053호

값 16,000원

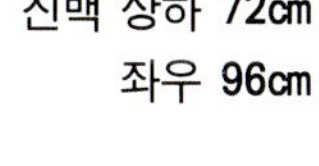

진백 상하 72㎝
좌우 96㎝

금송 수고 12㎝

섬잣나무 수고 **97㎝**

노간주나무 수고 18㎝

해송

당단풍
수고 61cm

단풍나무
수고 73cm

소사나무

소사나무 수고 26cm

애기노각나무 수고 16cm

등나무 수고 72cm

사쯔끼 철쭉(如峰山) 수고 30cm

산사나무 수고 55㎝

명자나무(동양금) 수고 13㎝

팥꽃나무 상하 112㎝

심산 해당 수고 65cm

작살나무 수고 13cm

치자나무 수고 19cm

애기밀감 수고 13cm

낙상홍 수고 20㎝

애기사과 수고 53㎝

당단풍 수고 55㎝

당단풍 수고 17㎝

모과나무 수고 77㎝

석류나무 수고 **69㎝**

취 / 미 / 와 / 생 / 산 / 을 / 위 / 한

분재 총론

김세원 · 저

전원문화사

머 리 말

　　인간은 자연을 떠나서는 살 수 없으며, 풍요한 자연 속에서만 만족스런 정서 생활을 영위할 수 있다.

　　아름다운 자연을 가꾸는 분재는 우리의 삶을 즐겁게 하고, 행복감을 안겨주기 때문에 문화 수준이 높은 세계 각국에서 그 수요가 날로 급증하고 있는 실정이다. 이에 따라 이웃나라에서는 이 분재의 수출량이 엄청나게 늘고 있으며, 이제 분재도 산업적으로 높이 평가를 받게 되었고, 따라서 분재의 학문적 연구와 생산 기술의 보급은 급박한 실정이다.

　　저자는 분재 배양, 생산과 근년 10수년간은 오직 분재만을 섭렵하였으며, 분재 강의 생활, 수차에 걸친 일본 분재계의 연구 시찰 등에서 얻은 지식과 기술을 본서에 총정리하였고, 이에 학문적인 연구와 실험을 거듭해 온 이론과 실기를 체계화하여 엮었으며, 일반 대학 및 전문대학의 원예학도의 교과서나 참고서용, 또한 분재 생산인이나 분재 취미인에게 바른 분재의 길잡이가 될 수 있도록 정성을 다하여 노력하였다.

　　분재는 앞으로 연구해야 할 분야가 너무나도 많으며, 과학적 이론의 정립, 미학적 수형의 정립, 새로운 기술 개발, 용어문제 등 허다하기 때문에 앞으로 분재에 전념하는 많은 젊은 원예학도에게 기대를 걸어보는 바이다.

　　앞으로 선배제현과 독자분들의 지도편달을 폭넓게 수용하여 계속적으로 수정하고 보완하여 나가고자함을 명백히 하는 바이다.

　　끝으로 이 책을 출간함에 있어서 물심 양면으로 수고하여 주신 전원문화사 김철영 사장님 이하 편집부 여러분의 노고에 감사드립니다.

선유원에서
저자 씀

차 례

제❻장 분(盆)

제 10 장 분재의 미학과 진열

부 록

제1장 서 론

1. 분재의 뜻

　분재 (盆栽 : Bonsai) 는 화훼원예 (floriculture) 에서 가꾸는 화초 (herba-
ceous ornamental) 나　화목 (woody ornamental), 관엽식물 (foliage
plant) 등의 재배관리, 번식, 병충해방제에 있어서 원예학 (horticultural
science) 적인 면으로는 상당히 상통되는 점이 많지만 배양하는 용기나 전
지 (剪枝), 정자 (整姿) 등에 있어서는 전혀 다르다.
　일반적으로 화훼원예 (花卉園芸) 는 단순한 식물의 미 (美) 즉,　꽃의 아름
다움, 잎의 모양, 무늬의 아름다움, 열매의 아름다움을 추구하는데　있으
나 분재는 그 자연 수형미 (樹形美) 를 추구하는데 있다.
(그림 1 - 1, 1 - 2 참조)

그림 1 - 1 자연의 정취를 느낄수
있는 아름다운 수형미를 갖춘 분재

그림 1 - 2 여러가지 분식 식물들

분재의 정의(定義)를 요약해 보면, 분재는 초목(草木)을 얕고 작은 분(盆)에 심어 적절한 배양관리(培養管理)와 정형(整形)·정자(整姿)를 하여 반영구적으로 그 생명을 지속시켜가며, 노수거목(老樹巨木)의 이상적(理想的)인 자연 수형미(樹形美)를 창출(創出)하는 것이다. 그리고 이 분재작품을 통하여 감동적으로 자연경관의 아름다움을 감상케 하는 자연조형예술(自然造形芸術)이라고 할 수 있다.

그러므로 분재는 원예학적(園芸学的)인 지식(知識)과 분재기술(盆栽技術), 그리고 예술성(芸術性)이 종합된 살아있는 조형예술작품(造形芸術作品)이다.

❷. 분재의 특징

인간은 문명이 발달하고 경제적으로 윤택한 생활을 영위하게 됨에 따라 정신적인 문화생활에의 추구는 더욱 절실하고 간절해지는 법이다.

문명이 발달한 선진국일수록 원예가 발달하고 그 소모량이 증대하는 것도 이러한 인간의 정신문화생활에의 갈구와 자연에 귀소하려는 인간본능의 발로라고 볼 수 있다.

일반화훼원예는 단순한 식물의 미만을 추구하므로, 아무리 아름다운 꽃이라도 항상 옆에 두고 감상하게 되면 끝내는 염증을 느끼게 된다.

그러나 분재는 자연의 수형미를 통한 자연경관의 정취를 감상하는 것이므로 세월이 갈수록 더욱 흥미롭고 정감을 더해 가는 것이다.

또한 분재는 원예(horticulture)의 영역을 벗어나 자연예술로서 전세계인의 취미생활로 번져가고 있으며, 날로 그 깊이와 폭을 넓혀가고 있다.

그러면 분재가 화훼원예와 다른 어떤 특징을 가지고 있는지 살펴보자.

⑴ 분재에 사용되는 수목(樹木)은 대개 야생수종이며 분재의 특성에 맞는 종류는 약 150종 정도이나 현재 새로운 수종이 분재로 개발되어 가고있으므로 앞으로 그 종류는 증가될 것이다.

그러나 일반적으로 많이 가꾸어지고, 그 배양관리 기술이 연구개발된 대표수종은 약 60여종이 된다.

> **참고** 식물은 분류학상의 기본이 되는 「종」(species)의 수만 하더라도 약 35만이 있다고 한다. 이 「종」보다 하위의 분류단위인 「변종(var.)」이나 「품종(f.)」을 합하면 100만을 넘을 것이며 「원예품종(culti-vata varietas)」을 이에

　　　　첨가시키면 그 수는 무한으로 증가할 것이다.

(2) 분재는 배양관리와 정형정자하는 분재기술의 우열에 따라 그 작품의 우
　　열에도 많은 격차가 있으며, 이 분재기술을 습득하는데는 많은　시일이
　　소요된다.

(3) 분재는 노수거목의 수형미를 창작하는 것이므로 훌륭한 작품을 만들려
　　면 10년 내지 20여년의 오랜 세월이 소요된다. 그러므로 한 사람이 많
　　은 양의 분재는 배양하지 못하며 더우기 기업화하여 대량생산을 도모하
　　는 것은 매우 어려운 일이다. 그러나 삽목, 접목, 파종 등에 의한 분재
　　소재묘목 생산과 초보단계의 소재생산은 소기업화할 수 있으며, 분재작
　　품은 분재 취미가나 분재 전업자를 통하여　한정된 수량의 생산만이 가
　　능하다.

그림 1 - 3　노수거목의 모습이 잘 나타난 분재작품

(4) 분재는 배양관리와 정형정자의 예술창작활동을 통하여 현대인의　편안
　　한 생활에서 느끼지 못하는 성취감을 맛보게 되며, 정신적으로 누적되는
　　피로를 해소하는 자연 정서생활을 할 수 있다.

　　또 분재미(盆栽美)를 감상하므로 해서 현대인이 갖는 초조감과 불안감을
　　해소하고 정신적 안정과 행복감을 안겨주는 차원　높은　취미생활을 할
　　수 있다.

(5) 분재는 반영구적인 살아있는 자연조형 예술이므로 문화재로서도 그　가
　　치를 발휘할 수 있으므로 좋은 작품은 오래 가꿀수록 더욱 가치는 높아

진다.

⑹ 우리 한국인은 예술성과 손재주가 뛰어나므로 분재생산은 가장 합리적
   이라 생각되며 앞으로 해외 시장이 개척되고 수출이 되면 외화획득에도
   크게 기여하게 될 것이다.

> **참고** 1976년부터 프랑스, 미국, 서독, 영국, 자유중국 등지에서 분재를 수입하기
> 위해 많은 분재상인들이 우리나라를 찾아왔으나 우리나라에 그네들의 요구에
> 부응하는 분재의 수량이 없으므로 현재까지 수출이 실현되지 못하고 있는 실
> 정이다.

❸. 분재의 역사와 현황

☐1 중국의 분재역사

　대부분의 동양문화가 중국대륙에 그 발원지를 두고 있듯이, 분재도 중
국에서 시작되었다.

　최근 중공에서 발표된 내용으로는 후한 시대 (25 년 ~220 년)의 분묘의 벽
화에 분재그림이 발견되었다고 한다. 지금으로서는 가장 오래된 분재역사
의 고증이라고 할 수 있다.

그림 1 - 4 장회태자묘의 벽화

그림 1 - 5 옆의 그림을 확대한 것

  그리고 중국 고서(古書)에 한(漢)의 부호 원광한(袁広漢)의 저택을 묘사한 것을 보면

  「축조한 정원이 동서 4리, 남북으로 5리이며, 이 속에 빠르게 흐르는 강을 만들고 이 강 속에 돌로 축조한 산이 동으로 뻗어 있는데 높이가 10여장 이며 초목을 분에 심어 여기에 안치하고 감상하였다」 한다.

  이렇게 후한시대를 거쳐 당대(唐代)에 와서는 문화예술로서 새로운 시기를 맞게 되었다.

  1972년 협서성(陝西省)에서 당의 4대 고종황제의 아들 장회태자(章懷太子) 이현(李賢)의 묘가 발굴되었는데 이 묘의 벽화 가운데 시녀가 분재를 받쳐들고 있는 것이 발견되었다. (그림 1 - 4 참조).

  그 후 송(宋), 명(明), 청(淸) 시대로 바뀌면서 분재는 더욱 발달하여 수형도 다양해지고 형태도 다양해졌으며, 도자기 발달은 아름다운 분재분의 생산을 낳게 하고 이에 따라 분재는 더욱 예술문화로 성장하게 되었다.

  그리고, 분재에 관해 상세히 설명한 「고반여사(考槃余事)」란 책과, 분재에 적합한 수종을 소개하고 수형을 교정(矯正)하는 방법을 설명한 「비전화경」(秘傳花鏡)이란 분재책이 발간되었다.

그림 1 - 6 양귀비와 함께 그려진 분재

그림 1 - 7 북송(北宋)의 분

② 중국의 현황

  중공과의 국교가 없는 우리로서는 중공의 분재실정을 정확히는 알 수 없으나 외국의 분재잡지나 책자를 통해 소개된 내용을 종합해보면 중공은 대

도시에 커다란 분재공원이 있으며 이것을 국가가 관리하고 이 분재공원에
부속된 분재연구기관이 있어 많은 사람이 분재연구를 하고 있다고 한다.
전국분재전을 수차에 걸쳐 개최하고 수십만의 인파가 이 분재전시회를 관
람하였으며 100년이상된 분재도 60여분이 전시되었다고 한다.
　송나라시대부터 분재분은 중국분이 석권하였으며 현재도 일본에는 중공
분이 많이 수입되어 일반에게 공급되고 있다.

그림 1 - 8　上海의 龍華盆景園

③ 우리나라의 분재역사

　중국대륙에서 발상된 문화는 먼저 우리나라로 흘러들어오게 마련이다.
　더구나 자연을 사랑하고 예술적 재능이 충분한 한민족에게는 분재란 문
화예술이 생활 속에 파고 들어 그 꽃을 피웠을 것으로 사료된다.
　우리나라의 분재역사는 아직 미개척 상태이므로 일부 분재역사에　관심
이 있는 분재인과 저자가 발굴한 문헌을 통하여 우리나라의 분재역사의 자
취를 단편적이나마 더듬어볼 뿐이다.
　고려 중기의 대문장가이며 재상을 지낸 이규보(李奎報)〔1168 ～ 1241〕선
생이 남긴 동국이상국집(東國李相國集)에 분재를 읊은 시「가분중육영」(家
盆中六詠)이 있다. (1982년 저자 발견)
　그후 고려말기에 재상을 지낸 문장가　전록생(田綠生) 선생이 8살　때

지었다는 「영분송」(詠盆松)이란 한시가 전해지고 있으며, 고려말기시대의
작품으로 추정되는 분재를 수놓은 네폭의 병풍 「사계분경도」(四季盆景圖)
가 보존되고 있다. (그림 1 - 9 참조)

　이조시대에 들어와서는 세종때에 부제학을 지낸 강희안(姜希顏： 1417
~1464) 선생이 남긴 양화소록(養花小錄)이란 분재에 관하여 서술된 책이
있다.

그림 1 - 9 사계분경도 중의 하나

그림 1 - 11 이조백자에 나타나
있는 매화분재

그림 1 - 10 청자화분

그림 1 - 12 이조백자분

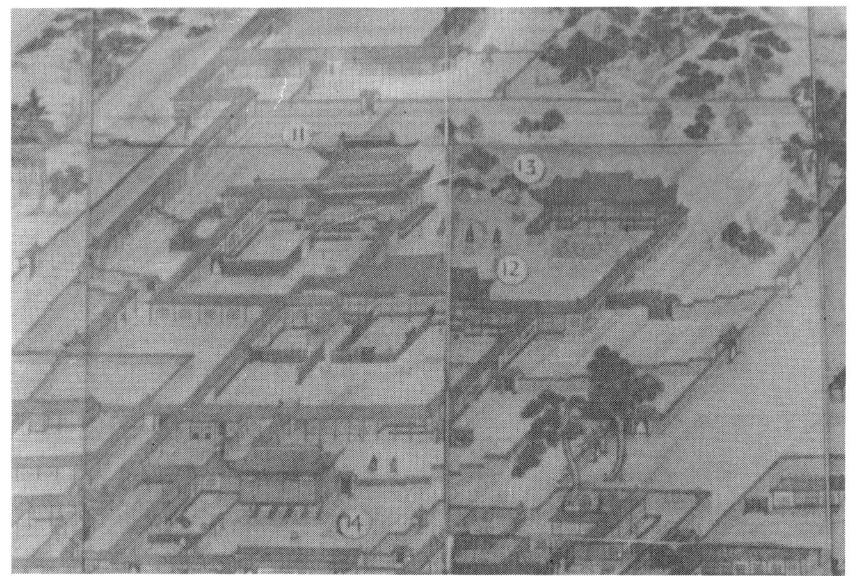

그림 1 - 13 경복궁의 전면도

그림 1 - 14 윗 그림의 ⑬ 부분을 확대

이 책은 원예전문가도 아닌 선비가 취미로 원예와 분재를 가꾸면서 배우고 경험한 바를 기록한 것으로 그 내용이 번식법, 배양관리법, 감상법까지 망라되어 있는데 오백수십 년이 지난 지금에도 참고가 될 내용이 많이 기재되어 있다.

그리고 1653년 작품으로 전해진 「승지회집도」(承旨會集圖)를 보면 여러 선비가 둘러 앉아있는 한 쪽에 수석과 분재가 놓여 있다.

이조말엽 추사(秋史) 김정희(金正喜 1786 ~ 1856) 선생의 별장에는 분매(盆梅)를 배양하는 커다란 「홍원매실」이 있어 유명했다고 한다. 선비의 집에는 분재와 분매를 배양하는 매실(梅室)이 많이 있었다고 하며 대원군이 살았던 운현궁에도 매실이 있었다고 전해지고 있다.

④ 우리나라의 현황

우리의 분재문화가 전승되어 온 것은 별로 없고 일제시대에 일본의 분재문화가 흘러 들어왔다.

해방후는 일부 취미인들만이 산채목으로 분재를 가꾸었으며 주로 부산, 마산, 진주, 광주지역의 극히 일부에서만 취미생활로 영위되고 있었다.

1960년대부터 우리의 경제가 발전하면서 원예도 점차 발전되기 시작하였으며, 동시에 분재도 차츰 그 폭을 넓히게 되었고, 1978년경부터 분재는 더욱 붐을 타고 대중의 취미생활로 파고 들기 시작했다.

그림 1 - 15 우리나라 분재원 (선유원)

5 일본의 분재역사와 현황

우리나라를 거쳐 건너간 것으로 추측되는 일본의 분재는 문화예술로서 보존 전승되고 계승되어 현재 5백수십년이 된 분재가 20여분이 보존되고 있다.

일본의 분재기술은 최근 50년간 급진적으로 연구개발되고 보급되어 취미인구의 6할이 넘는 분재인구를 갖게 되었다.   그리고 세계 각국에 이 분재를 보급해 왔으며 현재 실질적으로 분재의 종주국(宗主國) 행세를 하고 있다. 분재를 통하여 얻는 외화도 엄청난 것이지만 그 보다 이 분재를 통한 민간문화 외교에 의해, 잔악한 국민으로 인식되었던 일본인이 평화를 사랑하고 자연을 사랑하는 문화국민으로 새로운 인식을 받게 되고 세계에 일본의 국위를 선양하는데 공헌한 바가 크다.

그림 1 -16 일본의 유명한 분재원인 만청원

1980년 일본 「오오사까」에서 세계수석분재 대전을 개최하여 온 세계의 분재인이 참가하였고 국제행사로 지금까지 계속되고 있으며, 분재의 일본어인 Bonsai가 대영백과 사전에 실려서 현재 세계 공통어로 사용되고 있다.

그림 1 - 17 제 4 회 세계분재수석대전 (1983) (일본오오사까)

⑥ 세계 각국의 현황

(1) **영국** : 원예가 매우 발달된 원예선진국인 영국에서도 분재가 널리 보급되고 있으며 1985년에는 전국 분재대전이 개최되었다.

원예에 있어서 가장 오랜 역사와 전통을 자랑하는 영국왕립 원예협회(王立園芸協會)가 주최하는 「첼시·플라워 쇼」에는 분재전시가 대성황이었다고 한다.

물론 일본에서 수입된 분재작품이 대부분이지만 이제는 영국 자생수로 개발된 분재작품이 증가되고 있다고 하니 영국의 분재수준과 연륜을 짐작할 수 있다.

그림 1 - 18 영국 첼시 플라워쇼의 분재전시

(2) **서독** : 서독의 분재 수준도 상당히 높으며 전국분재협회도 결성되어 있고 1979년 가을 수도 "본"에서 개최된 전국정원박람회(全國庭園博覽會) 에 분재가 전시되었는데 가장 인기가 있어 관람자도 제일 많았다고 한다.
정부의 고위관리는 물론 야당지도자들도 다수 참관하였으며, 특히 중공의 분재가 전시 소개되었는데 중공수상도 참관하였다고 한다.

(3) **프랑스** : 프랑스에서도 분재의 인기는 대단하다.
전세계의 원예 선진국이 참가하는 파리의 국제 플라워쇼(국제 플라워쇼는 1969년에 개최되었는데 매 10년마다 개최된다.)에도 분재가 전시되어 인기가 대단했다고 하며, 전시되고 판매된 분재는 대부분이 일본에서 수입된 것이었다고 한다.

(4) **카나다** : 카나다에서도 분재 인구는 날로 증가하고 있다고 한다.
1928년 파리에서 결성한 국제박람회 조약에 따라 국제 박람회사무국 (IBE)이 공인하는 원예 전반에 관한 특별박람회가 1980년 5월부터 9월까지 「몬트리올」에서 개최되었는데 분재전시도 상당한 자리를 차지하고 그 인기는 다른 원예와 비교해 월등한 것이었다고 한다.

그림 1 - 19 프랑스의 분재

그림 1 - 20 네델란드 분재농장

5) **미국** : 미국인에 의하면 미국에 분재가 들어온 것은 1900년대 초라고 하
며 분재인구는 대단하여 인구 10만이 넘는 도시에는 분재회가 있는데
일설로는 600여개가 있다고 한다. 분재전시회, 분재연구발표회, 실기강
습회를 정기적으로 개최하며 1986년에는 「워싱턴」에서 국제분재대회 (In-
ternational Bonsai Congress)가 개최되었다.

그리고 미국은 지금 세계에 유례가 없는 국립분재종합전시장 (The Na -

tional Bonsai Complex)을 위해 국민분재기금(The National Bonsai
Foundation)을 모으고 있다.

그림 1 - 21 캘리포니아 분재협회 25회
전시회 (1982)

그림 1 - 22 선생님의 인솔하에
어린이도 참관 /
(정서교육에 큰 역할을 한다)

그림 1 - 23 미국 분재원

그림 1 - 24 미국의 개인 분재 정원 (제임스 헬렌씨댁)

여러 분재회중에서 지도적인 역할을 하고 있는 것으로는

① Bonsai Clubs International : 격월간인 잡지를 발행하며 회원은 분재클럽과 개인의 두 종류가 있는데 현재 세계 21개국의 회원이 있다.

② 하와이분재협회 : 1980년 7월에 7일간 국제분재대회를 개최하여 대성황을 이루었는데 일본, 호주등이 참가하였다.

③ 캘리포니아 분재협회 : 미국 최대의 분재전시회를 매년 봄 「로스앤젤레스」에서 개최하고 있다.

④ 시카고 분재협회 : 이 회는 미국 중서부 5주의 분재회가 참가하는 분재전시회를 시카고식물원에서 오래 전부터 개최하고 있다. 분재전시회 참가자가 1만인이 된다고 한다.

⑤ 아메리칸 분재협회 (American Bonsai Society) : 캘리포니아 대학 농학부에서 개최하는 「분재심포지움」을 주관하는데 그 권위와 역사는 오래되며, 1979년 제12회 분재심포지움을 가졌다.

(6) **기타** : 세계의 분재인구는 날로 증가하고 있다. 각종 국제분재전시회나 다른 나라의 전국분재전시회에 참관하고 있는데 분재활동이 활발한 나라들은 다음과 같다.

자유중국, 인도, 호주, 이탈리아, 스페인, 태국, 오스트리아, 스페인, 아르헨티나, 필리핀, 스위스, 네델란드, 체코슬로바키아 등

그림 1 - 25 인도분재협회 10주년 기념분재전 (1982 년)

제2장 분재의 생산과 경영

분재도 단순한 취미로 배양하던 시대는 지났다. 이제 대중의 취미로 정착 되어가고 있으며, 또 외국에서도 분재를 수입해 가고저 요청해 오고 있으므로 대량생산의 시도가 불가피하게 되었다.

그림 2 - 1 분에 심은 작품들이 진열대 위에서 배양되고 있다.

1. 생 산

분재가 대중 취미 생활의 한 분야로서 정착되지 못했던 과거에는 노수거목(老樹巨木)의 수형미(樹形美)를 창출하는 예술작품으로서의 명목분재(名木盆栽)만을 추구하였으며, 분재 전문가들이 희소한 산채(山採) 소재를 구하여 오랜 기간 동안의 정형 정자(整形整姿)와 배양 관리에 의해 훌륭한 분재 작품을 만들어 왔다.

그러나 이제는 생활환경에서 자연의 푸르름을 상실해가는 현대인들에게 분재는 자연의 정취와 마음의 안정과 생기를 되찾게 해주므로, 소재의 빈곤분의 보급이 원활하지는 못했지만 십수년 사이에 급진적인 발전과 신장을 해온 것은 사실이다. 다른 일반화훼원예와는 달리 분재 소재의 생산은 세월이 오래 걸리므로 급신장된 수요자의 욕구를 충족시켜주기 위하여, 그리고 얄팍한 상혼에 의해 많은 분재들이 마구잡이로 일본에서 수입되어 왔으며 지금도 수입을 하고 있는 실정이므로 과거와 같은 희소가치의 명목 분재만으로는 분재업계의 활성과 발전은 기대하기 어려워질 것이다.

이와같이 분재의 수요가 대량으로 증가함에 따라 분재생산업자는 고목의 정취가 풍기는 격조 높은 분재를 촉성으로 대량생산할 기술을 개발해야 할 시점에 와 있다.

그림 2 - 2 여러 종류의 소재들이 진열대 위에서 배양되고 있다.

과거의 분재 기술은 한 나무 한 나무를 대상으로 해서 명인적 분재기술(名人的 盆栽技術)을 구사하여 장구한 시일을 통하여 작품을 창작했으나, 지금부터는 대량의 분수(盆樹)를 대상으로 과학적인 분재 기술의 개발에 의해 속성으로 배양하는 방법을 강구해야 할 것이다.

분재는 전문적인 분재생산업자, 취미와 실리를 겸한 분재애호가, 그리고 순수한 분재취미인에 의해 생산되며, 초보적인 분재소재는 원예농가에 의해서 생산되고 있다.

❷. 유 통

우리나라의 분재계는 아직 개발 단계에 있으므로 유통 질서도 정착되어 있지 않아 복잡한 경로로 유통되고 있다. 그러나 분재는 유통 경

그림 2 - 3 포트에 재배되고 있는 애기사과 소재(선유원)

로가 이렇게 복잡할 수 밖에 없는 특수성을 갖고 있으며 계절적으로도 유통의 경향이 다를 수 있다. 분에 심어진 분재는 연중 유통이 가능하나 노지 배양중인 소재는 춘분에서 4 월말경까지의 기간에 주로 거래되며 일부 수종은 가을에 주로 유통되기도 한다. 가격면에서는 계절의 영향을 별로 받지않는 특성을 갖고 있지만 오히려 가장 거래가 많은 봄보다는 가을이 가격면에서 더욱 높아지는 경우도 있다. 그것은 봄보다 손질이 더되어 소재의 질이 높아지기 때문이다.

  현재 우리나라 분재의 유통되는 과정을 도표로 그려보면 다음과 같다.

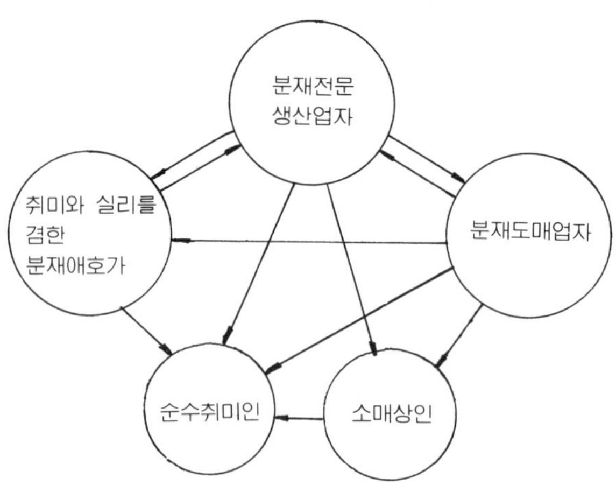

8. 경 영

우리나라 분재업은 근년에 와서 겨우 업으로 형성되어 왔으므로 생산기술과 분재배양의 특수성에 비추어볼 때 아직 대경영업체로 발전할 전망은 희박하다. 겨우 취미적인 소규모의 경영으로 운영되고 있다.

이것은 분재가 가장 발달한 일본에서도 역시 분재의 특수성으로 인해 대경영은 없다.

그러나 수출을 위한 계약재배 등에 의해서는 어느 정도 큰 규모의 경영체제를 갖출 수 있으나 그 수출계약이 얼마나 장기적이냐에 따라 많이 달라질 수도 있다. 근년 외국의 분재상인들이 수입상담을 해왔으나 요구하는 물량의 공급이 어려워 무산된 경우가 여러번 있었다.

우리나라와 같이 부존자원이 없는 국가로서는 이 분재의 생산 수출이 외화획득의 지름길이라고 생각된다. 가까운 일본의 경우는 85년 한 해동안의 분재수출이 무려 7억$이나 된다고 한다. 이러한 수출을 위한 대량생산은 정부의 지원 아래 수출생산단지를 조성하는 길 밖에 없다고 보며,

위정자는 농산물의 수출을 가볍게 생각하고 넘길 것이 아니라 선진조국을 위해서는 이 문제를 좀 더 신중하게 검토하고 먼 앞날을 내다볼 수 있는 정책을 수립해야 할 것이다.

그림 2 - 4 밭에서 배양되고 있는 진백 소재

제3장 분재의 분류

분재에는 다양한 종류의 식물이 사용되고 있다. 이것을 분류하는데는 식물학적 분류와 수형(樹形)에 의한 분류, 크기에 의한 분류등 여러 가지가 있으나 여기서는 가장 실용적인 방법으로 분류하기로 한다.

1. 크기에 의한 분류

분재를 수고(樹高)의 크기에 따라 분류하면, 대분재, 중분재, 소분재, 소품분재로 대별할 수 있다.

1 대분재

대형분재로서 수고가 66cm에서 150cm 미만인 것을 말하며, 150cm가 넘는 것은 분재로 취급하기가 곤란하다.

대분재는 위용이 장대하여 대회의장 같은 곳에 장식하기에는 좋지만 운반 손질하기가 무척 힘들고 섬세한 분재의 묘미가 별로 없으므로 일반 취미인에게는 사랑을 못받는 편이다. 그리고 분재는 크다고 해서 반드시 좋은 분재가 되는 것은 아니며 대분재는 크기에 비해 가격이 싼 것도 많이 있다.

2 중분재

가장 일반적으로 많이 가꾸어지는 분재로서 수고가 35cm에서 65cm 정도의 크기이다. 이 종류의 분재가 비배관리, 정형, 정자 등 배양관리하기가 수월하고, 품위도 있어 감상가치가 가장 높다.

3 소분재

수고가 15cm에서 35cm 정도의 작은 분재로서 취급하기가 용이하고 현대인의 취미생활에 가장 알맞는 분재이다.

4 소품분재

손바닥 위에 몇점 얹을 수 있는 귀여운, 수고가 15cm미만의 분재를 말한다.

왜성(矮性) 품종이 많이 개발되고 있으므로 이 소품분재는 취미인이 증가할 것으로 보인다. 깜찍하고 귀여운 분재로서 가꾸는 재미는 아기자기하고 좋으나 관수관리가 조금 힘드는 것이 흠이다.

❷. 수종에 의한 분류

목본, 초본별, 그리고 주로 감상 부위에 의해 분류하면 다음 표와 같다. 이와 같은 분류는 정형 정자에도 공통점이 많아 매우 편리하다.

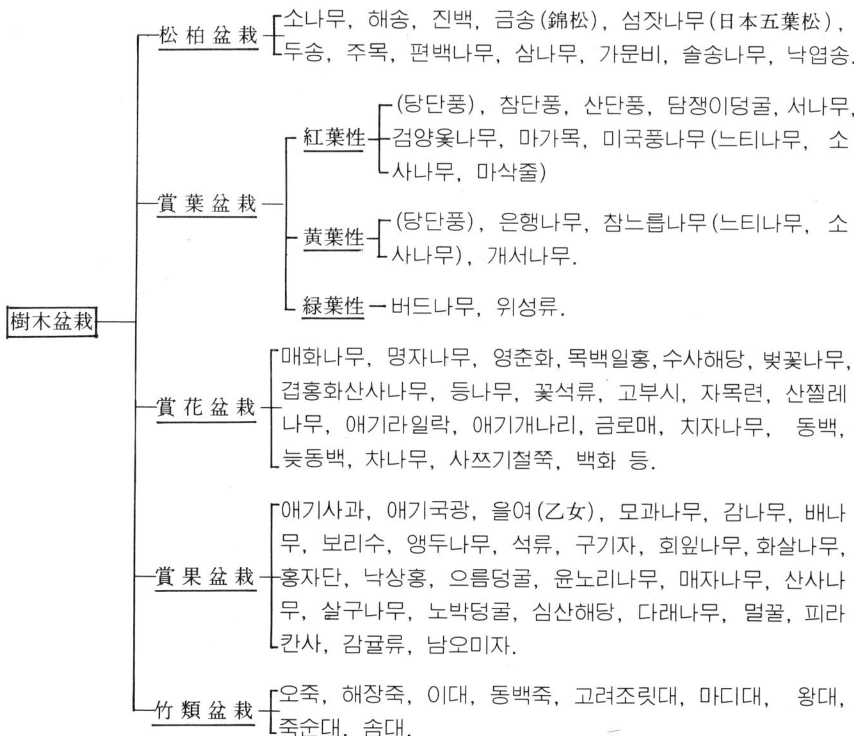

草本盆栽 ── 山野草盆栽 ── 석창, 맥문동, 복수초, 취란화, 제비꽃, 고비, 고사리류, 쇠고비, 이끼류, 일엽초, 세뿔석위, 두란, 용담, 비비추, 구슬봉이, 금강초롱.

── 蘭草盆栽 ── 풍란, 석곡, 새우난초, 타래난초, 해오라기난초, 개불알꽃, 산제비난초.

그림 3 - 1 초본 분재(세뿔석위)

❽. 배양의 질에 따른 분류

분재를 배양관리하는데 있어서 고도로 예술작품화하는 것과 일반 취미인이 배양관리하는 보통의 분재로 분류하기도 한다.

1 본격분재

계통이 좋고 분재미를 구성하는 기본요건이 잘 갖추어진 소재로 장기간 고도의 분재기술을 구사하여 배양관리한 격조 높고 기품있는 분재를 말한다. 이러한 분재는 예술작품이며 가격도 대단하다.

2 보통분재

일반 취미인이 가꾸는 보통의 분재를 말한다. 문화는 국민대중과 호흡을

그림 3 - 2 본격 문재

그림 3 - 3 보통 분재

같이 해야 하므로 이 대중분재의 보급발전은 더욱 긴요한 일이다.

그러나 보통분재는 속성으로 배양된 소재가 많고 값도 저렴한 편이지만 결함도 많다. 이러한 분재 가운데 장래성이 있는 질 좋은 분재가 있으므로 이것을 찾아내어 본격분재로 배양하는 재미는 한층 더 깊다.

앞으로 분재생산자는 이 보통분재의 소재 생산 기술을 높여 보다 질 좋고 저렴한 소재를 대량 생산하여야 할 것이다.

제 4 장   분재의 수형 (樹形)

노목(老木)이 된 자연수목의 수형은 아름답지만 같은 수형의 나무는 없으며, 그야말로 천태만상(千態萬象)인 것이다.

분재는 노목이 된 자연수목의 아름다운 수형을 본받아, 보다 아름답게 이상화한 수형미를 창출하는 것이다.

그러므로 분재는 본래 정해진 수형이 있을 수 없으며, 다만 분재배양의 편의상 대체로 유사한 몇가지 수형으로 분류하여 미학적으로 수형미를 추구하고 있다.

이것을 표준수형이라고 하며, 분재배양 기술을 연마할 때 이 표준수형을 바탕으로 정형기술을 익혀나가야만 정형기술이 빨리 향상되고, 나아가서 개성있는 아름다운 수형의 분재를 창출할 수 있다. 이러한 기본을 무시하고 자기 마음대로 기준이 없이 분재수형을 가꾸다보면, 아무리 오랜 세월 분재배양을 하더라도 아름다운 수형의 분재로 가꿀 수 없으며, 그 분재들은 미의 기본 원칙에 어긋난 결함을 안고 있기 마련이다.

분재의 수형미는 자연의 필연성(必然性)에 의한 노목의 수형미와 미학적 원칙에 의한 수형미를 융합 이상화하여 창작한 자연스러운 아름다움이 기본이어야 한다. 그러므로 자기 마음대로 가꾼 분재는 자연스럽고 아름다운 조화의 미가 없으며, 인공미만 풍기는 졸작이 되고 만다.

그리고 특히 분재정형에 있어서 유의해야할 것은 모든 수종이 각기 특유의 개성을 갖고 있다는 점이다.

이 개성을 최대한으로 살려서 정형을 하여야 생동감이 있으며 아름답고 품위있는 분재를 창출할 수 있다.

Ⅱ. 직   간(直幹)

(Formal upright, Single straight trunk)

　중부내륙지방으로 가면 수간(樹幹)이 하늘을 향해 곧게 치솟고 있는 낙엽송, 젓나무, 잣나무를 많이 볼 수 있고 또, 우리나라 어디를 가나 곧게 자란 미류나무를 볼 수 있다. 이와 같은 자연의 직간들은 그림 4 – 1과 같은 수형을 하고 있지만 분재에서 추구하는 직간수형은 그림 4 – 2와 같다. 이것은 자연수형이 아니고 이상수형 (理想樹形)인데, 표의수형 (表意樹形)이라고 하며, 곧게 뻗은 힘찬줄기의 선이 호쾌하고 장엄한 정취가 있다.

　수간은 흠이 없고, 둥근 것이 제일 좋으며 직간은 작은 흠이나 결점이 있으면 눈에 잘 띄는 법이므로, 평생 분재를 만져도 만족스러운 직간분재는 갖기가 힘든다고 한다.

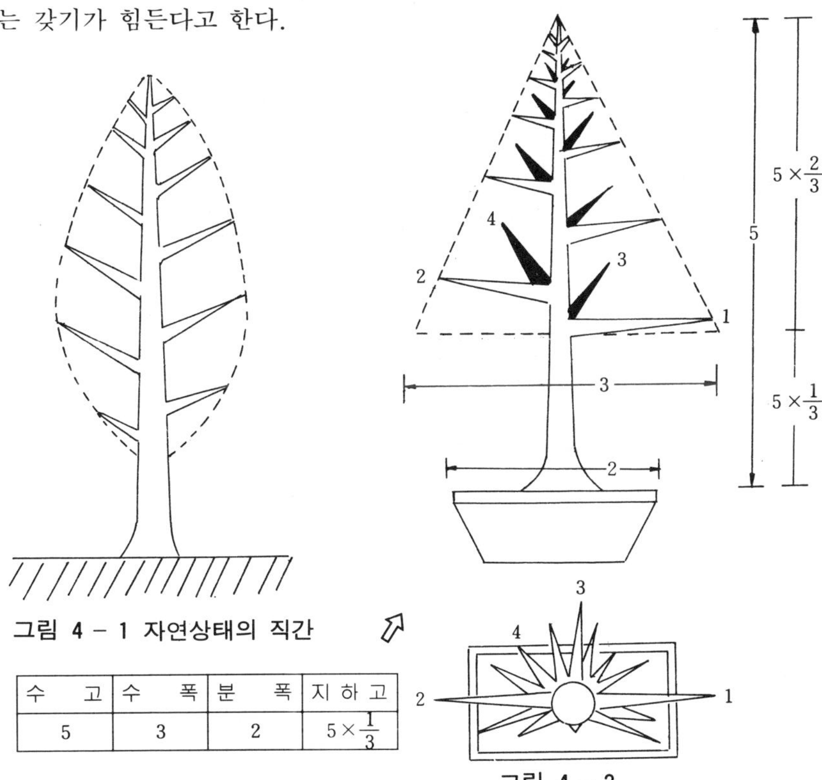

그림 4 – 1 자연상태의 직간

수 고	수 폭	분 폭	지 하 고
5	3	2	$5 \times \frac{1}{3}$

그림 4 – 2

직간수형은 모든 분재수형의 기본이 되므로, 분재정형기술을 연마하는
데는 이 직간수형 가꾸기에 힘써야 빨리 기술이 숙달되고 심미안(審美眼)
도 높아진다.

이 직간분수(直幹盆樹)에는 분의 선이 직선인 장방형(長方形) 분이 알맞
고, 분수의 연륜과 중후함에 따라 분도 깊고 두텁고 무게 있는 것을 조화
있게 선택하는 것이 좋다.

그림 4 - 3 직간(섬잣나무)

❷. 사간(斜幹 : Slanting trunk)

우리나라는 평지보다 산지가 많고, 수목은 주로 산지의 경사지에서 생
육하고 있다. 일조(日照)나 바람등 기상조건과 경사진 지형조건에 의하여
사간수형의 나무가 많으며 해안가에서도 이러한 수형의 나무를 흔히 볼 수
있는데 이 사간은 자연수형이다.

그림 4 - 4 사간(섬잣나무)

　수간이 수직선인 직간은 정지(靜止)된 상태로서 정적(靜的)이고 안정감이 있으며, 사간은 동적(動的)이고 불안정한 수형이다. 그러므로 힘찬 뿌리뻗음과 변화와 조화있는 가지모양으로 안정감을 자아내도록 하여야　한다.

　가지의 장단변화에 따라 얻어지는 미묘한 안정감은 자연미와 더불어 불균형(不均衡) 속의 조화와 안정을 이루는 분재의 묘미를 간직하고 있다.

　사간의 자연수형을 자세히 살펴보면 수간의 $\frac{3}{4}$ 은 기울어져 있으나 끝부분의 $\frac{1}{4}$ 은 수직으로 곧게 서 있으므로 사간수형을 가꿀 때 이점을 잊어서는 안된다.

　그림 4 - 5 와 같이 장대지(長大枝)가 줄기의 기운 쪽에 있으면 더욱 불안정해 지므로 그림 4 - 6 과 같이 장대지가 기운 반대편에 있도록 하고, 기운쪽의 가지는 가능한한　짧게 하여서 가볍게 해주는 것이 더욱　안정감을 조성하는 방법이다.

　기운쪽의 가지수도 좀 줄이고 옹이를 둔다든지, 가지를 늘어뜨려서 공백
을 메우는 방법을 쓰면 가지수가 적어도 조화있는 안정감을 얻을 수 있다.
　분은 타원분이 잘 어울리며, 수형의 선과 분의 선이 조화가 되도록　선
택하여야 한다.

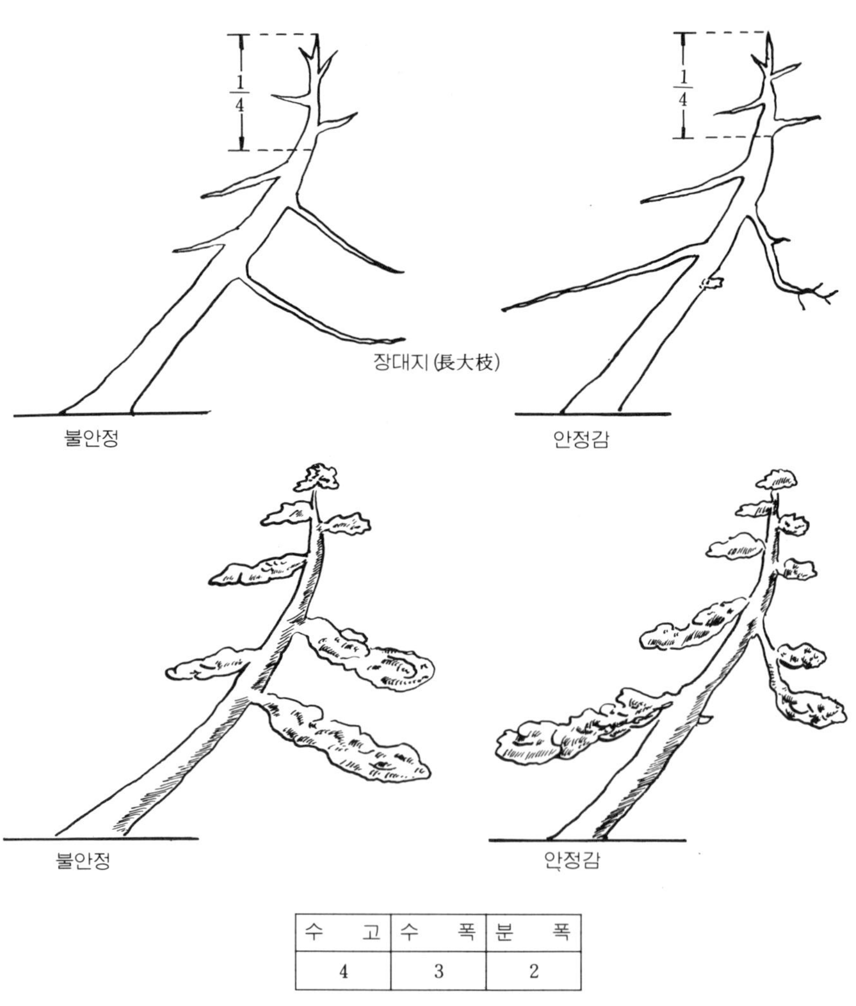

수　고	수　폭	분　폭
4	3	2

그림 4 - 5　　　　　　　　　　　　　그림 4 - 6

8. 곡간류(**曲幹類**)

일반적으로 수목은 수간이 굽어있다.

분재도 곡간수형에 속하는 것이 많으며, 이 곡간수형을 다시 세분하면 다음과 같다.

1 곡간(曲幹 : Informal upright trunk)

수간이 곡선을 그리는 수형을 말하는데 일반적으로 여기에 속하는 분재가 많다. 자연수형인 곡간은 가지의 배열과 장단에 의한 변화로서 자연스러움이 묘미있게 또 개성미 있게 표현될 수 있는 장점이 있다.

수간은 곡선을 그리되 아래 부위의 곡선은 크고 위로 갈수록 작은 곡선을 그려야 자연스럽고 안정감이 있게 된다. 그리고 수관(樹冠)은 약간 전면으로 기운 것이 자연스럽고 정감이 있다.

분은 타원분, 장방분중 분수와 조화있는 것을 선택하는데 장방분이라도 모가 둥근 무각(撫角)분을 사용하는 것이 좋다. 지하고가 높은 분수는 원분(圓盆)에 심는 것이 조화있게 ·보인다.   (그림 4 - 7 참조)

그림 **4 - 7** 곡간 (개서 나무)

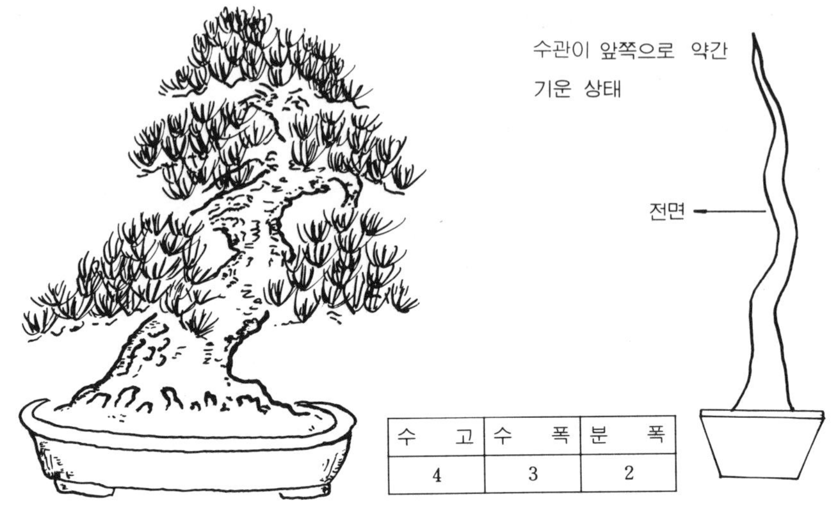

수 고	수 폭	분 폭
4	3	2

그림 4 - 8 곡간

② 표준곡간 (標準曲幹)

수간이 전후좌우로 유연한 곡선을 그리면서 바로 자란 것으로서, 아래쪽의 곡선은 크고 위로 갈수록 곡선이 작으며, 가지가 곡의 등에 고루 배치되고, 수관이 뿌리 중심부의 수직선상에 서되 앞으로 약간 기운 것이 기본형이다.   이것은 이상수형 곧 표의수형이다.

지그재그와 같은 극단적인 곡선이나 좌우로만 같은 간격으로 곡을 이루는 파상곡선(波狀曲線)은 인공미만 풍기고 자연스러운 정감이 없다.

직간이 남성적인 이상수형이라면 이 표준곡간은 여성미를 풍기는 이상수형이라고 할 수 있다. 분재정형기술을 연마하는데 이 표준곡간 또한 직간에 못지않은 좋은 교본이 되며, 명품분재는 이 수형에 속하는 것이 많다. (4 - 9 참조)

분은 중후한 타원분이 잘 어울리고 무각의 장방분도 조화가 된다.

그림 4 - 9 표준 곡간(사쯔기 철쭉)

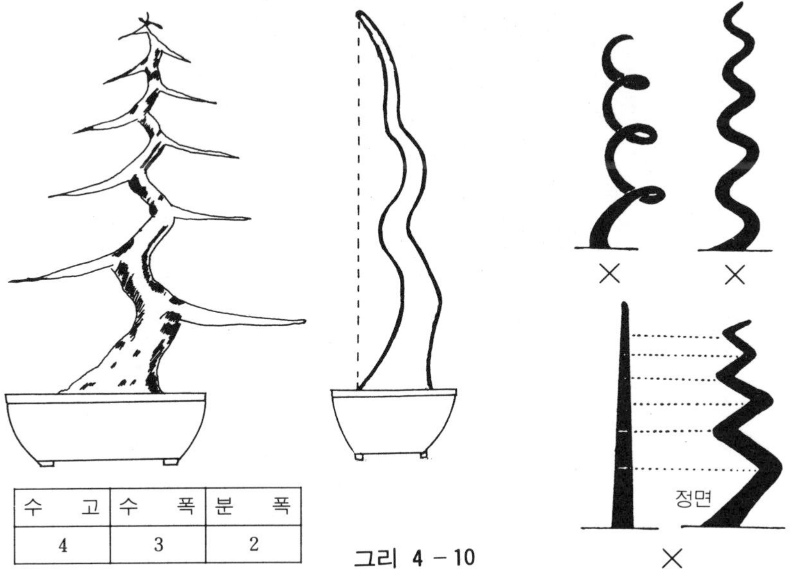

수 고	수 폭	분 폭
4	3	2

그리 4 - 10

③ 반간(**蟠幹** : Crooked or twisted trunk)

단애(斷崖) 또는 절벽에서 긴 세월 적설(積雪)과 강한 풍우에 시달려 정상적인 생장을 못하고 기형(奇形)에 가까운 심한 곡간을 이룬 자연수형이다. 향나무류에서 많이 볼 수 있으며, 간혹 해송에서도 볼 수 있다.

지금으로부터 500여년전에 강희안(姜希顔) 선생이 남긴 「양화소록」에 보면, 향나무를 만년송(萬年松)이라 하고, 『줄기가 뒤틀리어 꾸불 꾸불한게, 꼭 붉은 뱀이 숲 위로 올라가듯 하고』라고 했다. 이 때도 반간의 진백을 좋아하고 가꾸었음을 알 수 있다. 또 노송(老松)에 대해서는,

『무릇 노송을 감상하는 법이, 가지와 줄기가 굽틀어지고 후미지며 말라붙은 묵은 등걸이 많고, 잎이 짧으며……』라고 하였으며,

『혹시, 산에 있는 소나무를 화분에 다가 옮겨 심으려면 · 가지를 굽혀서 잡아매고……』라고 하였다. 역시 반간의 노송을 좋아하였고, 이 반간의 줄기에 조화있는 굽틀린 가지를 정형(整形)한 슬기를 찾아볼 수 있다.

그림 4 –11 반간(진백)

인공으로 반간수형을 창작할 수도 있으나 10년 정도의 배양으로는 자연스러운 수간을 만들기가 매우 힘들다.

반간수형의 분수는 대체로 우람한 노목이므로 중후한 감이 있는 두텁고 조금 깊은 타원분이나 무각의 장방형분이 잘 어울린다.

❹. 현애 (懸崖 : Cascade)

산지의 경사지나, 해안의 절벽 또는 계곡(渓谷)의 급사면등 험난하며 강풍이 몰아치는 그런 곳의 바위나 언덕에 매달리듯 붙어 줄기가 아래로 늘어져 있는 자연수형이다.

자연의 악조건 속에서도 악착같이 살아나온 강한 생명력이 줄기에 표현되어, 솟아오르다가 처지고 다시 솟아오르는 불규칙적인 변화가 많은 강한 굴곡의 줄기를 이룬다.

나무 전체가 아래로 늘어지므로 안정감을 주는 강한 뿌리뻗음이 조화를 이루어야 이상적이다. 현애는 줄기의 끝 즉 수관이 분바닥보다 낮게 늘어진 것을 말하고, 줄기끝이 분바닥보다 높은 위치에 있으면 반현애(Semi-cascade)라고 한다. (그림 4 - 12, 4 - 13 참조)

분은 주로 정사각의 고(高)가 높은 것을 사용하며 이것을 하방분(下方盆)이라고 하는데 일반적으로 현애분이라고 한다.

그림 4 - 12 반현애 (해송)

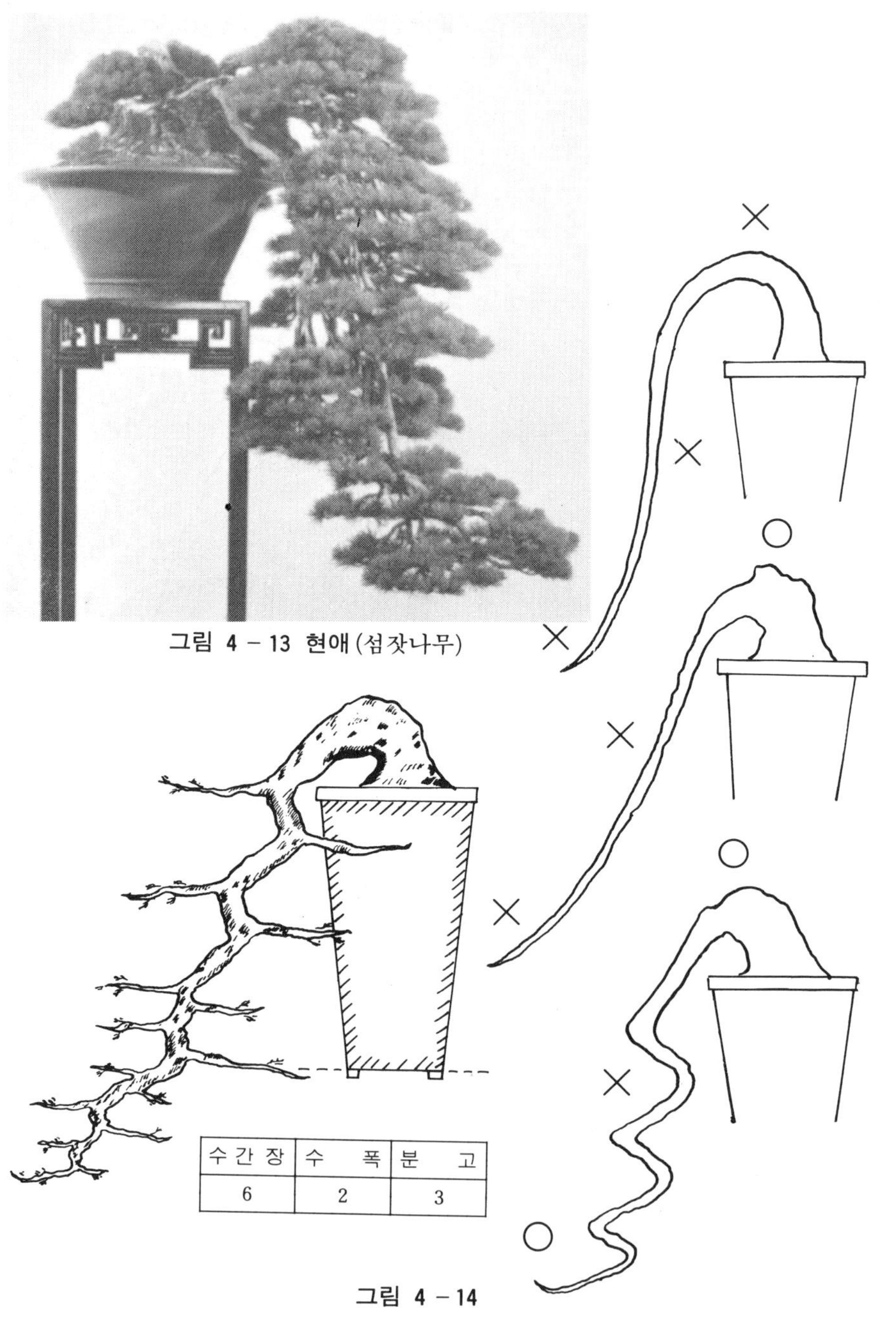

그림 4 - 13 현애(섬잣나무)

수 간 장	수 폭	분 고
6	2	3

그림 4 - 14

5. 문인목 (文人木 : Literati style)

이 「문인」이란 용어는 동양화의 이대류파의 하나인 남화 (南画) 곧 「문인화 (文人畵)에서 딴 것이며, 동양화의 산수화에서 볼수 있는 가지를 극력 생략한 회화적인 수형을 뜻한다. 표일 (飄逸)하고 경묘 (輕妙)한 세간 (細幹)의 자유분망한 회화적인 곡선이 자아내는 정취는 속진 (俗塵)을 떠난 고담 (枯淡)한 느낌을 준다. 이 문인목은 정형 (定形)이나 표준수형이 없으며,

회화적인 작위 (作為)가 바탕이 되는 문인목은 오히려 반자연적이면서도 자연스럽고 살아있는 그림이라고 할 수 있다.

그러므로, 수간이 가늘고, 가지는 극력 생략되어 가볍게 줄기의 $\frac{3}{4}$위에 있는 것이 더욱 묘미가 있다.

그림 4 - 15 문인목 (해송)

분은 얕은 원분이 조화가 되므로 고담하고 수수한 분이 잘 어울린다.

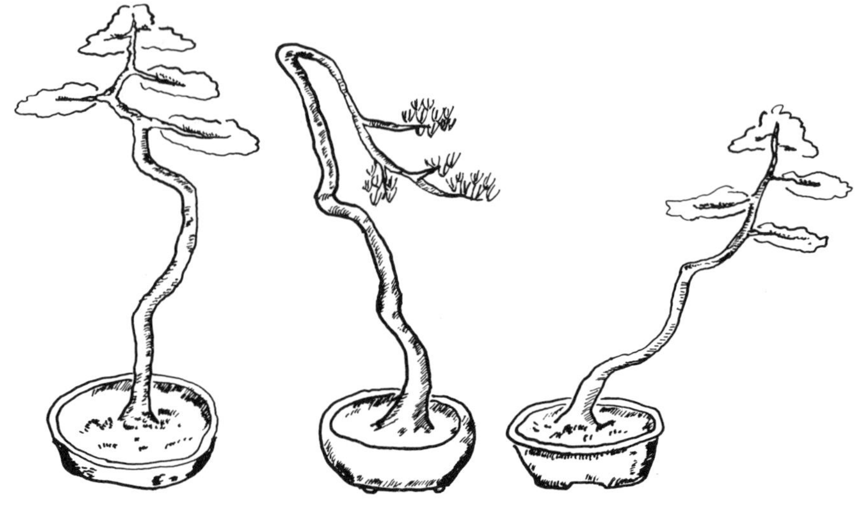

그림 4 - 16 文人木三態

⑥. 쌍간(双幹 : Twin trunk style)

그루에서 줄기가 두갈래로 갈라진 수형을 말하며, 두 나무의 줄기를 붙혀서 심은 것은 쌍간이라고 하지 않고 쌍수(双樹)라고 한다.

두 수간은 높이, 굵기가 서로 다르면서 한 나무처럼 조화를 잘 이루어야 아름답게 되며, 줄기의 분기각도는 예각이어야 하고 줄기의 선의 흐름이 서로 비슷해야 한다.

쌍간중에서 줄기의 크기가 서로 거의 비슷한 것을 형제쌍간이라 하며, 크고 작고 서로 조화를 이루는 것을 부부쌍간이라 하고, 부간(副幹)이 주간(主幹)의 $\frac{1}{2}$ 이하로 작은 것을 부자쌍간(父子双幹)이라고 한다. 이 쌍간의 공통된 기본요건은 다음과 같다.

(1) 줄기가 그루에서 분기해야 한다. 즉, 줄기의 $\frac{1}{4}$ 아래 부위에서 분기해야 한다.

(2) 예각으로 분기해야 한다.

(3) 주간이 굵고, 부간이 주간보다 가늘어야 한다.

(4) 부간은 주간보다 약간 후방에 위치하여 서로 조화를 이루어야 한다.

⑸ 두 줄기가 그리는 수간선은 서로 비슷해야 한다.

⑹ 두 줄기 사이의 가지는 짧게 서로 방해하지 않도록 배치하고 좌우 바깥으로 뻗은 가지는 전체가 한 나무 모양으로 가지배열을 이루어야하며, 분은 장방형이나 타원분이 알맞다.

그림 4 - 17 쌍간 (가문비 나무)

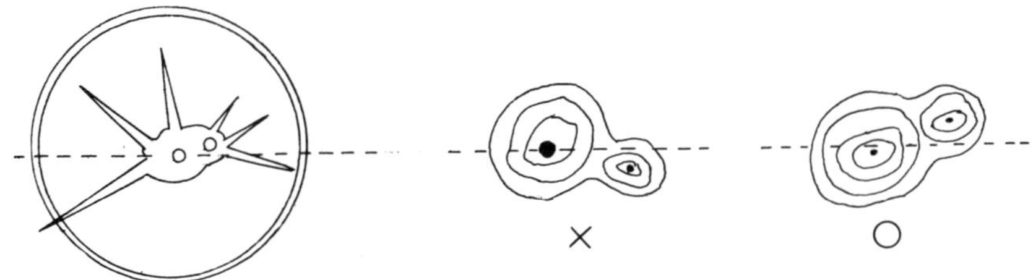

그림 4 - 18

７. 총생간 (**叢生幹** : Clump or multiple trunk)

한 뿌리에서 많은 줄기가 나와 있는 수형을 말하며, 명자나무, 백일홍, 소사나무, 등에서 많이 볼 수 있는 자연수형으로 야취 (野趣)가 넘치고 자연스러운 정취가 물씬 풍기는 수형이다.

움돋이가 잘 되는 수종에 총생간이 많고, 이러한 수종은 총생간으로 가꾸는 것이 알맞고 아름답다.

그림 4 - 19 총생간 (단풍나무)

　여러 줄기가 있지만 굵고 긴 줄기를 주간(主幹)으로 삼고, 이 주간을 중심으로 하여 다른 줄기는 서로 조화를 이루도록 배치하여야 한다.

　정면에서 볼 때 줄기가 서로 겹쳐지지 않도록 하고, 가지 배치도　서로 조화를 이루며 전체적으로는 한 나무의 모습으로 보이도록 한다. 특히 모든 가지는 일조(日照)와 통풍이 잘 되도록 배열하여야 하고, 수간의 수는 홀수로 하는 것이 수형 구성상 자연스러우므로　3간,　5간,　7간으로 하고 줄기 수가 10간 이상이면 짝수라도 무방하며 또, 이 총생간을 다간(多幹) 수형이라고도 한다.

　다간수형의 줄기는 가늘기 마련이므로 중후한 중량감 있는 분은 어울리지 않으므로 경쾌한 얕은 타원분이나 장방분이 적합하다.

❽. 연근(連根 : Sinuous style)

　길게 옆으로 뻗은 굵은 뿌리에서 여러개의 줄기가 서 있는 수형이다.

　뿌리가 잘 내리는 나무의 줄기가 땅에 누워 줄기의 여러 곳에서　뿌리가 내리고, 여기 저기서 자라나온 가지가 줄기를 이루면서 이 연근이　된다.

그림 4 - 20 연근(섬잣나무)

또 굵은 뿌리가 옆으로 뻗고, 이 굵은 뿌리에서 순이 여러개 나와서 줄기를 형성하면 연근 수형이 되는데 명자나무를 노지에서 오래 재배하면 이러한 연근 수형이 많이 나온다.

주간과 부간(副幹)을 정하고 다른 줄기는 첨간(添幹)으로 배열하여 전체적으로 변화와 통일성과 조화를 이루도록 하여야 한다.

분에 심을 때는 이어진 굵은 뿌리를 가급적 노출시켜서 심으면 연근의 정취가 더욱 고조되므로 분은 얕은 장방분이나 타원분을 사용하는 것이 더욱 작품을 돋보이게 한다.

❾. 군식 (群植 : Group planting)

여러 나무를 얕은 타원분이나 장방분에 조화있게 심어 숲의 경관을 표현하는 구상적(具象的) 분재이다.

일반적으로 군식은 한 수종으로 식재하며, 엽성(葉性)과 피성(皮性) 이 같은 소재를 선별해서 식재하는 것이 아름답다.

몇가지 수종을 함께 혼식(混植) 할 경우에는 자생지의 환경이 비슷한 수종을 택해야 하며, 만일 고산 건조지의 수목과 저습지의 식물을 함께 혼식했다면 자연경관으로서 저항감을 느끼게 할뿐만 아니라 배양관리면에서도 매우 힘들게 된다. 또 꽃나무일 경우도 같은 품종이 아니면 개화기가 달라서 통일성이 없고, 무질서한 느낌을 주므로 아름답지 못하다.

주간(主幹)과 부간(副幹)은 뿌리뻗음도 좋고 수간도 비교적 건실한 것을 선택하고, 수고는 주간을 10으로 하면 부간은 8, 그리고 첨목을 6 하나, 5 둘, 4 둘…… 이러한 식으로 주간과 부간과 첨목이 서로 조화를 이루고 수림의 원경을 잘표현할 수 있도록 배치한다.

그림 4 - 21 군식 (느티나무)

군식 식재에 있어서 주의해야 할 점은 다음과 같다.
(1) 정면에서 볼 때 수간이 서로 겹치지 않도록 배식한다.
(2) 잔가지가 서로 겹치지 않도록 한다.
(3) 수고의 고저(高低)와 위치에 따라 원근감(遠近感)을 잘 표현하도록 한다.
(4) 나무마다 수고의 성장에 불균형을 초래하지 않도록 뿌리 정리에 유의한다.
(5) 나무 수효가 적을 경우는 홀수인 5본, 7본, 9본으로 한다.
(6) 모든 나무는 서로 부등변 삼각형을 이루도록 배치한다.
(7) 수간이 그리는 선이 서로 비슷한 소재를 선택한다.
(8) 전면(全面)에 될 수 있는대로 여백을 만들도록 한다.

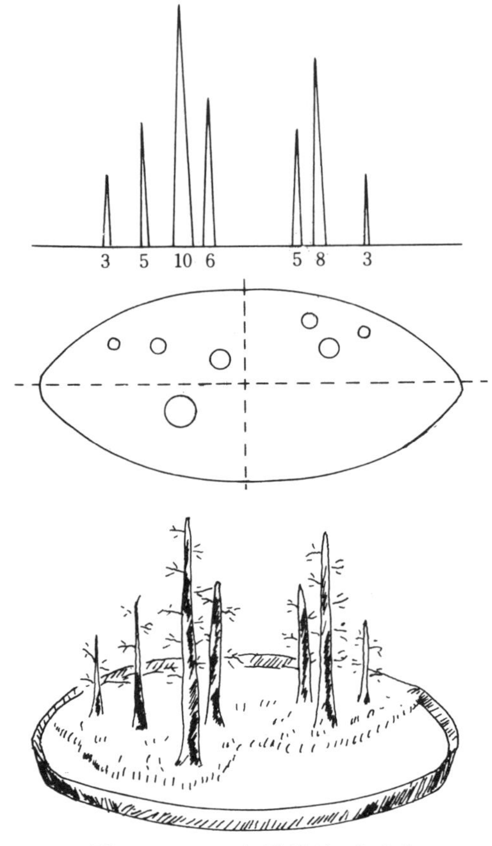

그림 4 - 22 7간 군식의 배치예

10. 노근(露根) 분재 (Exposed – Root style)

뿌리의 곡선의 아름다움을 분 위에 노출시켜 심는 분재이다.

산의 경사지나, 개울가에서 뿌리가 있는 곳의 토사가 물에 떠내려 가고 뿌리가 그대로 노출된 모습이며, 이러한 어려운 환경 속에서도 왕성하게 생육하고 있는 식물의 강인한 생명력을 느끼게 하는 수형이다.

(그림 4 – 23 참조)

노근 분재의 요건으로는,

첫째 수세가 왕성하여야 하고, 둘째 뿌리 모양이 아름다워야 하며, 셋째 뿌리가닥의 배치가 전체적으로 안정감이 있도록 해야 한다. 그러므로

그림 4 -23 노근 분재(섬잣나무)

수간과 지엽(枝葉)이 뿌리에 비해 중량감이 있으면 불안정하다.

무엇보다도 뿌리모양의 아름다움과 뿌리의 힘찬 모습이 이 분재의 초점이 되어야 하므로, 노근분재를 배양할 때는 다음과 같은 요령으로 해야 한다.

(1) 뿌리를 높이 노출시키므로 수고가 높아져 불안정한 자세가 되기 쉽다. 그러므로 아랫가지가 잘 뻗고 수고가 낮은 소재를 사용해야 한다.

(2) 배양중에는 뿌리가 잘 뻗도록 노지나 큰 용기에 심어야 한다.

(3) 뿌리를 노출시키는 요령은 노지에서는 이랑을 높게하여 심고 점차 뿌리부분의 흙을 덜어내어 배양하는 방법과 먼저 뿌리를 노출시켜 분에심고 노출된 뿌리가 마르지 않도록 이끼로 감싼 후 차츰 이끼를 덜어내는 방법이 있다. 그러므로, 땅 속에 묻혀있던 뿌리를 단번에 노출시키면 상하기 쉽다.

11. 풍향수 **(風向樹**：Windswept**)**

  강한 바람이 늘 불어대는 해안지대나 산 정상 부근에서 볼 수 있는 수형
인데, 줄기나 가지가 한 쪽으로 기울어져 흘러내리듯 한 자연수형이다. 이
러한 수형은 유동미 (流動美)가 있어 정취가 있다. 그러므로 이 수형은 반
대쪽으로 뻗는 가지가 있으면 자연스럽지 못하고 저항감을 느끼게 한다.

그림 4 -24 풍향수 (섬잣나무)

12. 석부분재 (石附盆栽)

석부분재에는 뿌리가 돌을 감고 있는 노근석부 (Root – over – Rock style)와 석상식(石上植) 즉, 평석(平石 : Rock planting style)이나 입석(立石 : Rock – clinging style) 에 나무를 심어서 바다 가운데 있는 고도의 풍경이나, 절벽을 이룬 석산의 경치 또는 반석 같은 석산 위에 나무가 서있는 경관 등을 구상적으로 표현한 분재이다.

이 석부분재에 사용되는 돌은 모양, 색감, 질감이 자연스럽고 질이 좋은 것을 써야 한다. 그래야 자연경관의 정취가 풍기고 세월이 갈수록 더욱 아름다움과 자연의 정취를 더해가게 된다.

나무가 커지면 돌과 조화를 이루지 못하고 경관이 망가지므로 석부에 쓰는 나무는 잘 자라지 않는 왜성식물이 적합하다. 그리고 이 석부는 돌의 아름다움과 수목의 미를 조화시키는 것이므로 돌에 굴곡이 있고 아름다운 곳은 살리도록 하며 돌의 평범한 부위에 수목을 심어 서로 상승적으로 돋보이게 구상하여야 한다.

그림 4 -25 노근석부(당단풍)

그림 4 – 26 Rock planting style
(평석을 이용한 석부)

그림 4 – 27 Rock clinging style
(입석을 이용한 석부)

우리나라는 건조기가 많고 공중습도가 낮은 편이므로 석부할 때 찰흙만으로 심는 것은 매우 위험하며 한번이라도 말리면 회복이 안된다. 그러므로 구멍을 파서 작은 분을 만들어 분토로 심고 찰흙으로 가장자리를 쌓아서 이끼로 덮는 것이 제일 좋은 방법이며, 이 때 분으로 된 가장 낮은 곳에 꼭 배수구를 만들어 두어야 한다. 그리고 항상 수반위에 놓고 감상하며 수반에는 늘 물이 고여 있도록 하는 것이 식물에 좋다.

노근석부는 뿌리 생육이 왕성한 수종을 선택하고 취목을 하여 많은 뿌리를 내게해서 이것을 노지나 긴 분에 심어 뿌리를 길게 배양한 후, 뿌리가 2년생일 때 돌에 감아 고무줄이나 철사로 단단히 묶고 노지에 심어 3년쯤 배양한다. 그후 노근분재의 요령과 같이해서 분에 옮기도록 한다.

바른 노근석부를 배양하려면 최소한 5년의 세월이 소요되므로, 일시에 뿌리가 많은 소재로 돌에 뿌리를 감아서 만든 것은 뿌리가 돌에 밀착이 안되고 불안정하여 좋지 못한 분재가 된다.

18. 분경 (盆景 : Tray landscape style)

분경은 얕은 긴 분 안에, 아름다운 풍경 (風景)을 구상화 (具象化)시킨 경관 (景観) 분재이다.

해변의 경치, 산, 호반, 계곡, 평야, 도서 등의 인상적이고 아름다운 경치를 집약적으로 상징적으로 표현하며, 이 분경을 봄으로서 직감적으로 아름다운 정경에 접하고 그 주변에 무한히 전개되는 넓은 경관을 연상케 한다.

이 분경은 아름답고 자연미가 있는 돌과 작은 묘목, 산야초, 이끼를 재료로 하기 때문에 소재를 구하는데는 별로 부담이 없어 좋다.

분재기술에 능하지 못한 초보단계의 취미인, 원예를 좋아하는 분이 하기 쉽고 이 분경을 통해 나무를 가꾸는 분재기술을 차츰 익혀서 나가는 것도 좋다.

분경도 기술과 소재에 따라서는 고도의 예술작품도 만들 수 있으나, 일반적으로 초보적인 단계에서 풍경을 표현하고 심미안과 나무가꾸기의 기술을 익혀나가는데 더 묘미가 있다.

여기서 주의할 점은 가급적 자생지의 환경이 같은 나무를 소재로 선택하며 돌, 나무의 배치가 자연스럽고, 원근법을 최대한으로 구사하여야 보다 넓은 경치를 표현할 수 있다.

그림 4 – 28 삼나무와 작은 돌,
철쭉류와 이끼 등으로 꾸며진
분경작품

제5장 분재소재의 양성

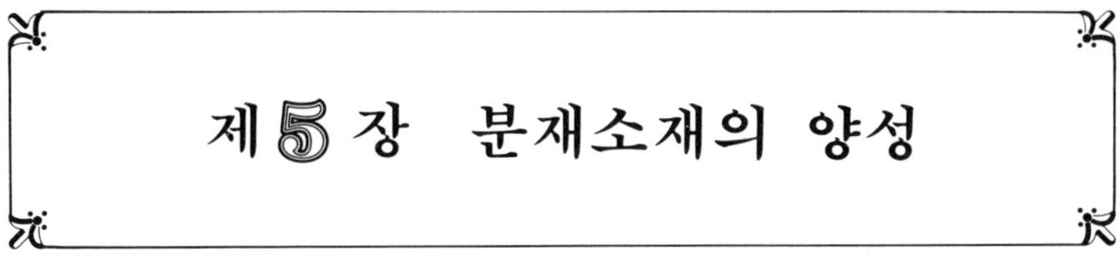

　좋은 분재소재를 양성하려면 먼저 어떤 것이 좋은 분재소재인지 알아야한다. 즉, 분재의 미는 어떤 것이며, 구성요소는, 또 식물이 생육하는 생리를 알아야 보다 좋은 분재소재를 양성할 수 있다.

1. 분재의 미

　분재의 미는 적절한 배양관리와 분재기술에 의하여 자연수목의 미를 보다자연스럽게 이상화시킨 조형예술미 (造形芸術美) 이다.

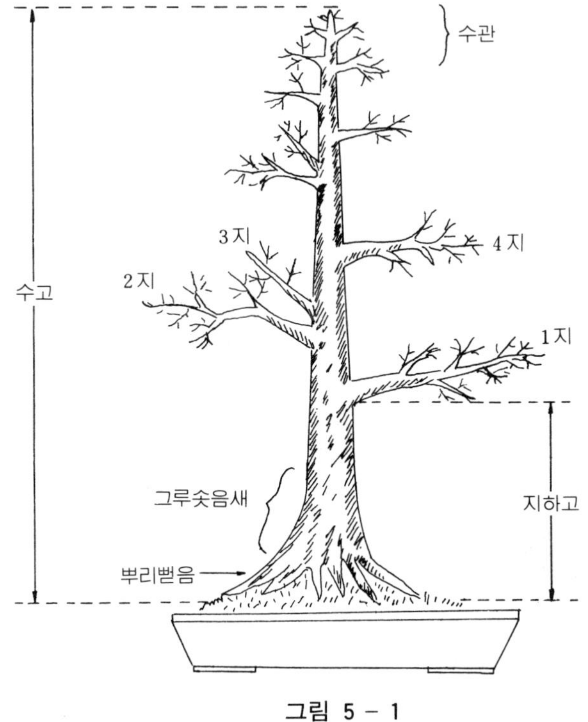

그림 5 - 1

이 분재의 미는 생동감이 넘치는 생명력을 느끼게 하고, 자연의 스스럼 없는 정취를 자아내게 하며, 중후 장엄한 기품을 느끼게 한다.

이러한 감동은 다음과 같은 분재의 요건에서 표상 (表象) 된다.

⑴ 연대감 (年代感) 을 자아내게 하는 고태 (古態).

⑵ 줄기, 가지가 이루는 수형선의 미

⑶ 안정감

⑷ 줄기, 가지의 장단, 곡 (曲) 의 변화와 통일성을 유지하는 조화 (調和)

❷. 분재미의 구성요소

수목은 자체가 지니고 있는 성질, 생육하고 있는 토지, 지형, 기상 그외 여러가지 조건에 의해 필연적 (必然的) 으로 수형이 만들어지기 때문에 이 필연성을 바탕으로 하여 아름답고 이상적인 자연스런 분재수형을 창출하여야 한다.

분재의 아름다운 수형이란 어떠한 요소에 의해 구성되는지 알아보자.

1 뿌리뻗음 (thick surface root)

분재를 감상할 때 제일 먼저 눈이 가는 곳이 바로 이 뿌리뻗음이다.

뿌리는 안정감을 주는 가장 중요한 요소가 되며 분토 표면으로 노출된 굵은 뿌리는 오랜 연륜이 쌓인 고태 (古態) 와 노거목 (老巨木) 의 상을 자아내게 하고 장엄함과 강인한 생명력을 나타낸다. (그림 5 - 2 참조)

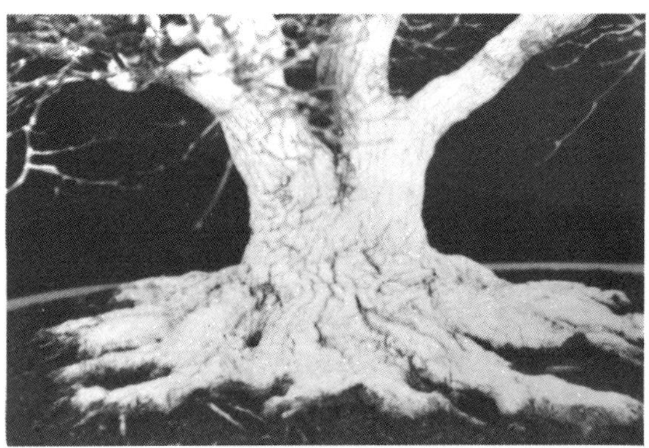

그림 5 - 2 이상적으로 발달된 뿌리모습 (단풍나무)

그림 5 – 3 아직 굵어지진 않았지만 팔방으로 뻗은 뿌리(섬잣나무)

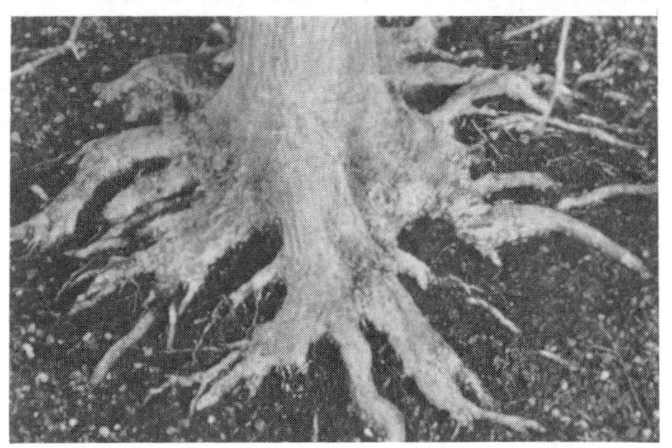

그림 5 – 4 팔방으로 잘 뻗어나간 뿌리 (당단풍)

◇ 뿌리의 깊이 ◇

심 근 성 식 물	천 근 성 식 물
소나무 (Pinus densiflora)	참느릅나무 (Ulmus coreana)
곰솔 (해송 : Pinus thunbergii)	느티나무 (Zelkova serrata)
일본오엽송 (Pinus pentaphylla)	팽나무 (Celtis sinensis)
좀솔송나무 (Tsuga diversifolia)	단풍나무 (Acer palmatum)
낙엽송 (Larix leptolepis)	소사나무 (Carpinus coreana)
삼나무 (Cryptomeria japonica)	서나무 (Carpinus laxiflora)
화백 (Chamaecyparis pisifera)	
편백 (Chamaecyparis obtusa)	

그림 5 - 5 자연상태에서 노출된 곰솔의 뿌리

◇ 자연상태에서 뿌리뻗음이 나타나는데 걸리는 년수 ◇

종 류	년 수 (약)
팽나무 (Celtis sinensis)	40년
동백나무 (Camellia)	40년
매화나무 (Prunus mume)	40년
느티나무 (Zelkova serrata)	50년
단풍나무류 (Acer spp.)	50년
은행나무 (Ginko biloba)	70년
편백 (Chamaecyparis obtusa)	80년
삼나무 (Cryptomeria japonica)	80년
곰솔 (Pinus thunbergii)	100년
소나무 (Pinus densiflora)	100년

그러므로 분재소재를 배양할 때는 옮겨심거나 분갈이 할 때마다 직근(直根 : tap-root)은 바싹 짧게 잘라내고, 곁뿌리(側根 : side-roots)를 사

방으로 고루 펴서 팔방 뿌리뻗음이 되도록 뿌리배양에 힘써야 한다. 굵은 뿌리가 없는 부위에서 자라나온 실 같은 가는 뿌리도 소중히 다루어 키워 나가야 한다. 측근도 알맞은 길이에서 잘라서 잔뿌리를 많이 나오게 하고 뿌리의 층이 얇게 배양하여야 한다.

② 그루솟음새

줄기의 밑둥을 그루라 한다.

뿌리에서 줄기로 이르는 부위는 수간보다 굵고, 대지에서 줄기가 힘차게 솟아오른듯한 모양새가 바람직하며, 이 모양새를 분재에서는 그루솟음새라 한다.

가지, 수간, 뿌리등은 고도의 분재정형기술을 발휘하여 교정할 수 있으나 그루솟음새만은 인위적으로 만들어 낼 수 없으므로 자연 그대로 연출의 기술만을 가할 뿐이다.

분재소재를 양성할 때는 이 그루솟음새가 굵고 힘찬 모양새가 되도록 배양해야 하며 이 그루솟음새가 힘차고 아름다워야 수격이 높아진다. (그림 5 − 6 참조)

그림 5 − 6 아주 힘차고 아름다운 그루 솟음새 (노간주 나무)

③ 수간 (樹幹 : Trunk)

중요한 사물을 근간 (根幹) 이라고 하듯이 뿌리 다음으로 중요한 것이 수간이다. 수간은 그루솟음새에서 부터 점차로 가늘어져나가야 자연스럽고 조화가 된다.

그림 5 - 7 이상적으로 잘 발달된 줄기의 모습 (애기노각 나무)

직간 이외의 수형에서는 흐르는듯한 약간의 굴곡이 중요한 수형미를 형성한다. 그러므로 줄기가 굵기의 변화없이 뻣뻣하게 곧은 것은 부자연스럽고 아름답지 못하며, 밭에서 속성으로 재배한 소재 등에서 많이 볼 수 있다. 이러한 소재는 상품가치가 떨어지므로 어릴 때부터 줄기에 전후좌우로 약간의 굴곡을 만들어 주어야 한다. 또 수피 (樹皮) 의 고태 (古態) 는 분재의 연대감 (年代感) 과 품격을 높여 주는 중요한 요소가 된다.

그림 5 - 8 잘 발달된 수피 (금송)

그림 5 - 9 황피성 수피 (느릅나무)

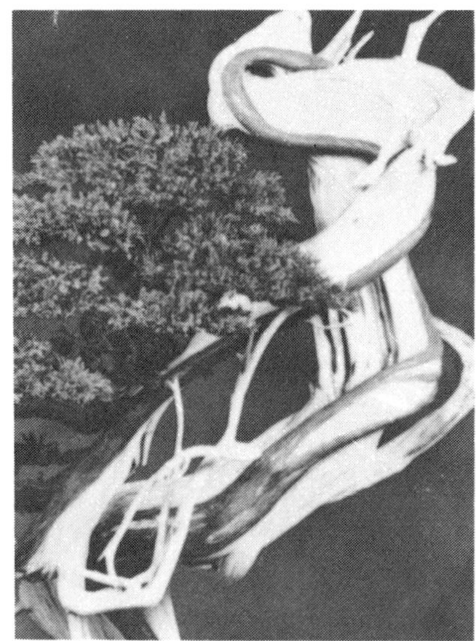

그림 5 - 10 사리가 잘 발달된 줄기 (진백)

그림 5 - 11 뒤틀린 특수한 줄기
(석류나무)

4 가지의 배열 (配列)

수간에서 뻗은 가지를 주지 (主枝 : major branch) 라 하고, 이 주지는 제일 아래 가지부터 1 지, 2 지, 3 지라 칭한다.

수목은 눈 (bud) 이 움터서 순 (shoot) 이 되고, 이 순이 자라서 가지가 되며, 해마다 아들 가지, 손자가지가 차례로 분기 (分岐) 하여 무성해진다.

그림 5 - 12 잔가지가 잘 발달된 모습 (당단풍)

그런데 이 가지가 나오는 양상은 다음의 3종류로 나눌 수 있다.

(1) **호생지** (互生枝)) =어긋나기가지

　소사나무, 느티나무, 참느릅나무.

(2) **대생지** (対生枝) =마주나기가지

　석류나무, 단풍나무류.

(3) **윤생지** (輪生枝) =돌려나기가지

　소나무류, 사쯔기철쭉

　그리고 좋은 가지 모양을 위해서는

① 호생지로 만든다.

　자연수목은 어린나무일 때 수종에 따라 각각 다른 양상으로 가지를 뻗지만 노년기가 되면 불필요한 가지는 말라 떨어져나가고, 대체로 어긋난 가지가 되어 수간상에 나선형으로 남게 된다.

　짧은 기간에 노거목의 모습으로 가꾸는 분재에 있어서는 어린묘목시절부터 가지 배열에 유의하여, 눈따기, 순치기, 가지치기 등 정형 정자 작업을 할 때, 호생지가 되도록 해야 하며 가지가 수간이 굽은 등에서 뻗도록 배열해야 한다.

② 하수지 (下垂枝) 로 배양한다.

　자연수목의 가지는 세월이 감에 따라 잔가지 (twigs) 가 무성해지고, 무

그림 5 - 13　아랫가지는 수평을 이루고 위로 올라갈수록 가지가 예각을 이루고 있다.

그림 5 - 14 잔가지가 잘 발달하는 단풍나무 (이렇게 어린나무라도 잔가지가 잘 발달해 있으면 고목의 정취를 나타낼 수 있다.)

게를 이기지 못하여 자연히 수평이하로 늘어지게 된다.

생육지의 환경에 따라 다소 차이가 있겠지만 소나무는 대개 80년 내지 100년이 지나면 가지가 수평을 이루고 120년 내지 150년이 되어야 가지가 수평이하로 늘어지게 된다.

이 하수각도(下垂角度)가 40° 전 후일 때는 원숙하고 중후한 정취를 자아내게 하며 45°를 넘으면 고담(枯淡)하고 노쇠한 느낌을 준다.

직간수형의 가지는 수평으로 **뻗**은 것이 조화가 되고 송백분재는 철사걸이로 하수지를 만들면 노목의 정취를 한결 빨리 높여줄 수 있다.

낙엽수는 줄기에서 **뻗**어나온 가지 즉, 주지(主枝)는 수평이상으로 되고 잔가지는 노목이 되면서 늘어진다. 분재기술이 있다고 해서 이 낙엽수까지 줄기에서 **뻗**어나온 주지를 하수지로 만들면 부자연스럽고 자연수목에서는 볼 수 없는 인공수형이 되고만다.

③ 지하고(枝下高) : 뿌리에서 첫째 가지까지의 줄기의 길이를 지하고라 하며, 일반적으로 이 지하고는 수고의 1/3정도가 가장 조화있는 수형을 이룬다. 그리고 나무는 1차 신장생장(伸長生長)이 끝나면 다시는 신장생장을 하지 않고 비대생장(肥大生長)만을 하게 되므로 이 지하고는 나무가 크게 자라더라도 그 높이는 변화가 없는 것이다. 그러므로 분재소재 배양에 있어서는 항상 완성단계의 수고를 감안해서 이 지하고를 결정해야 한다.

④ 가지의 굵기 : 수간의 굵기에 비해 가지가 너무 지나치게 굵어도 보기에 흉하고, 또 너무 가늘어도 나무가 빈약해 보여 조화가 안되므로

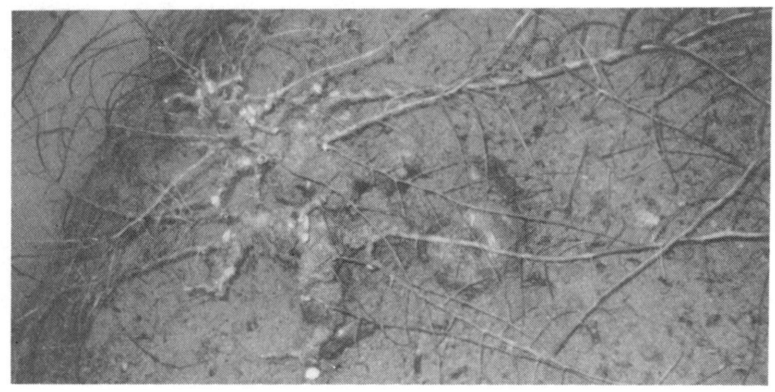

그림 5 - 15 가지를 굵게 하기 위하여 길게 신장시키고 있다.

굵기의 표준은 그 가지(主枝)가 자라나온 줄기 굵기의 1/2에서 1/3 이 알맞고 1/5까지는 그런대로 조화를 이룰 수가 있다.

줄기 굵기의 1/10 정도 밖에 안되는 가지를 철사걸이하여 하수지로 만든 것을 간혹 볼 수 있는데 이것을 자연수목의 미와는 아주 동떨어진 것이다.

가지를 한껏 신장시켜 굵게 배양하기도 하고, 순치기, 가지치기, 잎솎기 등으로 가지가 굵어지는 것을 억제하여, 가지 굵기를 조화있게 배양하는 것은 고도의 분재기술이다.

⑤ 가지의 장단(長短) : 가지의 장단이 불규칙하여 변화가 있어야 자연스럽고 정취가 있다. 가지 끝이 이어지는 선이 직선이 되고 전체가 기하학적 형태를 이루면 부자연스러운 수형이 된다.

가지의 장단에 의한 변화와 전체적 조화가 통일을 이루어야 자연수목의 미를 나타낼 수 있다.

5 잎(葉)

잎이 길고 크면 나무는 어리고 작게 보이는 반면 잎이 작고 싱싱하면 나무는 생기가 있고 더 크게 보인다. 그래서 분재에 있어서는 잎이 작고 크기가 균일하며 그 식물 특유의 개성미 있는 아름다움을 지니고 있으면 엽성(葉性)이 좋다고 하는데 분재미의 대단히 중요한 요건의 하나이다.

아무리 아름답게 잘 가꾸어진 분재일지라도 잎이 크고 균일하지 못하며 생기가 없고 개성미가 없으면 분재의 미는 상실되고 만다.

또, 잎은 봄의 신록, 여름의 녹음, 가을의 단풍등 자연의 변화와 계절의 아름다움을 나타낸다.

그림 5 -16 상엽분재의 대표적인
수종인 단풍나무

6 수관 (樹冠 : Apex)

분재의 머리 부위를 수관이라고 하며, 수관 중심부에 줄기의 끝순이 있다. 수목은 이 끝순의 생장점 (生長点) 에서 생장이 이루어 진다.

그러므로 어떠한 수형에서도 이 끝순은 위를 향하여 뻗고 있어야 하며, 이 끝순이 옆으로 굽었거나, 아래로 늘어졌거나, 끊어져 없으면, 생명력을 상실한 부자연스런 수형이 되고 만다.

수간의 끝순 부위는 새로 자란 잔가지가 모여 둥근 형의 수관을 이룬다.

대부분의 식물은 정아우세 (頂芽優勢 : apical dominance) 라 하여 이 수관부에 세력이 집중되므로 그대로 두면 수관부가 무성해지고, 그 반면에 아랫가지가 쇠약해 진다.

수관부는 가지치기를 빈번히 하여 수세가 강해지는 것을 억제하고 아랫가지에 세력이 가도록 조절해야 하며, 부분적인 잎따기 작업으로 이러한 세력의 조절을 꾀하는 경우도 있다.

그림 5 - 17 수관

7 꽃, 열매

분재에서는 너무 화려하지 않고 기품이 있는 청초한 꽃과 야취가 넘치는 열매를 추구한다. 상과분재는 낙엽이지고 분재 진열대가 쓸쓸해질 때면 계절의 풍요함과 아름다움을 안겨주고, 상화분재 가운데는 기품있는 향기를 내는 것이 있어 정취를 더해준다. (그림 5 - 18, 5 - 19, 5 - 20 참조)

그림 5 - 18 야취가 풍부한 매화나무의 꽃   그림 5 - 19 큰 열매는 2 ～ 3 개
정도 (모과나무)

그림 5 - 20 작은 열매는 무수히 달리는 것이 좋다 (낙상홍)

아직도 창밖엔 눈보라가 몰아 치는데 실내에서 피어난 매화의 그 암향, 애
기 라일락, 백화등, 치자나무 등의 꽃에서 흘러나오는 그 향기는 즐거움과 행
복감을 안겨주는 향기이다.

❽. 분재의 식물생리

분재는 식물의 생육을 조절하는 기술을 필요로 하므로 식물의 생리를 잘 알아야 고도의 분재기술을 발휘할 수 있다.

① 식물의 생활생리

식물의 잎이 공기호흡을 한다는 것은 잘 알고 있는 사실이다. 그리고 잎의 푸른 색을 나타내는 엽록소는 태양의 빛을 받아, 뿌리에서 흡수된 수분(H_2O)과 공기중의 탄산가스(CO_2)로 광합성 (光合成 : photosynthesis) 작용을 하여 탄수화물(carbohydrate)을 생성(生成)한다.

◇ 광합성과 일광의 필요성 ◇

구　　　　분	광 합 성 량	소 모 량	적　　요
일광이 비치는 잎 (1g)	3 ~ 10 mg	야간 호흡에 소모되는 양 0.7 mg 이상	호흡에 의한 소모량이 더 많으면 가지는 마르게 된다.
그늘의 잎 (1g)	0.7 ~ 1.5 mg		
광합성량－소모량＝수목의 생장량			

탄수화물은 체부(phloem)의 체관(sievetube)을 통로로 하여, 가지, 줄기, 뿌리에 까지 이동되며 식물은 이 탄수화물에 의해 생육한다.

그러므로 식물이 생육하는데는 첫째 햇빛이 있어야 하고 잎 주위에는 통풍이 좋아 항상 맑고 깨끗한 공기가 공급되어야 하며 뿌리에서는 항상 수분이 공급되어야 한다.

식물의 뿌리는 공기호흡을 하며 질소(N), 인산(P), 칼리(K)의 3요소와 마그네슘(Mg), 칼슘(Ca), 철(Fe), 동(Cu), 붕소(B) 등 16가지의 미량요소 (微量要素) 를 수분과 함께 흡수하여 목부(xylem)의 도관(vessel)을 통하여 줄기, 가지, 잎에 공급한다.

그러므로 뿌리에는 맑은 공기와 수분과, 질소, 인산, 칼륨, 미량요소 등 양분이 공급되어야 한다.

뿌리라고 하지만 수양분이 흡수되는 부위는　흰뿌리(白根), 잔뿌리(細

◇ 식물체를 구성하고 있는 성분 ◇

공기와 물에서 얻는 성분 (구성비 90 % 이상)	주로 뿌리에서 흡수해서 얻는 성분 (구성비 10 % 이하)		
	대량요소 (3요소)	중 량 요 소	미 량 요 소
O C H	N P K	Ca Mg	Fe Mn B Zn Mo Cu Cl S

根)와 뿌리털(根毛 : roothair)에서의 삼투작용(滲透作用)과 잎에서 수분이 증산되므로 인해 생기는 부압과 근압에 의해서 흡수된다.

그러므로 햇빛과 통풍이 좋은 곳에 분재를 두면 증산 작용(transpiration)이 활발해지고 이에 따라 수양분의 흡수도 왕성해지며 식물의 신진대사가 원활히 이루어지게 된다. 이와 같이 작은 분에 나무를 심어 가꾸는 분재는 분 속에 항상 깨끗한 공기와 맑은 물이 공급되어야 한다. (그림 5-21 참조).

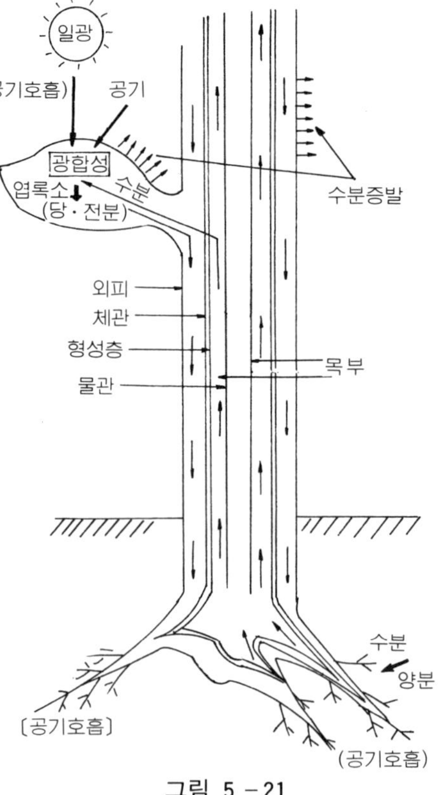

그림 5 - 21

② T/R율

식물의 지상부와 지하부의 비율을 T/R율이라 하는데 식물은 이 비율을 맞추어 생육한다. 가지를 자르면 또 새 가지가 돋아나오는 것은 이 바란스를 맞추기 위한 식물의 생리이며 T/R율을 이용하여 정형 정자의 분재기술을 발휘할 수 있다. T/R율은 양만이 아니고 형태도 닮게되며, 잔곁뿌리가 많이 나와야 잔가지도 잘 나오고 도장(徒長)한 뿌리가 있으면 도장지(徒長枝)가 나오기 마련이다. 그리고, 이 T/R율이 1/3이상 흐트러지면 나무는 고사하기 쉽다.

③ 정아우세 (頂芽優勢 : Apical dominance)

가지의 끝에 있는 눈을 정아(頂芽)라 하며 눈의 세력도 정아가 우세한데 이것을 정아우세라고 한다. 그러므로 수세(樹勢)는 끝순에 집중되며, 어린 생장기의 나무일수록 이 생기는 더욱 강하게 나타난다.

분재는 모든 가지의 세력을 균등화하여야 아름다운 수형이 될 수 있으므로 세력이 강한 끝순부위는 가지치기, 잎따기, 순치기등을 빈번히 실시하여 그 세력을 억제하여야 한다.

❹. 분재소재의 양성

분재소재의 양성법에는 개간지 등의 산에서 채취하는 산채와 유성번식(有性繁殖 : sexual propagation), 무성번식 (無性繁殖 : a sexual 또는 vegetative propagation)이 있다. 유성번식에는 실생(實生) 이 있으며 무성번식에는 삽목(挿木) , 취목(取木) , 접목(接木) , 분주(分株) 등이 있다.

① 산채 (山採 : Collecting from the wild)

현재 자연보호법에 의해 산채는 할 수 없지만 개간지, 수종경신지역에서는 산채를 할 수가 있다.

분재소재가 될 나무는 경관조성에는 별로 가치가 없으며, 더구나 조림의 목적에는 전혀 소용되지 않는 것이다. 분재소재로 쓸만한 산채목은 생육환경이 좋지 못하거나 병충해로 인해 생장을 못하고 있는 것으로서 오래 가지않아서 고사하게 될 나무들이다.

그림 5 - 22 산채를 해서 배양하고 있는 주목

그러므로 이러한 나무들을 산채하여 훌륭한 분재로 가꾼다는 것은 사라지고 말 우리의 자연재산을 살려서 훌륭한 문화재로 만드는 현명하고 적극적인 자연보호라고 할 수 있다. 그러나 현 시점에서는 산채의 행정적 관리에도 문제가 있고, 산채목 배양의 기술상 문제도 있어 산채를 개방할 단계가 못되며 엄중히 단속하여 좋은 소재가 함부로 산채되어 고사하게 되는 것을 막아야 할 것이다.

산채에 적합한 장소는 큰 나무가 없고 키가 작은 나무들이 있으며 햇볕이 잘 드는 곳이라야 한다. 이러한 곳에서 자연적으로 왜소화된 분재소재를 얻을 수 있다.

분재감으로 이상적인 소재를 구한다는 것은 퍽 힘드는 일이다. 어느정도 골격만 잘 갖추었으면 소중하게 신중히 시간을 들여서 채집해야한다.

산채하러 갈 때는, 삽, 톱, 전정가위등의 도구와 물에 적신 신문지, 비닐, 노끈등을 준비한다.

산채할 나무를 선택하면, 먼저 뿌리부분에 있는 잡초를 제거하고, 굵은 뿌리가 나타날 때까지 흙을 파내어 뿌리뻗음, 그루솟음새, 수간, 가지의 배열등을 종합적으로 관찰하여 어떤 수형으로 가꿀 것인가를 구상한다. 이 때 별로 마음에 들지 않거나 전혀 수형 구상이 안될 경우에는 파낸 흙을 다시 묻어서 원상태로 손질해 둔다. 만일 어떤 수형으로 가꿀수 있다는 구상이 떠오르면, 불필요한 가지를 제거한다. 그후에 밑둥 직경의 4～5배 크기의 뿌리분(root ball)을 뜰수 있도록 파내려 간다. 굵은 뿌리가 나타나면 삽으로 잘라내지 말고 가위나 톱으로 잘라낸다. 깊이는 뿌리분 넓이 정도면 충분하며, 알맞은 깊이까지 파낸후 뿌리분 바닥을 옆에서 파낸다. 뿌리분이 떨어져 나오면 그대로 떠서 올려놓고, 뿌리분을 조금 줄여서 손질하고, 밖으로나온 뿌리는 가위로 잘라낸다. 뿌리분이 너무 크면 오히려 잘 부서지므로 뿌리가 많이 있는 곳까지 흙을 털어내는 것이 안전하다.

비닐을 깔고 그 위에 물에 적신 신문지를 깐후 뿌리분을 올려 놓고 뿌리분이 노출 안되도록 잘 싸서 노끈으로 단단히 묶는다.

줄기가 굵은 나무는 나이가 많은 나무이므로 단번에 파내지 말고 뿌리 둘레의 반정도만 파서 뿌리를 잘라 다시 묻어두었다가 다음 해에 나머지 반을 파서 뿌리를 자르고 다시 묻은 후 3년째에 파내는 것이 가장 안전하다.

산채해온 나무는 빨리 포장을 풀어 굵은 뿌리는 잘 드는 칼로 단면이 아래로 향하도록 매끈하게 다듬어 준다.

그리고 깨끗한 푸석돌이나 석비레로 배수가 잘 되도록 조금 높게 심는 것이 좋으며 나무상자에 심어도 좋다.

심은 다음 충분히 관수를 해주고, 잎은 바람과 햇빛을 2주간 정도 가려준다. 뿌리 부분에는 햇빛이 잘 쬐도록 하는 것이 뿌리를 빨리 내게 하는 좋은 방법이며, 표토가 50％정도 마르면 다시 관수해 준다.

그리고 잎에는 하루 5～6번 이상 엽수를 해준다.

3～4주정도 지나서 새 순이 자라나오기 시작하면, 활착이 되는 것으로 볼 수 있다. 이때 햇빛 가리개는 걷어주고 나르겐이나 하이포넥스 1000 배액을 엽면 시비해준다.

새순이 자라고 나면 액비를 20배로 희석하여 주기 시작해서 7～8월 더위가 심할 때는 거름주기를 중단하고 월 2회정도 액비만 시비를 해준다. 겨울에는 보호실(비닐하우스 등)에서 잘 보호해 주고 이듬해 순이 나오면 거름주기를 다시 한다. 그리고 새 가지가 길게 뻗어나오면, 순치기, 가지치기를 하여 수형을 잡아나간다.

3년쯤 후에 재배분에 심어서 다시 가꾸는데 이 때 정형작업도 한다.

산채목은 노목이므로 수세부터 올리도록 배양해야 하며 조급한 마음으로 일찍 분에 심어서 가꾸면 오히려 수형 가꾸기가 늦어지므로 인내심을 가지고 적기에 적절한 관리를 하도록 해야 한다.

② 실생(實生) =종자번식(Seed propagation)

씨를 뿌려서 식물을 번식하는 방법으로 분재에 있어서는 새로운 소재를 만들어내기 위한 경우와 접목번식의 대목을 얻을 목적으로 하는 경우의 두 가지가 있다.

☆ **장점**

① 일시에 대량의 묘목을 용이하게 생산할 수 있다.

② 2~3년 된 묘목은 군식이나 분경소재로 쓸 수 있다.

③ 해가 갈수록 수격이 높아지고, 장차 본격분재의 소재가 될 수 있다.

④ 종자의 수송이 간편하고, 기술도 비교적 간단하다.

☆ **단점**(短点)

① 배양 년수가 오래 걸린다.

② 수형은 좋으나 노거목의 정취나 박력이 없는 것이 흠이다.

그림 5 - 23 실생묘의 양성

③ 개체 변화가 많으므로 선별 도태를 시켜야 한다.

(1) 종자와 발아

① 종자의 성숙(成熟)과 발아력(發芽力) : 종자가 형태적 발육은 완전하여, 외관상으로는 성숙한 것 같이 보여도, 배(胚 : embryo)가 완전하게 발육하지 않으면 발아하지 못한다. 그러므로 종자의 외관상의 성숙과 배의 성숙과는 꼭 일치하지 않는다.

예를 들면 상과분재의 과일등은 채취 당시에는 미성숙상태이더라도상당한 기간을 지나면 후숙(後熟 : after – ripening)한다.

때로는 후숙한 종자일지라도, 채취 후 일정한 기간이 경과하지 않으면, 어떠한 발아조건을 공여하여도 발아하지 않는 것이 있다. 이 현상을 휴면(休眠 : dormancy)이라고 한다.

그리고 종피(種皮)가 단단하여 종자 속에 수분이 흡수되지 않으므로 발아하지 못하는 종자가 있고, 이러한 종자를 경립종자(硬粒種子 : hard seed)라고 한다.

종자의 발아가 안되는 원인으로는

㉠ 배가 미숙할 경우,

㉡ 배의 성장에 필요한 저장물질(貯藏物質)이 배의 조직내에서 미숙한 경우,

㉢ 발아억제물질이 과잉 존재하는 경우,

㉣ 종자의 표피에 함유하고 있는 지방분에 의해 수분이 종자내에 침투하지 못하는 경우 등으로 보고 있다.

② 종자의 함수량(含水量)과 발아 : 일반적으로 해송, 소나무, 이깔나무, 편백, 삼나무등 침엽수의 종자는 건조하여도 발아율이 높지만, 동백류, 칠엽수, 밤나무, 가시나무류, 호도나무류, 남천, 팔손이나무, 식나무, 은행, 젖꼭지나무등의 활엽수(闊葉樹)와 일부 침엽수는 종자가 건조하면 발아율이 급격히 저하된다.

음지성식물(陰地性植物)은 대부분이 건조를 싫어하므로, 이러한 나무들은 채취한 당일 안으로 파종하거나 아니면 비닐봉지에 넣어 분무를 한 후 밀봉해서 저장하여야 한다.

③ 종자의 저장온도와 발아 : 종자를 장기간 저장할 경우는 $1°C \sim 5°C$ 의 저온(低溫)에 저장하면, 발아력(發芽力)을 유지하고 종자의 후숙

(後熟)에 적합하므로 결과가 좋다.

너도밤나무, 마가목, 분비나무, 아그배나무 등 자생지의 표고(標高)가 높아짐에 따라 휴면종자(休眠種子 : dormant seeds)가 많아진다. 따라서 이러한 종자와 장미과, 소나무과 식물의 종자는 저온저장을 하면 효과가 크다.

저온이 발아를 좋게 하는 이유로는

㉠ 종자의 수소이온 농도의 증가

㉡ 지방의 분해 (分解)

㉢ 아미노산의 분해

㉣ 당분의 증가

㉤ 효소 (酵素)류의 작용

㉥ 생장물질의 출현 (出現) 등으로 생각되고 있다.

④ 장과 (奬果)류의 종자와 발아 : 사과, 배, 모과등 장미과와, 광나무, 참가시은계목등 물푸레나무과 등 많은 장과류의 과육 (果肉)에는 발아를 억제하는 물질이 함유되어 있으므로, 과육을 깨끗하게 씻어내지 않으면 발아가 나쁘다.

⑤ 휴면종자와 발아 : 단풍나무과, 노박덩굴과, 조록나무과, 층층나무과 나무들은 파종 당년에 발아하지 않고 3년간에 걸쳐서 발아하는 경우가 많다. 이것은 자연상태에서는 종자에 따라 휴면기간이 각각 다르기 때문이다. 이러한 휴면종자도 저온저장으로 휴면을 타파 (打破) 할 수 있으나 저온저장을 하지 않는 경우, 물리적인 방법 즉 샌드페이퍼 (sandpaper)나 모래알로 종자를 마찰하여 표피 (表皮)에 눈에 보이지 않는 상처를 내어 파종하는 방법 (傷法 : scarification)이 있다.

또 화학약품을 이용하여 종피를 얇게 하거나 상처를 주는 화학상법 (化學傷法 : chemical scarification) 이 있는데 안전면에서는 물리적 방법이 무난하므로 근래에 와서는 별로 사용하지 않는다.

⑥ 저온습층저장 (低溫湿層貯藏)과 발아 : 24시간 침수시킨 종자를 2〜3배의 젖은 하천 모래나 수태에 고루 혼합하여 1 °C 〜 5 °C에 저장하였다가 파종하면 발아가 잘되는 것이 있다.

너도밤나무, 서나무, 소사나무, 느티나무, 참느릅나무, 사과나무, 단풍나무류와 그 외 많은 활엽수 (闊葉樹)와 일부 침엽수도 이 방법이 좋

그림 5 - 24 너도밤나무의 저온습층 저장후에 파종하여 발아된 상태

다.

그러나 난지성(暖地性) 수목에는 효과가 없는 경우가 많다.

⑦ 광선과 발아 : 종자는 광선에 둔감(鈍感)하지만 해송, 이깔나무, 자작나무, 오리나무등은 광선이 있어야 발아하는 종자로서 호광성 종자(好光性 種子, light - sensitive seed)라고 한다. 밝은 곳에 저장하여도 좋고, 파종할 때는 종자가 보일듯말듯 흙을 얕게 덮어주는 것이 결과가 좋다.

이상 발아와 환경조건에 관하여 대략 설명을 하였으나, 수종에 따라 종자의 발아조건이 다르므로, 그 종자의 성질을 잘 알고 적절한 파종을 하여야 발아율을 높일 수 있다.

파종할 때는 다음과 같은 점에 유의하여야 한다.

㉠ 채취후 일찍 파종할 것

㉡ 장과류는 과육을 깨끗이 씻어낼 것

㉢ 종자는 건조하지 않게 하고, 5°C 정도의 온도에 저장할 것

(2) **종자의 채취**

① 모수(母樹)의 선정

채종을 할 때는 먼저 모수의 선정을 잘해야 좋은 묘목을 얻을 수 있다.

㉠ 엽성이 좋은 나무, 즉 잎이 그 수종의 개성을 잘 나타내며 작고 견실할 것

ⓒ 수피의 성질이 좋은 나무로 가급적 황피성이고, 단단할 것

ⓓ 가지가 옆으로 뻗고 잔가지가 많은 나무

ⓔ 푸른 순, 푸른 가지의 나무보다 붉은 순, 붉은 가지의 나무가 잔가지가 많이 나오고 섬세한 가지 모양을 내기 쉽다. (느티나무, 당단풍나무, 소나무 등)

중요한 것은 분재소재로 가장 적합한 성질을 갖춘 나무를 모수로 선정해야 한다.

② 종자의 선별 : 종자의 알맹이가 크고 형질이 좋은 것을 선별해야 한다. 큰 종자는 배유부(胚乳部)가 크고 영양이 많으므로 발아도 잘되며 발아 후의 생육도 좋다.

동일한 모수라도 대형의 열매에서 채취한 종자는 충실하고 형상(形狀)도 바르다.

③ 채취 시기 : 일찍 채종하면 종자가 충실하지 못하므로 그 수종 특유의 완숙한 색깔로 열매가 변하는 완숙기(完熟期)에 채종한다. 또 너무 늦게 채종하면 낙과(落果) 등으로 채종하기가 힘들게 되며, 특히 산지에서는 산새나 짐승의 먹이가 되어버리는 경우가 많다.

④ 채종 후의 관리 : 과실을 채취하면 될 수 있는대로 빠른 시일안에 종자를 선별한다. 과육이 있는 것은 깨끗하게 씻어내고, 해충의 침입이 염려되는 종자는 1 ~ 2 일간 침수시키거나 살충제로 소독(disinfection) 한다.

건조한 것을 싫어하는 활엽수류의 종자는 저장할 때까지 비닐 봉지에 넣어 과도한 건조를 방지하도록 배려한다.

(3) **종자의 저장** : 종자는 상자에 넣어 상온에서 저장하여도 관계 없는 것도 있지만 대부분의 종자는 저온저장을 하거나 저온습층저장을 한 것이 결과가 좋다.

① 습층저장(moist stratification) : 나무상자에, 톱밥, 이끼등을 깐 후 그 위에 씨앗을 펴 놓고 여러 층으로 쌓은 다음 배수가 잘 되는 밭 구석에 묻어 둔다.

미세한 종자는 모래층 위에 면포(綿布)를 깔고 종자를 펴놓은 후 다시 면포로 덮고 모래를 까는 식으로 층을 만들어 나가면 종자를 꺼낼 때 편리하다.

◇ 주요수종의 종자취급 일람표 ◇

수 종 명	채종적기	과육	발아시기	용토	상록낙엽	음수양수	종자의조제	저 장	발아촉진	참 고
해 송	10	무	3~4	사질양토	상	양	종자날개 제거	저온저장 상온으로 2년간 저장 기능	햇볕에쬠 파종전 1 ~2일간 수침	⎫ ⎬ 광선을 ⎭ 좋아함
소 나 무	10	〃	4~5	〃	〃	〃				
섬 잣 나 무	10	〃	3~翌3	〃	〃	〃				
가 문 비	10	〃	3	〃	〃	음	날개제거는 침수하여야 함	〃	저온처리 1개월간 5˚C	과습지는 좋지않다.
솔 송 나 무	10	〃	4	〃	〃	〃	풍 선	저온저장	〃	겨울건조지 방에 적합
편 백 나 무	10	〃	4	〃	〃	〃	비누물로 선 별		〃	부식토양에 좋다.
노 간 주 나 무	10	유	4	〃	〃	양	과 육 제 거	저온저장	저온처리 토중매장	건조지에 견딘다.
삼 나 무	10	〃	4	양토	〃	〃	건조, 풍선, 수 침 선	〃	저온처리 1 개월간5˚C	습윤지에적 합
주 목	9~10	유	翌4 翌翌4	사질양토	〃	음	과 육 제 거	저온습층	토중매장 종피파상	
느 티 나 무	10~11	무	4 翌4	양토	낙	양	종자 음지 건 조	토중매장 저온습층 2 개 월	저온처리 3~4일 수침후 15 일 7˚C	수분많은곳 에 적합
참 느 릅 나 무	10~11	〃	4 翌4	〃	낙	중용	낙하전채취	저온습층 2 개 월	햇볕에쬐임	습윤지에 견딘다.
서 나 무	10	〃	3 翌3	〃	낙	양	풍선, 수선	〃		건조를싫어 한다.
소 사 나 무	9~10	〃	3 翌3	〃	낙	〃	〃	〃		〃
참 단 풍 나 무	10	〃	4 翌4	〃	낙	중	날 개 제 거	저온습층, 토중매장건 조하면 발 아율저하		〃

수 종 명	채종적기	과육	발 아 시 기	용토	상록낙엽	음수양수	종자의조제	저 장	발 아 촉 진	참 고
당단풍나무	10	〃	3 꽂3	〃	낙	〃	〃	〃	〃	〃
석 류	～9 10	유	4	〃	낙	양	과 육 제 거	저 온 저 장		습윤하면 묘목고사
벚 꽃	6	유	3 꽂3	〃	낙	〃	〃	〃	여름,고온, 건조한것은 발아않음	
사쯔기철쭉	10	무	3	수태	상	〃	열개전채종	〃	수태위에파 종	산성을 좋 아 한다.
만 병 초	10	〃	3	〃	상	음	〃	〃	〃	〃
백 목 련	9～ 10	유	4	양토	낙	양	과 육 제 거	저 온 습 층 2 개 월	토 중 매 장	발아할때까 지 수분보유
목 련	9～ 10	〃	4	〃	낙	중	〃	〃	〃	〃
산 사 나 무	9～ 10	〃	꽂4 꽂꽂4	〃	낙	양	〃	〃	〃	〃
밤 나 무	10	〃	3	〃	낙	〃	살충, 보온 보존	저 온 습 층	〃	산성토양을 좋아함.
졸 참 나 무	10	〃	4	〃	〃	〃	〃	〃	〃	낙하후이내 발아함
뽕 나 무	6～ 7	유	4	양토	낙	중	과 육 제 거	저 온 저 장		비옥한 토 양을좋아함
낙 상 홍	10	〃	3	〃	〃	중	〃	저온습층저 장 2개월		
노 박 덩 굴	10	〃	4	〃	〃	양	〃	저온습층저 장 1개월	토 중 매 장	
배 나 무	10	〃	꽂3	〃	〃	〃	〃	저 온 습 층 저장 1개월		비옥한토양
찔 레 나 무	10	〃	4	〃	〃	〃	〃	저온습층저 장 3개월	토 중 매 장 (고온발아)	
자 귀 나 무	10	무	4 꽂4	〃	〃	〃	살 충	상 온 저 장	토 중 매 장	건 조 지
검양옻나무	10～ 11	유	〃	〃	〃	〃	납 질 제 거	토 중 매 장	과 피 파 상	양지, 배수

수 종 명	채종 적기	과육	발 아 시 기	용토	상록 낙엽	음수 양수	종자의조제	저 장	발 아 촉 진	참 고
명 자 나 무	9~10	유	3	양토	낙	양	과 육 제 거	저온습층저장 1개월		
목 백 일 홍	11	무	4	〃	〃	〃	열개전재취	저 온 저 장		양지, 습기
참회잎나무	10	유	3 쫹 4	〃	〃	음	과 육 세 척	저 온 습 층 2 개 월		
등 나 무	10	무	4	〃	〃	중		건조, 저온	토 중 매 장	습기 있는 비옥토
치 자 나 무	11	유	〃	〃	상	음	과 피 제 거	저 온	차광(그늘 에서 발아)	
모 과 나 무	10~11	〃	〃	〃	낙	중	과 육 제 거	저 온		
홍 자 단	10	〃	〃	〃	반상	양	과 육 제 거	저 온	양 광	
너도밤나무	10	무	3	〃	낙	음	살 충	저 온 습 층 2개월 5°C	토 중 매 장	비 옥 토
때 죽 나 무	10	〃	4 쫹 4	〃	〃	양	낙하후채집 세 척	저 온 습 층 2개월 5°C	토 중 매 장	
윤노리나무	10~11	유	3 쫹 4	〃	〃	〃	과육세척제 거, 살충	저 온 습 층 2 개 월		
동 백 나 무	9~10	무	4	〃	상	중	살 충	저 온 습 층 저 장	토 중 매 장	

※ 저 온 저 장 ········종자가 얼지않고 10°C를 넘지 않도록 저장
 저온습층저장 ········표기의 온도를 유지하고, 젖은 모래, 이끼, 톱밥 등으로 종자와 교대로 층을
 쌓아서 저장.

② 저온습층저장 (低溫濕層貯藏, moist－chilling stratificafion)： ①과
같이 습층저장한 상자를 냉장고와 같은 곳에 저온으로 저장하는 방법
이다.

(4) **파종** (播種：Seed planting)

① 발아의 조건：발아에는 적당한 수분, 온도, 산소가 필요하며, 이러
한 조건이 부적당하면 발아하지 못한다. 또, 수종에 따라서는 광선이
나 공기중의 이산화탄소 함량이 영향을 주는 경우도 있다.

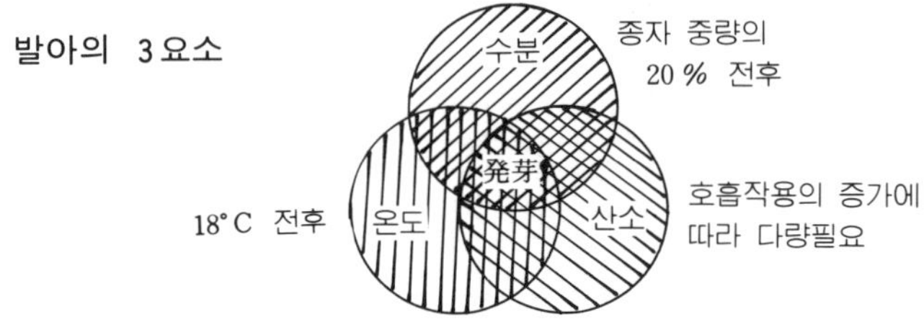

(한가지가 결여되어도 발아하지 않는다.)

㉠ 수분 (水分)：발아하는데는 종자의 수분함량이 자체중량의 20 % 전
후로 되어야 한다.

종자는 수분을 흡수함으로 해서 배 (胚)나 배유 (胚乳, endosperm)
의 내부에 산소를 받아들이기 쉽고, 전분등의 양분의 분해와 호흡
작용을 왕성하게 할 수 있다.

저장 중인 종자는 대개 10 % 정도의 수분을 함유하고 있으며, 종자
를 침지 (浸漬)하여 종자의 수분함량을 20 % 전후로 높이면 종자의
생리작용이 활발해진다.

㉡ 온도：종자의 생리기능 (生理機能)을 왕성하게 하려면 온도를 높여
주어야 한다. 그러나 너무 온도가 높아지면 오히려 저해요인 (阻害
要因)이 되기도 한다.

발아온도는 수종에 따라 다르지만, 일반적으로 위도 (緯度) 가 높은
지방일 수록 저온에서 발아한다.

평균 기온이 18°C전후가 발아적온인 것이 많고 적온에 가까울수록
발아가 빠르며 멀어질수록 발아는 늦어진다.

짧은 기간에 높은 발아율을 얻고자 할 때는 적온기 (適溫期)에 파종
하여야 한다. 발아기간이 길어도 관계가 없을 경우는 발아저온한계

◇ 수목종자의 발아년도 ◇

수 종 명	제 1 년 파종당년에 발아하는것	제 2 년 파종익년에 발아하는것	제3년	수 종 명	제 1 년 파종당년에 발아하는것	제 2 년 파종익년에 발아하는것	제3년
해　　　송	──			모 과 나 무	──		
소 　나 　무	──			애 기 사 과	──		
섬 잣 나 무	──			등 　나 　무	──		
가 　문 　비	────	──		감 　귤 　류	──		
삼 　나 　무	──			낙 　상 　홍	──		
은 행 나 무	──			화 살 나 무	────	────	────
자 작 나 무	────	──		당 　단 　풍	────	──	
서 　나 　무	────	──		동 백 나 무	──		
참 느 릅 나 무	──			목 백 일 홍	──		
왜황납판화	────	──		만 　병 　초	──		
마 　가 　목	──			윤노리나무		────	────
배 　나 　무	──			느 티 나 무		────	──
벚 꽃 나 무	──			호 도 나 무	──		

온도(發芽低溫限界溫度) 즉 8°C ~ 10°C가 되면 파종해도 되며, 이
때 발아율은 상당히 높아진다.

반대로 고온한계온도(高溫限界溫度) 즉 25°C ~30°C에 장기간 있으
면 생리장해(生理障害)를 일으켜 발아율은 저하된다.

ⓒ 산소(酸素) : 발아하는 어린 식물은 호흡량이 증가함에 따라　산소
가 다량으로 필요하게 된다.

종자는 휴면에서 잠을 깨더라도 발아조건이 좋지 않으면 다시 휴면
하게 되고 발아하지 않는 경우가 있으므로 파종후는 될 수 있는대로
발아조건에 맞도록 관리에 힘써야 한다.

② 파종의 시기 : 수종과 파종하는 지방의 기후에 따라 다소 차이가 있지
만, 수목이 겨울잠에서 깨어나 움트기 시작하는 시기가 제일 좋다. 전
국적으로 기온이 안정되고, 하루 하루 기온이 높아가며 따뜻해지는 춘
분을 표준으로 하며, 남쪽은 춘분을 전후로, 북쪽은 춘분을 경과한 10
일 전후가 알맞다.

수종 중에는 적온에 파종하여도 일정한 기간이 경과하지 않으면　발아
하지 않는 것도 있다.

③ 파종상(Seed bed) 용토의 준비 : 발아율을 높이고, 건전한 묘를 배양하려면 통기성과 보수력이 좋으며, 비옥하고, 병원균과 해충이 없는 양질의 용토를 이용한 파종상에 파종하는 것이 바람직하다.

㉠ 토양소독(土壤消毒) : 용토의 양이 적을 경우는 화력살균(火力殺菌)이 좋다. 함석(blik) 위에 흙을 올려놓고 밑에서 가열(加熱)하면서 교반(攪伴)하여 고루 살균한다.

용토 양이 많을 경우는 토양소독제인 클로로피크린(Chloropicrin)이나 포르마린(Formalin)으로 토양살충을 하는 경우도 있다.

㉡ 용토의 배합(配合) : 소독한 흙 4, 깨끗한 모래 4, 부엽토를 2 정도로 배합하는 것이 좋다. 이끼나 질석(vermiculite) 등을 혼합하면 더욱 좋고, 피트모스(peat－moss)를 혼합 사용해도 효과가 좋다.

④ 파종의 방법 : 파종의 방법은 종자의 발아조건과 재배하는 목적과 양에 따라 달라진다.

㉠ 직파(直播, field sowing) : 대량생산을 목적으로 하거나 생육이 잘 되고 값이 싼 종자는 밭에 직파하여, 생육함에 따라 너무 밀생한 곳은 솎아 준다.

파종후 채로 친 가는 흙으로 종자를 가볍게 복토를 하고, 그 위에 짚을 덮어준다. 파종후 만일 비가 오면 비를 맞지 않게 비닐로 덮어주는 것도 좋다.

㉡ 상파(床播, bed sowing) : 귀중한 종자나 발아 후 이식등 잔손질을

그림 5－25 파종후 짚으로 덮은 모습

해야 할 것은 따로 파종상을 만들어 10 cm 정도로 배합용토를 깔고 파종한다. 프레임(frame)을 만들어 파종상으로 사용하면 더욱 좋다. 파종상의 용토를 판자로 고르고 난 다음 파종할 이랑을 짓고 충분한 관수를 한다. 1시간쯤 후 파종을 하고 가는 깨끗한 흙으로 종자의 3배정도의 두께로 가볍게 복토(覆土)하고 그 위에 신문지나 짚으로 덮어주든지 비닐필름(vinyl film)으로 피복을 한다.

ⓒ 상자파종(箱子播種, box sowing) : 종자의 양이 적고, 귀중한 것은 나무상자나 시판되고 있는 플라스틱묘상(planter)에 상토를 담아 파종하고 가볍게 복토를 한 다음 비닐필름(vinyl film)이나 유리로 덮어 관리한다.

ⓔ 분파종(盆播種, pot sowing) : 아주 작은 종자, 귀중한 적은 종자나 묘목 때 생육이 약한 품종은 분에 파종하는 것이 적합하다.
파종 후 복토를 하지 않고, 관수는 분을 물에 반정도 담구어 수분을 흡수시키도록 한다. 분 위에는 유리를 덮어주는 것도 좋다.

⑤ 파종의 격식(格式)

ⓐ 점파(點播 : Spot − sowing) : 종자가 귀하거나 수량이 적을 때는 이 방법으로 파종하는 것이 효과적이다.
묘목배양에 알맞은 간격으로 종자를 묻을 구멍을 내고 여기에 1개 내지 2 ∼ 3개씩 파종한다.

ⓑ 산파(散播 : spread − sowing) : 산파에 의한 묘생산은 잘 하지 않지만 파종상 위에 흩어뿌리는 경우는 있다.

ⓒ 조파(條播 : line − sowing) : 실생묘나 대목을 양성할 때 대개 이 방법으로 하는데 노지나 파종상에서 직선의 이랑을 적당한 간격으로 짓고 이랑을 따라 고르게 파종하는 방법이다.

⑥ 파종시의 주의사항

ⓐ 파종하면 비에 맞지않도록 해준다. 비에 맞으면 지면이 굳어지고, 씨앗이 한쪽으로 몰리거나 흘러내리며, 병의 유발도 우려됨으로 비가리개를 해준다.

ⓑ 짚으로 파종상을 덮었을 경우는 씨앗이 움트기 시작하면 걷어낸다. 이 짚걷는 시기가 늦으면 건전한 묘를 배양하지 못한다.

ⓒ 미세한 종자, 귀중한 종자는 분에 파종해야 한다.

㉣ 발아시 광선을 필요로 하는 종자 즉, 해송, 소나무, 섬잣나무, 뽕나무, 사쯔기철쭉 등은 복토할 때 종자가 보일듯말듯 가볍게 하고 비닐필름이나 유리판으로 덮어주는 것이 좋다.

(5) **파종후의 관리** : 파종한 후 파종상의 흙이 건조하지 않도록 관리에 유의한다.

① 삽목에 의한 뿌리뻗음의 개량(改良) : 발아해서 본엽(本葉)이 돋아나오기 전에 뿌리부분을 잘라내고 삽목하듯이 묘상에 가식(仮植 : temporary planting)을 하여 육묘(育苗 : nursing)하면 사방으로 뿌리가 뻗어나와 팔방뿌리뻗음을 한 양질의 분재소재를 생산할 수 있다.

발아 당시의 식물체는 뿌리가 완전히 신장하여 수양분을 흡수할 수 있게 될 때까지의 영양을 배유나 자엽(子葉 : 떡잎)에 저축하고 있으므로, 뿌리가 신장하여 활동을 개시하는 것은 본엽이 돋아나오고 나

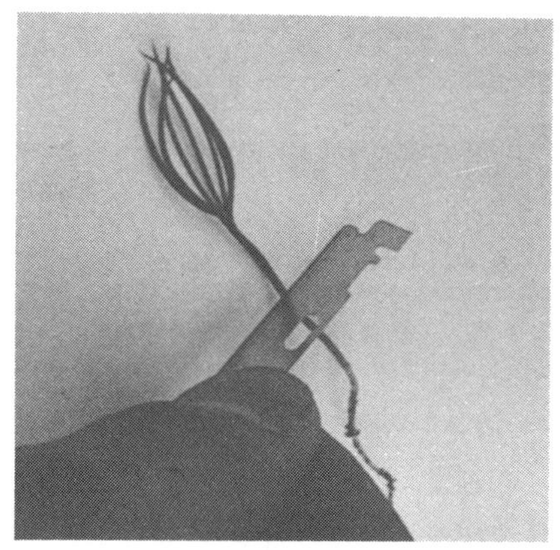

그림 5 - 26 실생묘 삽목

그림 5 - 27 삽목후의 발근상태

서이다. 그러므로 그 이전에 새뿌리를 잘라서 심더라도 묘목에는 아무런 피해가 없다.

뿌리의 생육 초기에는 직근(直根)이 아래로 향해 신장하기만 하므로 이것을 그대로 방치하면 뿌리뻗음이 나쁠뿐만 아니라 측근(側根)이 별로 없는 직근만의 뿌리가 되어 이식을 하면 이식의 피해도 많이 입게 된다. 분재소재를 생산하는데는 이 삽목묘 배양이 절대 필요한 작업이다. (그림 5 - 28 참조)

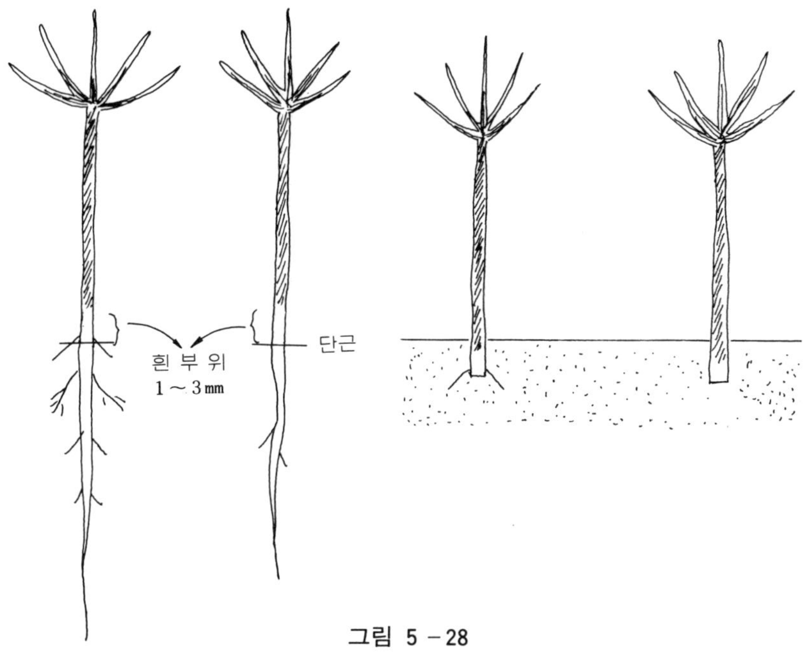

그림 5 - 28

② 가식 (삽목)후의 관리 : 직사광선과 바람에 의한 건조를 막아주고, 본
엽이 벌어지기 시작하면 점차 광선을 많이 쬐게 하여준다. 이 때 광선
이 부족하면 연약한 묘목이 되어버린다. 본엽이 3~4매 돋아나오면
연한 액비로 시비한다. 농도짙은 거름을 하면 뿌리가 거름에 타는 피
해를 입게되므로 아주 연한 거름을 주는 것이 육묘의 제일 중요한 요
령이다.
액비는 20배로 희석해서 관수 후 시비하면 탈이 없다.
③ 중경제초(中耕除草 : ploughing and weeding) : 묘목의 뿌리의 생장
과 활동을 증진시키며, 비료의 분해작용을 도와 비료효과를 증대하기
위해 묘목상이 굳어지고 딱딱해지는 것을 호미등으로 쪼아 수분의 흡
수와 공기의 유통이 잘 되도록 해준다.
이 때 제초도 해준다. 제초는 잡초가 어릴 때 뽑아버리는 것이 좋고,
늦어지면 뿌리가 많이 자라서 뽑아낼 때 묘목의 뿌리를 상하게 하는
경우가 있다.

④ 솎기 (thinning) : 묘목은 본엽이 돋아나고 잔뿌리가 자라면 뿌리에서는 수양분을 흡수하고 잎에서는 광합성작용을 하게 되며 묘목 상호간에 생존경쟁이 시작된다. 이 때 묘목이 너무 밀생해 있으면 건전한 육묘가 안되고 웃자라서 허약한 묘목이 되고만다.

그러므로 가식하지 않는 묘상은 포기 사이에 적당한 간격을 두고 솎기를 해야 한다.

이 솎기를 할 때는 건강하고 그 수종의 개성을 지닌 양질의 묘를 남기도록 개체 선별을 하여 작업을 실시한다.

⑤ 정식(定植 : fixed planting) : 봄에 이식을 하면 이식의 피해도 적고 회복이 빠르므로 3∼4월이 알맞다.

수목의 눈이 조금 부풀어오른 시기가 적기인데 눈의 움직임이　늦은 석류, 목백일홍, 감귤류등은 다른 나무보다 늦게, 눈이 조금씩　움직이고 난 후 하는 것이 좋다.

정식을 하는데 가장 중요한 것은 뿌리를 사방으로 고루 펴서 심는 작업이며, 작업이 번거롭더라도 꼭 실시해야 한다 그리고 유별나게 큰 뿌리는 아주 잘라버리고 굵은 뿌리는 짧게 잘라준다.

식물은 생육초기에는 직근이 아래로 향하여 신장하고, 줄기는　곧게 위로 향하여 자란다.

이것을 그대로 두면, 분재에서 요구되는 조건의 수형과는 상반되는 감상가치가 별로 없는 형태가 되고만다.

식물은 지엽수(枝葉數)의 증가에 따라 수목의 노화(老化)가 촉진되고,

그림 5 – 29 당단풍묘의 양성 (충분한 식재간 거리를 두어 양성하고 있는 모습)

가지는 옆으로 뻗으며, 측근도 발달이 된다. 그러므로 직근을 잘라버리고 측근의 뻗음과 수의 증가를 도모하면, 지엽의 수도 자연히 증가한다. 실생소재 배양시에 직근과 굵은 뿌리를 잘라주므로 해서 왜성노화(矮性老化)를 촉진시키고 뿌리뻗음과 잔가지의 발달을 좋게 하면 이상적인 아름다운 분재수형에 가까워진다.

대략 1～3cm정도 발근부를 남겨두고 전정을 하는데 이 때 전정가위는 잘 갈아서 사용하며 직경이 1.5cm 이상되는 뿌리는 전정한 후 칼로 곱게 깎아주는 것이 바람직하다.

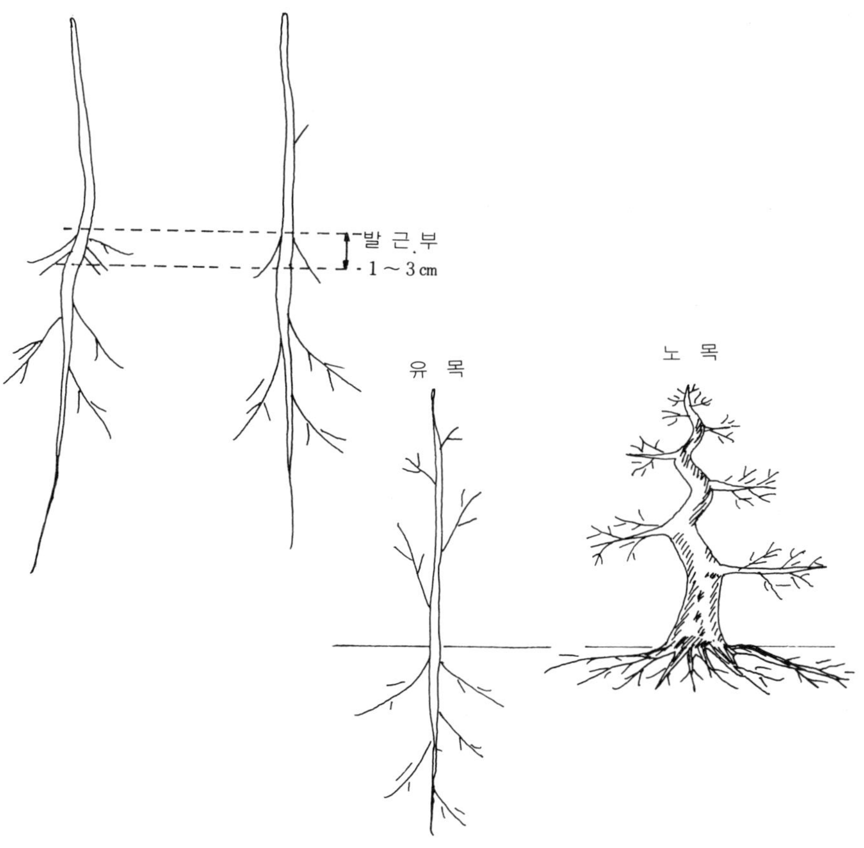

그림 5 - 30

③ 삽목 (挿木 꺾꽂이 : Cutting)

삽목은 실생법과 함께 종묘생산에는 가장 많이 이용되는 방법인데, 실생법에서 할 수 없는 좋은 장점을 가진 무성번식법 (無性繁殖法)의 하나이다.

수목의 가지, 줄기뿐만 아니라, 뿌리, 잎등을 이용하여 완전한 독립개체를 만들어내는 번식법으로서 한번에 대량생산이 가능하다.

그림 5 - 31 여러가지 분재수종들이 삽목되어 있는 노지 삽목상 (선유원)

(1) 삽목번식의 장단점

☆ 장점

① 모수 (母樹)의 유전형질 (遺伝形質)을 그대로 계승하므로 동일한 성질의 나무를 한번에 많이 생산할 수 있다.

② 희귀한 변종의 증식에 유효하다.

③ 자웅이주인 나무의 한쪽만을 번식하고저 할 때 용이하다.

④ 1대잡종 등 뛰어난 형질의 것만을 번식하고저 할 때 편리하다.

⑤ 돌연변이 (突然変異) 된 가지를 증식하기에 용이하다.

⑥ 조건만 갖추면 필요에 알맞는 큰 묘목을 좁은 공간에서 증식할 수 있다.

⑦ 일반적으로 뿌리뻗음이 좋고 지하고가 낮은 분재소재로 적합한 묘목을 얻을 수 있다.

⑧ 상화 (賞花), 상과 (賞果) 수종은 실생에 비하여 개화, 결실까지의 기간을 단축시킬 수 있다.

☆ **단점**

① 목적하는 삽수(挿穗)의 대량 수집이 힘드는 경우가 있다.

② 수종에 따라서는 삽목이 힘드는 것이 있다.

③ 희귀품종 또는 고가의 품종일수록 일반적으로 삽목이 잘 안되고 된다하더라도 많은 경험과 관리기술이 있어야 한다.

(2) **삽목의 종류** : 삽목은 그 조건과 목적에 따라 여러가지 방법이 있는데 다음과 같다.

① 삽수의 식물체 부위에 따른 분류 : 삽목은 삽수의 식물체 부위에 따라 다음과 같이 분류할 수 있다.

분재용 종묘 생산에는 주로 가지삽의 방법을 이용하지만 참느릅나무와 같이 뿌리삽이 효과적인 것도 있다. 엽삽, 엽아삽등은 별로 이용되고 있지 않다.

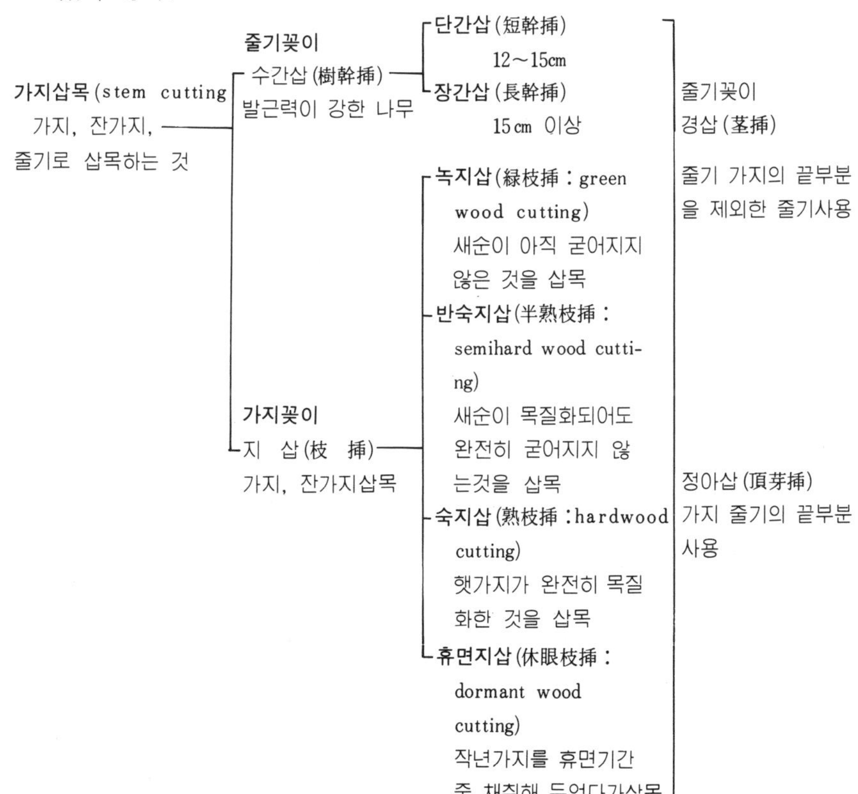

뿌리꽂이

근삽(根挿 : root cutting) : 뿌리에서 새뿌리와 순이 잘나오는 수종에 이용 (참느릅나무, 뽕나무, 명자나무 등)

지하경삽(地下莖挿) : 지하경을 옆으로 뉘어서 묻는 방법 (대나무)

엽아삽(葉芽挿 : leaf – bud cutting) : 잎을 붙인 한눈을 삽목 (인도고무나무 등)

엽 삽(葉 挿 : leaf cutting) : 잎을 삽목하여 뿌리와 새순을 발아케 함.

② 삽수(揷穗)의 조제 방법에 따른 분류

　㉠ 직각자르기 : 삽수의 아래 단면을 직각으로 자르는 방법인데 분재 소재 생산에는 이 방법으로 하여 많은 뿌리를 사방으로 나오게 할 수 있으므로 좋기는 하지만 단면이 작아 흡수면 (吸水面)이 적기 때문에 건조하지 않도록 보완작업이 필요하다.

　대량 작업을 할 때는 잘 드는 가위로 바로 자르므로 능률적이기도 하다.

　㉡ 사면(斜面) 자르기 : 삽수의 아래쪽을 비스듬히 사면으로 자르는 방법인데 한쪽만 자르면 꽂을 때 껍질이 벗겨지기 쉬우므로 일반적으로 반대쪽을 한번더 가볍게 잘라내는 양면자르기를 한다. 3면자르기, 4면자르기를 하는 경우도 있다.

　㉢ 곰방메 삽수 : 말채나무, 자귀나무 등과 같이 재질이 부드러운 나무, 후피향나무, 홍가시나무등과 같이 재질이 조금 경질인 나무, 장미와 같이 수심이 큰 나무는 가지가 나온 원가지를 일부 붙여서 삽목하는 것이 성적이 좋다.

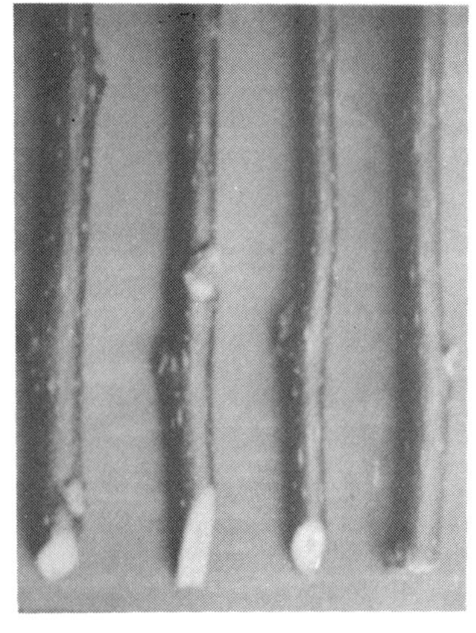

그림 5 – 32 삽수 조제 방법

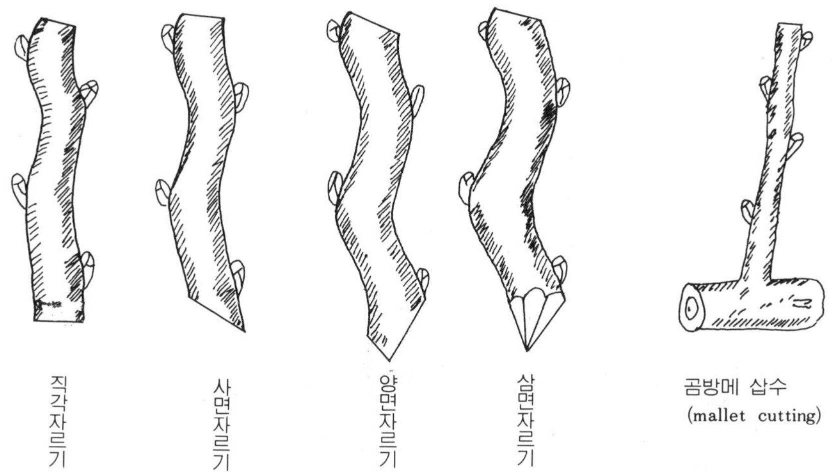

③ 삽목하는 계절에 따른 분류

㉠ 춘삽(春挿) : 휴면지삽 또는 숙지삽(熟枝挿)은 봄에 하므로 삽목 후 생장기간이 길다.

㉡ 장마삽 : 녹지삽 또는 반숙지삽을 장마를 전후하여 한다. 공중습도가 높아 이롭다.

㉢ 하삽(夏挿) : 반숙지삽 또는 숙지삽을 하는데 고온을 요하는 수종에 좋다. (사쯔기 철쭉등)

㉣ 추삽(秋挿) : 비교적 발근력이 좋은 수종에 이용하며 연내에 활착하여 다음 해 이른 봄부터 생장한다. 특히 근두암종병이 감염되기 쉬운 명자나무류는 이 추삽을 하는 것이 좋다.

④ 삽목상의 상태에 따른 분류

㉠ 상자삽(분삽) : 상자나 분에 삽목 (그림 5 –33 참조)

㉡ 노지삽(露地挿) : 노지에 삽목상만 만들어 삽목

㉢ 비닐하우스삽 : 비닐하우스 안에 삽목상을 만들어 삽목하는 것

㉣ 밀폐삽(密閉挿 : moist – chamber cutting) : 삽목한 다음 충분한 관수를 한 후 비닐로 완전히 덮어 밀폐하여 수분증발을 막고 온도를 높여주는 방법이다. 낮에 내부온도가 25°C를 넘지 않도록 발을 치며 온도가 높아지면 발 위에 살수(撒水)하여 온도를 낮추도록 한다. 발근 성적이 아주 좋으므로 이 방법을 많이 이용한다. (그림 5 –34)

ⓜ 미스트삽(mist cutting) : 미스트하우스를 지어 미스트장치를 하고 삽목하는데 발근율은 아주 좋다. (그림 5 -35 참조)

그러나 시설비가 많이 소요됨으로 일반이 이용하기에는 힘들다.

그림 5 -33 pot 삽목

그림 5 -34 밀폐삽

그림 5 -35 미스트삽

(3) **발근(發根)의 원리(原理)** : 삽목을 해보면 용이하게 잘 되는 경우가 있고, 어떤 것은 정말 힘들고 잘 안되는 것이 있다. 삽목을 잘 하려면 먼저 그 생리를 알 필요가 있다.

발근(發根)을 하는데는, 식물호르몬, 영양조건 등 몇가지 요인(要因)이 관계되고 있을 것으로 보고 있다.

웬트(Went : 1938)의 가설 (假説)에 의하면 뿌리의 형성 (形成)은 자른 자극 (刺激)에 의해 줄기나 가지에 있는 리조칼린 (rhizocaline)이란 생장과 발근에 중요한 역할을 하는 물질이 하강하게 되고, 잎과 눈에서 오옥신 (auxin)이란 식물호르몬이 사관부를 통하여 하강하며, 이 양자의 공동작업으로 근원기 (根原基 : root primordia)를 형성하는 것으로 되어 있다.

이 설을 뒷받침하는 것으로 한 눈을 가진 삽수로 삽목하면 눈이 있는 한쪽만 뿌리가 나오고, 2～3눈을 좌우로 가진 삽수는 뿌리가 골고루 나오는 사실을 들 수 있다. 그러므로 분재소재용 삽목 번식에서는 눈이 2～3개 이상 좌우로 있는 것을 삽수로 해야 한다. 그리고 다음은 영양물질이다. 식물의 생육의 활력원 (活力源)이 되는 탄수화물 (炭水化物)이나, 발근을 위한 무기성분 (無機成分), 질소화합물 (窒素化合物) 등이 필요하다.

따라서 수세가 강한 나무의 잘 자란 가지의 중간부위를 삽수로 사용하는 것이 영양과 식물호르몬을 많이 함유하고 있으므로 활착율을 높이는 효과를 얻을 수 있다.

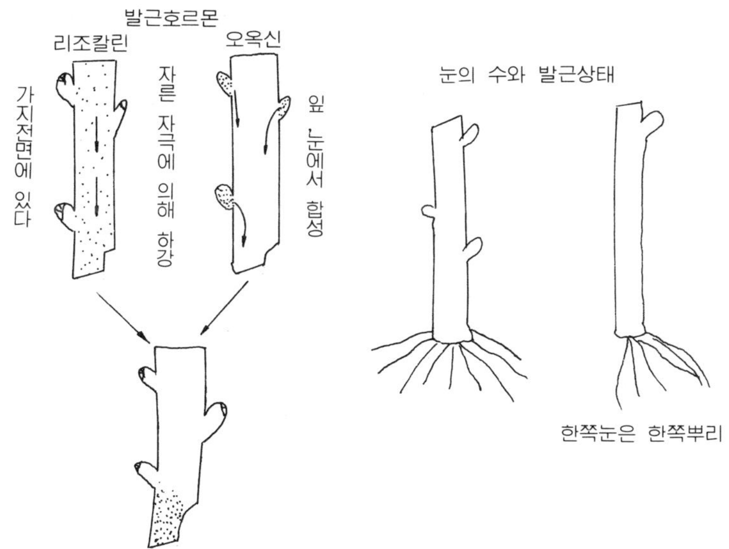

그림 5 - 36

① 식물호르몬 : 식물호르몬은 삽목의 발근촉진이외에도 발아촉진, 과채류의 증수(增收), 포도의 무핵화처리(無核化處理) 등 많은 분야에서 이용되고 있다.

삽목에서는 indolebutyric acid(IBA)가 효소(酵素)의 분해가 적고 장기간 효과가 안정되어 있으므로 널리 이용되고 있다.

현재 주로 시판되고 있는 발근촉진제로는 루톤(Rootone : α – naph-thyl acetamide 0.4%)과 옥시베론(β – indolebutyric acid)이 있는데 1%는 목본류(木本類)에 0.5%는 초본류에 효과가 좋다.

② 영양물질(榮養物質) : 당 등 탄수화물과 질소화합물은 삽수가 발근하여 생장하기까지의 생명력 유지에 필요불가결한 것이다.

이러한 물질은 삽수가 필요량을 함유하고 있으므로 분재소재 생산의 삽목에서는 특별한 조치가 필요없다.

미스트번식에서 어린눈, 어린가지를 삽목할 때는 탄수화물과 질소화합물의 함유비율(C/N율)이 문제가 될 것으로 본다.

③ 저해물질(阻害物質) : 식물에는 생장촉진물질 이외에 생장억제물질(生長抑制物質)이 있다는 것은 오래 전부터 알려진 사실이다. 이 물질은 100°C에서 파괴되는 산성이온물질로서 일종의 유기산(有機酸)과 타닌(tannin)에 유사한 것으로 생각되고 있다.

수종에 따라 함량(含量)이 다르며, 삽목이 잘 안되는 참나무류, 소나무류등은 그 함량이 많고, 당단풍, 능수조팝나무, 족제비싸리, 쥐똥나무등은 그 함량이 적어 발근이 용이하다.

억제물질은 같은 수종이라도 수령과 수관의 부위에 따라 함량이 다르다.

일반적으로 수령이 높아지면 증가하고, 수관의 상부에서 햇빛을 많이 받아 신장을 한 것보다 중간부위에서 자란 가지에 적은 경향이 있다.

타닌은 탄수화물의 함량과도 깊은 관계가 있어 보이며, 발근이 용이한 수국, 개나리등에서는 타닌의 함량이 적고, 전분함량이 많으며, 발근이 곤란한 참단풍, 참나무등에서는 타닌의 함량이 많고, 전분의 함량은 적다.

그 외 휘발유성분, 테레핀유, 발삼 등의 특수한 성분, 수지(樹脂), 산화효소 등이 상처의 산화(酸化)를 조장하여, 발근을 저해하는 경우도 있다.

④ 근원기(根原基)의 발달 : 근원기는 뿌리가 나오는 부위에 발생하는 것
인데, 느티나무, 사과나무, 민조팝나무아제비 등은 잘라내기 전부터
가지 속에 발생하여 있던 것도 있지만 일반의 식물은 삽목하고 나서
발생하는 것이 보통이다. 근원기는 차츰 유관속(維管束)과 연결되고,
근관(根冠)이 되어 뿌리의 형태를 갖추고, 표피(表皮)를 뚫고 발근
(發根) 한다.

목본식물에서는 형성층(形成層)과 사부(篩部) 내에서 발생하는 것이
많으나 때로는 유합조직(癒合組織 : callus tissue)에서 발생하는 경우
도 있다.

근원기의 발달에는 환경요소(環境要素)로서, 온도, 습도, 광선이 큰
영향을 주며, 이러한 요소의 적(適), 부적(不適)이 삽목의 성적을 좌
우하므로, 삽목후 발근시까지는 삽수의 활력(活力) 유지에 힘써야한

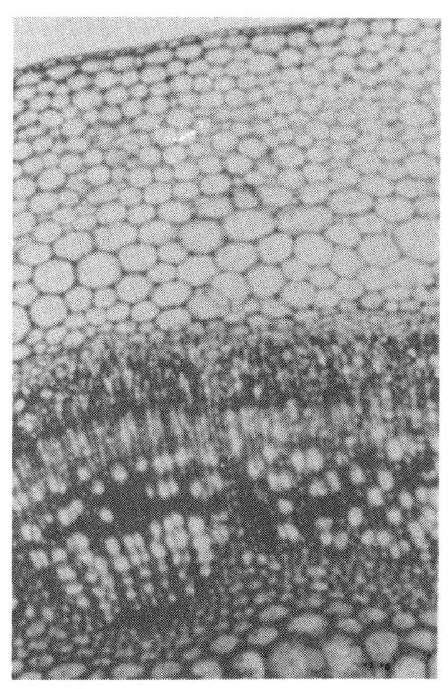

(1) 삽목전

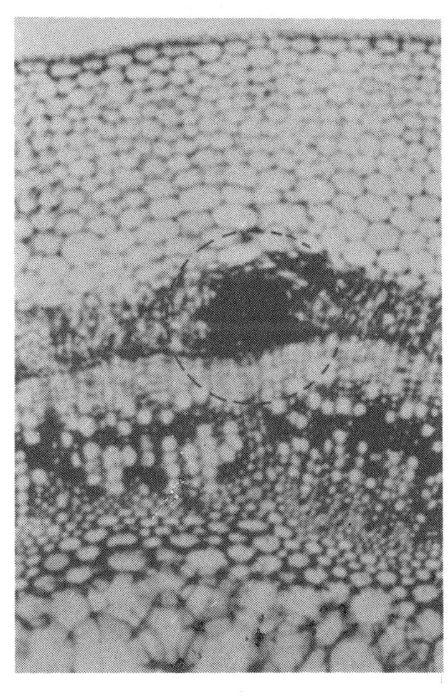

(2) 근원기의 발달

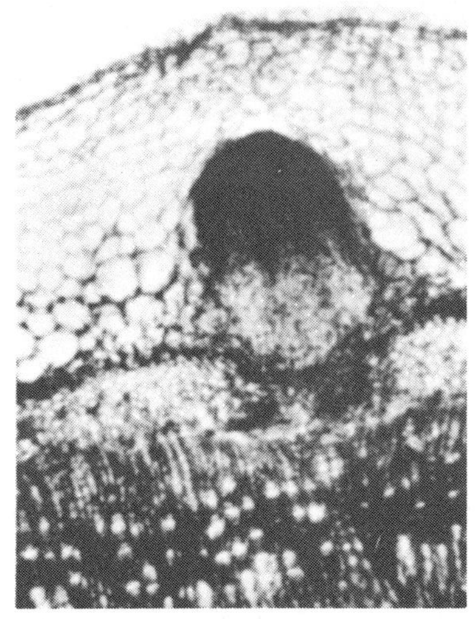

(3) 발달한 근원기 ①

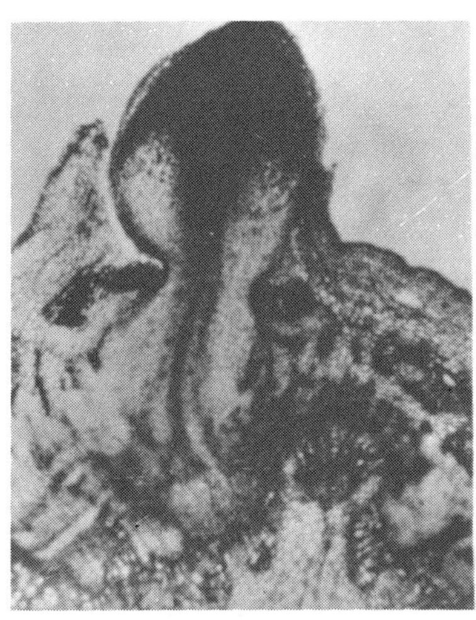

(4) 발달한 근원기 ②
(형성층과 연락이 되고 있다)

(5) 발근이 되고 있는 모습

그림 5 - 37 근원기 발달과정의 현미경 관찰

⑤ 황화처리(黃化処理) : 목본식물은 새 가지의 기부(基部)를 황화처리 하면 발근이 용이해진다.

이른봄 발아전에 가지끝 9 ~ 12 cm 부위를 검은 비닐봉지로 싸두면 거기에 자라나온 새순은 완전히 황화(黃化) 한다.

새순의 잎이 5 ~ 6매 자랐을 때를 보아 검은 비닐주머니를 걷어내고 황화한 새순의 기부 3 ~ 6 cm 부위를 검은 비닐로 감아 이부위만 차광한다. 이것을 8월중순경 잘라서 삽목하면 활착율이 아주 높다. 금 계목, 은계목등 삽목이 힘드는 수종에서는 이 방법을 이용하면 삽목이 용이하다.

⑷ **수종과 발근성**(發根性) : 삽목이 잘 안되는 수종일지라도, 그 원인을 규명하여 이에 적절한 방법을 강구하면 소기의 목적을 달성할 수 있을 것이다.

낙상홍, 해당, 석류, 목백일홍등 낙엽수는 3월에 삽목하는 것이 좋다. 삽수는 삽목 1개월 전에 채취하여 배수가 잘 되는 땅 속에 매장해 두 었다가 잘라서 사용한다. 햇가지는 신장이 끝나고 굳어진 6 ~ 7월경이 좋다.

그림 5 - 38 삽수의 저장 : 배수가 잘 되는 땅속에 저장한다 (단풍나무)

상록수는 휴면지보다 충실한 햇가지가 활착이 좋다. 삼나무, 가문비등 침엽수는 4월 하순~5월 상순이 좋고, 동백, 늦동백 등 활엽수는 6월 ~ 8월이 적합하다. 그러나 이 시기는 온도가 높아 삽수의 수분증산이 왕성하여 시들기 쉬우므로 수분증산억제제를 살포해주고, 한냉사, 발등 으로 차광도 해주어야 한다.

발근의 속도는 수종에 따라 다르며, 빠른 것은 2주간 전후이며, 늦은 것은 2개월전후의 일수가 걸리는 것도 있다.

영양이 좋은 삽수는 조직의 목화(木化)가 많이 되어 있으므로 세포분열 이 힘들어 발근이 늦어지고, 어린 가지는 세포분열은 용이하나 영양이 불충분하여 활착성적이 나빠진다.

또 종류에 따라 영양함량, 호르몬함량등 여러가지 차이가 있고, 때로는
타닌을 대량 함량하여 발근이 저해되는 경우도 있다.

이러한 여러가지 요인이 발근에 관계하므로, 호르몬처리나, 황화처리를
한다든지 미스트삽목을 하여 발근을 빠르게 하는 연구가 필요하다.

⑸ **활착을 좋게 하는 방책**(方策) : 수종이나 품종에 따라 생장호르몬의 부
족이나 절단면의 산화(酸化), 삽수 자체내의 억제물질의 생성, 절단면의
부패등 여러가지 저해요인 (阻害要因)을 갖고 있으므로 그 성질을 잘 이
해하는 것이 중요하다. 그러나 실제면에서는 이러한 제요인보다 건조,
부패에 의한 해가 더 많고 삽목 실패의 주원인으로 되어있다.

① 부패에 의한 해와 그 방지 : 삽목한 후 아무리 관리를 잘 하여도 삽
수가 시들고 뽑아보면 기부가 검게 변해있는 경우가 있다. 삽수는 모
수에서 떨어져나오면 병원균에 대한 저항력이 현저하게 저하될뿐 아
니라 절단면의 큰 상처가 병원균의 감염을 쉽게 하는 결과가 된다. 그
리고 삽목상이 병원균의 침입, 번식이 용이하고 가장 활동하기 좋은
조건하에 놓이게 되므로 일반적으로 별로 해를 주지 않는 균에 의해
서도 큰 피해를 받는 경우가 있다.

② 고사의 원인 : 삽수는 침입한 병원균이 분비하는 독소에 의해 수분흡
수의 능력이 저하되며 차츰 통도조직 (通導組織)이 막혀 2 차적으로 건
조하여 고사하게 된다.

병원균의 침입에 의한 활착성적의 저하는 수종이나 품종에 따라 차이
가 있으나 여하간 부패의 원인을 최소한도로 방지하는 방법을 강구해
야 한다.

③ 부패성세균 (腐敗性細菌)과 감염경로 : 부패를 일으키는 병원균에는 여
러가지가 있으나 그 주역은 부패성세균이며,   십자화과식물 (十字花科
植物)의 연부병균 (軟腐病菌)의 변종 등이 큰 피해를 주고 있다.

그 외 입고병 (立枯病), 위조병 (萎調病)의 원인이 되는 푸사륨 등에 기
인 (起因) 되고 이러한 병원균은 토중에서 잘 생존하며 대부분이 편모
(鞭毛)를   갖고 운동을 한다.

또 연부균류는 기생체 (寄生体)의 표면에서 풍우에 의해 운반되어 전
염되고, 푸사륨도 포자 (胞子)가 비산이동하여 전염된다.

삽수는 모수에서 잘라져나오기 이전에 감염되었을 경우도 있고, 삽목 후에는 토양과의 접촉에 의해 확실하게 오염되게 된다. 발병의 정도는 삽수의 저항력의 강약과, 병원균의 전파, 침범력 또는 그 서식밀도 (棲息密度) 등에 좌우된다.

병원균의 대부분은 절단면의 상처나 삽목시 생기는 작은 상처에서 침입한다. 온도가 높을 때는 푸사륨은 지상부의 눈(芽)에서 침입하는경우도 있다.

식물은 상처에 캘러스를 형성하여 어느 정도 병원균의 침입을 방어하지만, 이 캘러스가 형성될 때까지 장기간을 필요로 하며, 토양중에 네마토드(nematode) 등 해충이 생존해서 이 부분을 식해(食害)하여 병원균의 침입을 조장하고 피해를 더하게 하는 경우도 있다.

특히 하단부(下端部)에서만 발근하는 소나무류, 모과나무, 가시나무류, 호도나무, 좀피나무 등에서는 치명적인 피해를 입게되는 경우도 있다. 이러한 해충이 서식하고 있을 때는 용토에 살균제를 사용하더라도 피해를 경감시킬 수 없다.

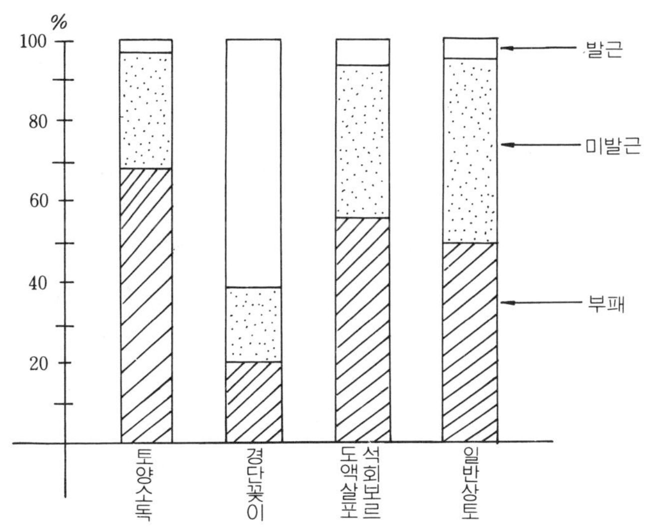

소독의 효과는 나타나지 않고, 경단 꽂이가 상처보호, 수분보급에 효과가 있다.

그림 5 - 39 삼나무 삽목의 실험

④ 부패 (腐敗)의 방지 : 삽목상 재료의 선택이 중요하다. 배수, 통기가 잘 되고, 청결하여, 병원균의 활동이 어려운 것을 선택하는 것이 대단히 중요하다. 밭흙이나, 한번 사용한 상토를 다시 사용하는 것을 삼가고 토중의 깨끗한 흙을 사용하며 토양수분을 50 ~ 60 %로 유지하고 지온을 25°C 전후로 유지하여 그 이상 온도가 높아지는 것을 방지하면, 병원균의 번식조건보다 삽수의 활착조건이 좋아지므로 부패를 방지할 수 있다.

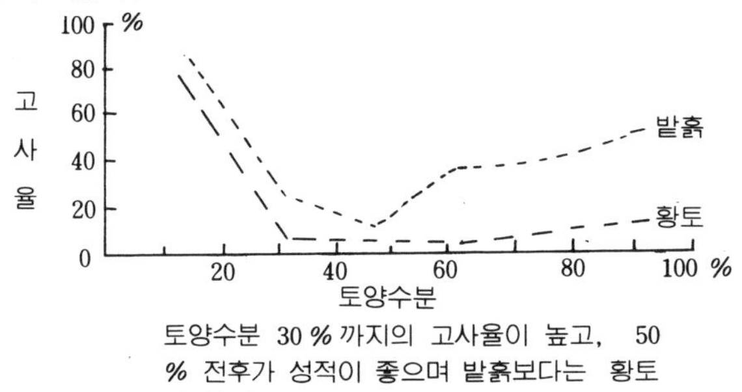

토양수분 30 % 까지의 고사율이 높고, 50 % 전후가 성적이 좋으며 밭흙보다는 황토가 좋다.

그림 5 - 40 토양수분과 고사율 시험

그리고 휴면지와 같이 저항력이 강한 삽수를 사용하면 그 피해를 경감시킬 수 있다.

또 살균소독이나 상처보호등의 방법을 실시하고 있으나 현재까지는 현저한 효과는 얻지 못하고 있다.

그러나 미스트번식에 의해 영속적 또는 단속적 (斷續的) 소독을 실시하여 성과를 올릴 수 있는 기술을 강구할 수도 있을 것이다.

⑤ 건조에 의한 해와 그 방지 : 삽수의 숙도(熟度), 시기, 수종, 식물의 수분필요도등의 제요인에 의해 건조에 의한 피해정도는 달라진다. 예를 들면, 낙엽수의 휴면지삽은 수분증산이 아주 적으므로 아주 강하고, 상록수는 이 보다 수분증산량이 많아지므로 건조에 의한 피해는 당연히 많아지며, 연약한 조직의 삽수는 더욱 피해를 입게 된다.

㉠ 삽수 : 침엽수류의 삽수를 제조하는 과정에서 일시적으로 건조를 초래할 경우 30 % 정도의 수분손실로는 별로 문제가 없으나, 수분손실이 40 % 를 넘으면 생존율이 급격히 저하되므로 과도한 건조에 대하여는 주의를 해야한다.

삽수의 수분손실속도는 지엽의 상태, 기상조건등에 의해 달라지지만, 연약한 잎을 가진 것, 증산이 현저한 것, 물올림이 좋지 못한 것, 저해물질을 함유하고 있는 것등의 경우는 삽수채취와 동시에 물에 담구어야 한다.

그러나 일반 수종에 대해서는 삽수의 건조에 대하여 지나친 신경을 쓸 필요는 없다.

ⓛ 삽목 후의 수분 : 삽수의 증산량은 상록수는 삽목 직후, 봄 삽목에서는 발아 직후에 현저하게 많아진다. 그러나 날이 경과하면서 차츰 감소하여, 일주일 정도 지나면 뿌리가 있는 것보다 적어져 환경에 순응하게 된다. 저장한 삽수는 채취시보다 삽목시기가 증산량이 감소하여 있으므로 활착에 좋은 조건이 된다.

삽수조제 ①

pot에 삽목 ②

③ 삽목 2개월 후의 모습

④ 삽목 9개월 후의 발근상태

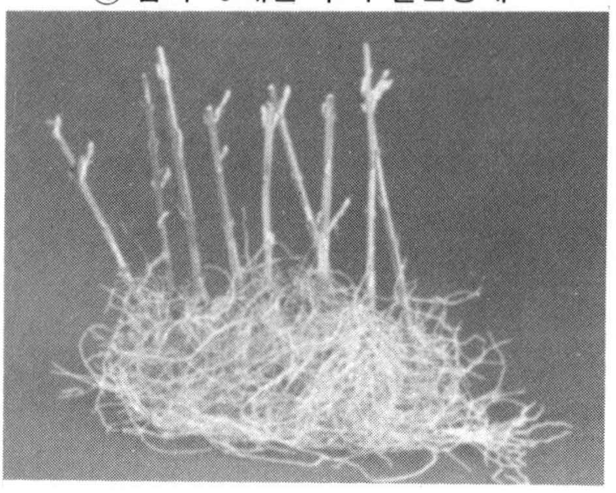

그림 5 - 41 영춘화의 녹지 삽목

삽수는 흡수량보다 증산량이 많으므로 삽목상은 알맞은 습도를 유지
하도록 관리해야 한다.

(6) **삽상 (揷床) 의 환경조건** : 삽목을 원만히 하기 위해서는, 모든 부패의
원인을 제거하고, 건조의 피해를 최소한으로 줄이며, 가장 좋은 조건하
에서 삽수가 생리적 활동을 영위하여, 신조직의 재생(再生)이 순조롭게
진행되도록 배려해야 한다.

① 용토(用土) : 삽목 용토로는 각종 밭흙, 황토, 석비레, 모래, 질석
   (vermiculite), 피트모스(peat moss), 퍼어라이트(perlite), 수태
   (水苔) 등과 같이 배수가 잘 되고, 통기성이 좋으며 보수력이 좋은
   용토가 적합하다.

   그러나 이러한 재료들은 각각 통기성, 보수성 그 밖의 조건이 다르므
   로 수종의 성질에 맞는 재료를 선택해서 사용하여야 한다.

   ㉠ 황토 : 보수력은 좋으나 통기성이 불량하므로 가루흙을 쳐내고 질
      석이나 피트모스, 퍼어라이트를 혼용하면 좋다. 깨끗한 토중의 흙
      이므로 병충해는 없다.

   ㉡ 석비레 : 균열이 많은 입자이므로 보수력과 통기성이 뛰어나며 병
      충해도 없으므로 아주 좋다. 굵은 입자를 쳐 내고 또 0.8mm 이하의
      가루흙도 쳐 버리고 쓰면 삽목 성적은 놀랄정도로 좋다.

   ㉢ 모래 : 하천 모래인데 크고 작은 여러가지가 있다. 하류의 가는 입
      자는 좋지않고, 상류의 모가 있는 1mm이상의 입자라야 배수, 통기
      성이 있어 좋다. 모래 단용보다는 다른 것과 혼용하는 것이   더욱

좋다.

 ㉣ 버미큘라이트(vermiculite) : 질석을 1, 100°C의 고온처리한 것이다. 보수성, 통기성이 뛰어나고, 무균이므로 아주 좋다. 가벼워서 단용하기는 좋지 않으므로 모래나 석비레와 혼용하면 더욱 좋다. 입자가 너무 가는것은 배수가 잘 안되어 삽수가 썩는 경우가 있으므로 2 mm ~ 3 mm 굵기의 것을 사용해야 한다.

② 온도 : 아무리 삽수에 발근능력이 있더라도 온도가 적당하지 않으면 활착율의 향상은 바랄 수 없다.

삽목상의 온도는 발근과 부패의 양면에서 고려하지 않으면 안된다. 25°C 가까이 온도가 올라가면 발근에는 좋은 조건이 되지만, 부패균도 활동하게 된다.

온도가 더 올라서 30°C ~ 35°C 가까이 되면 부패균의 활동은 더욱 왕성해지고, 부패에 의한 활착율의 저하는 더욱 증대된다. 일반 수종은 15°C가 넘으면 발근활동을 개시하며, 낙엽수의 적온은 20°C, 침엽수는 25°C전후, 상록활엽수는 25.7°C 정도이다.

③ 습도(湿度) : 삽상의 토양수분은 50 ~ 60 % 가 적습(適湿)이며, 흙을 손으로 꼭 쥐면 손바닥에 수분이 남을 정도이거나, 수분이 약간 배어 나올정도이다.

상록수등의 잎이 큰 것은 엽수를 제한하거나 잎의 일부를 잘라내어 조절하기도 하지만 너무 극단적으로 제한하면 부패를 초래하여 활착율을 저하시키는 결과가 된다. 그래서 상토의 습도를 높게 하고, 습도상승, 바람을 막기 위해 발이나 한냉사를 덮는 방법도 있다. 여러가지 수분 증산억제제를 살포하여 효과를 보는 경우도 있으나, 살포농도나 살포 회수에 따라 성과가 다르므로 널리 보급되어 있지는 않다.

근래에 와서 엽면증산을 합리적으로 억제하고 삽상의 온도도 높일 수 있는 밀폐삽이 많이 이용되고 있다.

활착율을 가장 향상시킬 수 있는 것은 증산과 습도와 온도를 합리적으로 조절할 수 있는 미스트번식이다.

⑺ **삽수의 조건** : 삽목할 때, 삽수의 연령, 채취부위, 채취시기, 삽수의 크기, 삽수의 조제 방법등 그 형태나 생리조건에 따라 발근능력에 크게

영향을 받는다.

① 삽수의 연령과 채취부위 : 삽수는 맹아지(萌
芽枝)가 좋다. 줄기나 가지를 전정하고 거
기서 발생한 햇가지를 사용하는 것인데 크
기는 작아도, 보통가지에 비해 발근저해물
질이 적고, 생리적으로 젊고 활력이 높아,
발근성적이 향상된다.

또 모수에서의 채취부위가 발근에 관계가
깊다.

교목성의 침엽수에서는 상부의 것보다 하

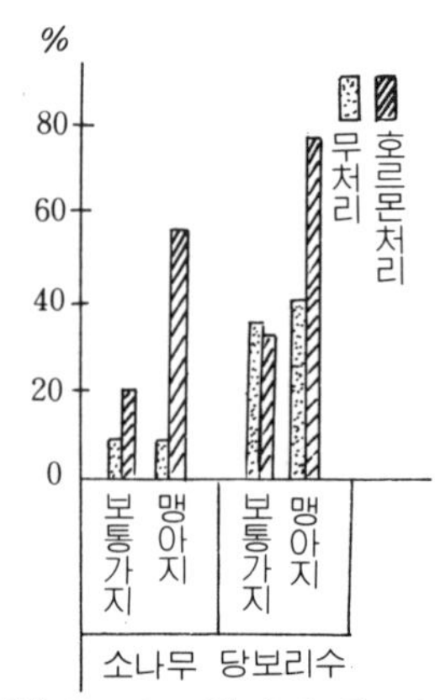

**그림 5 - 42 맹아지 호르몬
처리와 활착률**

부의 것이 발근성적이 좋다고 한다. 이것은 광선의 강도가 저해물질의
생성에 영향을 주므로, 하부의 것이 상부의 것에 비해 광선이 약하므
로 저해물질의 생성이 적기 때문이라고 생각된다.

편백, 측백, 삼나무, 향나무, 늦동백, 동백등의 상록수는 잎의 활력
을 이용하여 발근율을 높이는 것이 효과적이며 가지의 끝부분을 이용
한 것이 성적이 좋다.

낙엽수의 휴면지삽은 충실한 가지가 좋고, 일반적으로 1년지는 중간
부위나 기부 가까이가 좋은데 조금 부드러운 가지가 활착율이 높다.
성숙도가 높으면 발근력이 저하되기도 한다.

그리고 어린가지일수록 건조와 부패에 약하므로 관리의 기술을 요한
다.

미스트삽목은 이러한 폐단을 제거하고 어린가지에 활력을 주므로 이
상적인 삽목방법이라고 할 수 있다. 그러나 일반적으로 삽수는 어릴수
록 발근력이 강하므로 하삽, 추삽에서는 햇가지를 사용하며 때로는
기부에 2년지를 일부 붙여서 사용하는 경우도 있다.

수종에 따라서는 묵은 가지도 발근이 잘 되는 것이 있다. 삼나무, 수
양버들, 위성류, 회잎나무등은 3∼4년지의 굵은 가지를 삽목하여 단
시일에 큰 소재를 얻을 수 있다.

② 삽수 채취의 시기 : 부패와의 관계를 고려하여 부패율이 적은 시기를
택하도록 한다.

이것을 생육기별로 보면, 휴면지는 휴면기간중 언제 채취해도 되지만

애기라일락의 삽수 조제 ①
(삽수를 다듬어 물에 담근다.)

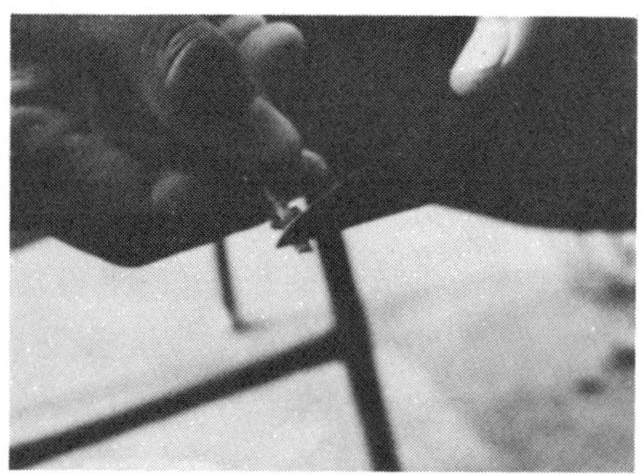

삽수의 기부를 45° 각도로 자른다.②

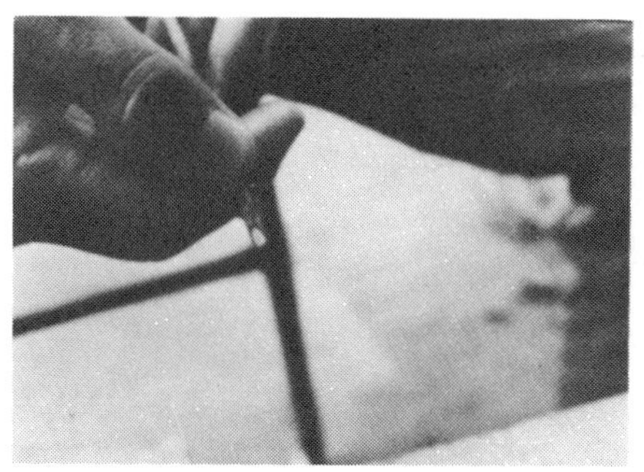

자른 후의 모습 ③

삽목의 기부 반대편을 다시 자른다.④

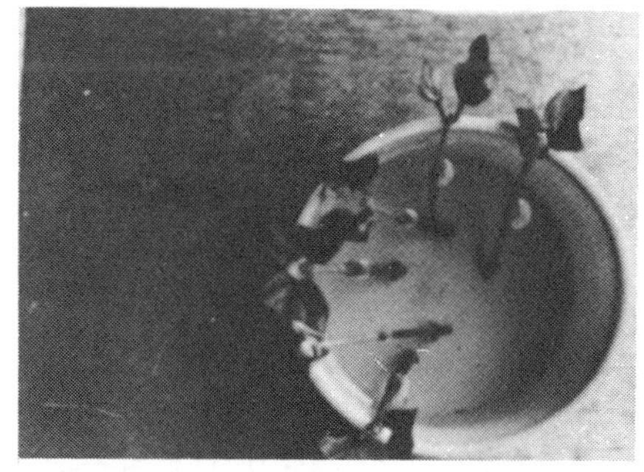

기부를 다듬은 삽수를 물에 담근다. ⑤

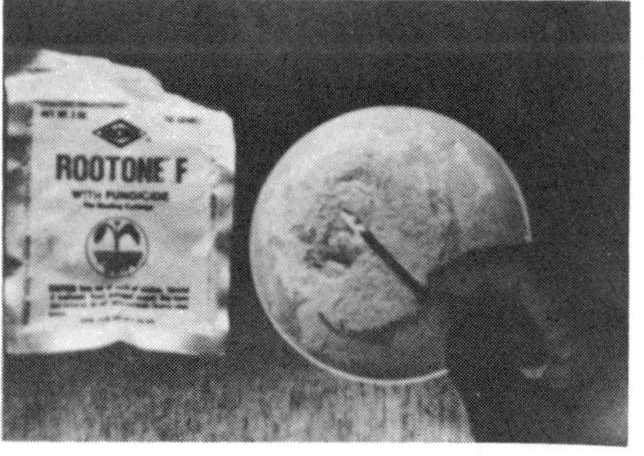

발근 촉진제를 묻힌다. ⑥

그림 5 - 43 애기라일락의 반숙지 삽목

삽목 1개월 전이 성적이 좋다고 한다. 그리고 햇가지의 경우 새순이 돋아나서 신장이 왕성한 시기는 부패하기 쉬우므로, 저항력이 강해지는 생장휴지기(生長休止期)인 장마때가 좋다. 이때에 삽수는 활력에 차 있고, 공중습도가 높은 시기이므로 좋은 결과를 얻기 쉽다.

③ 삽수의 조제방법 : 발근이 잘 되는 수종은 곡이 있고 모양이 좋은 굵은 줄기나 가지를 삽목해 단기간에 소재를 배양할 수 있으나 이러한 수종은 적고 대부분의 수종은 삽수가 일정한 크기일 때 성적이 좋다.

㉠ 삽수의 크기 : 삽수는 같은 조건이면 굵은 것이 형성층부분의 어린 세포층이 두텁고 활력이 있어 발근율이 높다. 또한 길이도 어느 정도의 길이까지는 발근율이 높지만 그 이상 길어지면 효과가 없고 오히려 건조하기 쉽고, 고사의 원인이 된다.

삽수 길이의 표준

- 낙엽활엽수종 ·· 10 ~ 20 cm
- 상록활엽수종 ·· 7 ~ 15 cm
- 침 엽 수 종 ·· 5 ~ 10 cm

그러나 수종에 따라 발근능력을 고려하여 조절할 필요가 있다.

소나무류는 3 ~ 5 cm의 길이가 발근율이 높고, 삼나무는 굵은 가지도 발근이 잘 되므로 20 ~ 25 cm의 긴 삽수를 이용하여 생산적 효과를 얻을 수 있다.

상록수와 침엽수의 하삽(夏揷)에서는 잎을 붙여서 삽목을 하는데, 수분의 바란스를 유지하기 위하여, 삽수의 하부의 잎은 제거하고 삽목한다. 잎을 많이 남기면 건조의 해를 받고, 잎을 너무 적게 남기면 탄소동화작용의 감퇴로 발근율이 현저하게 저하된다. 이상적인 삽목방법은 잎을 많이 남기고 발근능력을 높이는 것으로 삽목상의 수분 환경을 좋게 하는 것이 가장 중요한데 미스트관리는 가장 합리적인 방법이라고 할 수 있다.

낙엽기의 휴면지는 곁가지를 제거하고 삽수를 만드는 경우가 많지만, 침엽수에서도 삽수 길이의 $\frac{1}{3} \sim \frac{1}{2}$ 범위아래의 곁가지나 잎은 제거한다.

상록수는 잎이 작은 것은 3 ~ 5엽, 중간정도는 1 ~ 3엽만 상부에 남기고 큰것은 엽면적을 적게 하기 위해 잎의 $\frac{1}{3} \sim \frac{1}{2}$ 을 자른다.

그림 5 - 44 상록수의 잎을 자른후 삽목한 삽상

ⓒ 삽수 자르는 방법 : 삽수의 기부를 자르는 방법에 따라 발근에 주는 영향은 크다. 가위로 직각자르기, 45°의 한면자르기, 반대쪽을 한번 더 자르는 양면자르기 등의 발근상태를 비교해보면 일반적으로 양면자르기가 발근율, 평균뿌리의 수, 평균뿌리무게에서 월등히 낫다. 그러므로 정성 들여 삽수를 잘 다듬는 것이 활착율을 높이는 현명한 방법이다.

⑧ **발근율을 높이는 방법** : 발근증진의 처리법으로는 식물생장호르몬 등을 보급하는 경우와, 발근저해물질을 제거하는 경우가 있다.

또는 발근능력의 향상을 위해서 삽수 채취용 모식물을 육성하거나 맹아지를 육성한다든지, 황화처리를 하여 삽수를 육성하기도 한다.

① 식물호르몬처리 : 식물호르몬처리에 의해 많은 효과가 기대되므로 이 호르몬처리의 활용은 꼭 필요한 일이다.

ⓐ 식물생장호르몬의 종류

• β -인돌부티르산(β -IBA) : β -indolebutyric acid

목본류에 대해서 약해가 적고 안전성이 있어 많은 수종에 폭 넓게 효과적으로 사용되고 있다.

- β –인돌아세트산 (β –IAA) : β – indolebutyric acetic acid
  효소가 분해하기 쉬우므로 변질이 잘 되고 효과가 떨어지므로 이용하기 힘들다.
- α –나프탈렌아세트산 (α –NAA) : α – naphthalene acetic acid
  오옥신작용이 너무 강하여 약해를 일으키는 경우가 있다.

ⓛ 처리방법

- 저농도침지법 (低濃度浸漬法)
  다음 표와 같은 저농도 용액에 6 ∼ 48 (보통 12 ∼ 24) 시간 침지한 후 삽목.

- 고농도침지법 (高濃度浸漬法)
  알콜 50 % 액에 소정량을 용해시켜 삽수의 기부 2 ∼ 4 cm 부위를   1 ∼ 5 초간 침지한 후 삽목

◇ 식물생장 호르몬 처리 ◇

처리형식	약제의종류	처 리 농 도 (%)	처리시간	처 리 조 작
저 농도 침 지 법	β – IBA β – IAA α –NAA	교목휴면지 0. 005∼0. 0 2 관목휴면지 0. 002 ∼0.02 목본류녹지 0. 0025∼0.01	시간 12 ∼ 24	삽수의 기부 2 ∼ 4 cm를 침지한다.
고 농 도 침 지 법	β – IBA β – IAA α –NAA	휴 면 지 0.2 ∼1.0 휴면지이외 0.1 ∼2.0	초 1 ∼ 5	알콜 50 % 액에 용해하여 기부 2 ∼4 cm를 침지한다
※ 숙도가 낮은 어린가지는 처리농도를 낮추어 사용해야 한다.				

ⓒ 도말법 (塗抹法) : 분말로 된 발근제를 삽수의 기부 1 cm 부위에 도말하여 삽목한다.

삽수의 양이 적을 때는 이 도말법이 편리하고, 일정한 양으로 많은 삽수를 처리할 경우는 저농도침지법이 효과적이며, 대량의 삽수를 단시간에 처리할 경우는 고농도 침지법이 편리하다.

특수한 처리법으로 삽수 채취전의 모수의 지엽에 β –IBA의 0. 05 % 액을 살포하여 효과를 올린 예도 있다.

② 발근저해물질의 처리

　㉠ 맑은 물에 12 ～ 24시간 침지하는 방법

　㉡ 30°C ～ 35°C의 온수에 4 ～ 12시간 침지하는 방법

　㉢ 과망간산칼리 1 %액에 12 ～ 14시간 침지처리하는 방법

　이상과 같은 여러가지 효과가 좋은 방법이 보고되고 있으나　이의 단독처리로서는 효과를 기대할 수 없고 식물호르몬 처리와　병행처리하여야 한다.

③ 미스트번식 : 일반수종의 활착률을 안정적으로 높혀서　발근 곤란한 수종의 삽수의 발근을 가능케 하며, 연간 계속 생산을 하여 양산을 기대할 수 있고, 또 관수조작이 자동이어서 생력화되므로 이 미스트 삽목이 삽목번식에서는 가장 합리적이다.

그러나 미스트하우스, 미스트장치, 온도를 올리기 위한　전열장치등 많은 시설을 필요로 한다.

◇ 분재용 수목의 삽목조건 ◇

침엽수

수 종 명	삽목의 난 이	채취 부위	삽 수 의 길이(㎝)	삽 목 시 기 (월　순)	삽수의 조건	비　　고
소 나 무	극 난	천삽	3 ～ 10	3 8하～10중	어린모수의 맹아지 하부 1/3 잎 제거	호르몬처리, 미스트번식이 효과적임　적온 25°C ～ 30°C 70 % 차광
주　　목	이	천삽	5 ～ 25	3 ～4하 6상～10상	봄은 전년지, 장마시는 전년지 일부 붙임. 여름, 가을은 당년지	호르몬처리 효과 크다 80 % 차광
가 문 비	중	천삽	4 ～ 10	3중～4중 6중～7상	봄은 전년지 여름은 당년지	미스트번식 효과적이다. 보수력이 좋은 삽목상
황 금 편 백	이	천삽	10 ～ 15	3중～4상 6중～7상 9중～10중	봄 1 ～3년지 여름, 가을 ～2년지	적온 23 ～ 25°C 호르몬 처리 효과좋음 50 % 차광
눈 주 목	이	주목과 동일				
해　　송	난	소나무와 같음				
진　　백	극 이	천삽	10 ～ 15	3중～4상 6중～7상 9중～10중	봄은 전년지 여름, 가을은 당년지 또 는 기부 전년지 일부	

수 종 명	삽목의 난 이	채취 부위	삽 수 의 길이(㎝)	삽 목 시 기 (월 순)	삽 수 의 조 건	비 고
눈 향 나 무	극 이	진백에 준함				
편 백	중~이	황금편백에 준함				
좀 화 백	이	황금편백에 준함				
금 송	중~난	소나무에 준함				모난모래에 수태 세편혼합 상토, 호르몬처리, 육광계가 좋음
섬 잣 나 무	난	소나무에 준함				

상록수

수 종 명	삽목의 난 이	채취 부위	삽 수 의 길이(㎝)	삽 목 시 기 (월 순)	삽 수 의 조 건	비 고
아 잘 레 아	이	천삽	5 ~ 8	6 ~ 7 온실연중가	1 ~ 2시간 물올림	발근적온 20°C
마 취 목	중~이	천삽	5 ~ 10	3 ~ 4중 6중 ~ 7상	숙지 사용	봄삽목의 성적이 좋다.
감 귤 류	난	천삽	8 ~ 10	6중~ 7중	숙지 (당년지)2~3엽남김	적온 25°C ~30°C
치 자 나 무	극 이	천삽	10 ~ 12	3상~ 4상 6중~ 7중 9중~ 9하	봄 전년지 여름, 가을 당년지	
남 오 미 자	이	천삽 경삽	12 ~ 15	3중~ 4상 6 ~ 9	봄 전년지 여름, 가을 당년지	
사쯔기철쭉	극 이	천삽	4 ~ 12	3중~ 4중 5 ~10상	봄 전년지 여름, 가을 당년지	수태 혼용상토가 좋다.
동 백	이	천삽 경삽	10 ~ 15	3중~ 4중 6중~ 8중	봄 전년지 6월부터 숙지	호르몬처리 효과 큼
피 라 칸 사	극 이	경삽	12 ~ 20	3중~ 5중 6하~ 9중	봄은 2, 3년지도 된다 여름, 가을 당년지	
멀 꿀	중~이	경삽	10 ~ 15	3중, 하 6중, 하	전년지 잎 2 ~ 3매붙임	장마삽이 좋다.
백 화 등	극 이	경삽	10 ~ 20	연 중	2, 3년지도 된다.	
자 금 우	극 이	천삽	6 ~ 15	3 ~ 5 6상~ 7상	햇가지에 잎 3 ~ 4매 붙여 물올림 1 ~ 2시간	수태혼용상토가 좋다. 발로 차광
홍 자 단	이	천삽 경삽	7 ~ 15	3중~ 4상 6중~ 7중	봄 전년지 여름 당년지	반상록성이며, 삽목번식함 실생은 좋지못한 품종이 된다.

낙엽수

수 종 명	삽목의 난 이	채취 부위	삽 수 의 길이 (cm)	삽목시기 (월 순)	삽 수 의 조 건	비 고
은 행 나 무	중~이	천삽	10 ~ 20	3 ~4상 6 9 ~10	맹아지가 좋다 봄 전년지, 그외 당년지	호르몬처리 효과크다.
으 름 덩 굴	이	경삽	10 ~ 15	3 6중, 하	충실한 덩굴이 좋다.	굵은것은 취목이 좋다.
매 화 나 무	난~중	경삽	12 ~ 20	3상~4중	전년지 또는 2년지 2월중순까지 채취 저장	맹아지가 좋다. 호르몬처리 효과크다. 삽목이 되는 야매품종이 있다.
낙 상 홍	중~이	경삽	12 ~ 18	3 ~4상 6중 ~하	봄은 전년지 6월은 당년지	봄삽목이 발근이 좋다.
영 춘 화	이	경삽	12 ~ 20	3 6중~7상	봄은 전년지 여름 당년지	봄삽수는 2월중순까지 채취저장
해 당	중	경삽 근삽	12 ~ 15	3중~4상	전년지 (맹아지)	
단 풍 류	난	경삽 천삽	10 ~ 15	3상~4상 6상	봄 전년지 (맹아지) 6월 반숙지	밀폐삽 효과 크다.
감 나 무	극 난	겹삽 근삽	5 ~ 10	3중~ 하	황화처리한 가지 사용	근삽은 잘된다.
모 과 나 무	이	경삽	12 ~ 15	3 6 ~7상	맹아지가 좋다.	봄삽목이 좋다.
구 기 자	극 이	경삽	5 ~ 10	3 6 ~7상	봄 굵은 가지도 가능	
뽕 나 무	난~이	경삽	15 ~ 18	3 ~4상 6중~7상 9상중	봄 전년지 여름, 가을 당년지, 녹지	녹지는 차광
석 류 나 무	중~이	경삽 천삽	12 ~ 25	3상~4상 6상~7상 9	봄, 2, 3년지 여름, 가을 당년지	반숙지는 차광
벚 꽃 나 무	난~이	경삽 천삽	10 ~ 20	3상~4상 6중~8상	봄 전년지 (맹아지가 좋다) 여름 당년지	부사벚꽃계가 잘 됨
목 백 일 홍	중~이	경삽 천삽	12 ~ 15	3상~4상 6중~7하	봄, 전년지, 2년지 (저장) 여름 당년지	밭에 노지삽목도 된다.

수 종 명	삽목의 난 이	채취 부위	삽 수 의 길이(cm)	삽 목 시 기 (월 순)	삽 수 의 조 건	비 고
산 사 나 무	중	경삽 천삽 근삽	12 ~ 15	3상~4상 6중~7하	봄 전년지(저장) 여름 당년지	일반번식은 접목, 실생
담쟁이덩굴	이	경삽	10 ~ 30	3상하 5하~6하	봄 전년지 여름 당년지	깊이 삽목 2 cm 이상은 근접삽목
화 살 나 무	중	경삽 천삽	8 ~ 15	3중하 6하~10상	봄 전년지 여름, 가을 당년지	여름, 가을 차광
검양옻나무	중	천삽 근삽	12 ~ 15	6상하	당년지	주로 실생번식함
등 나 무	이	경삽	15 ~ 20	2하~3중	전년지 4, 5일 물에침지	습기가 많아야 된다 (상토)
너도밤나무	극 난	천삽	10 ~ 15	6중하	당년지	다습상토가 좋다.
명자나무류	이	경삽 천삽	12 ~ 18	2하~3하 6하~8상 9	봄 전년지(맹아지) 여름, 가을, 당년지, 전 년지	봄, 여름, 삽목은 뿌리 혹 병 잘 걸림 가을 삽목이 좋다.
회 잎 나 무	중~이	경삽	10 ~ 15	2하~3중	전년지, 2년지	
산단풍나무	이	경삽 천삽	10 ~ 15	3하~4상 6중~7중	봄 전년지 2월저장 여름 당년지	다아성계가 잘 됨
사 과나무류	난	경삽	12 ~ 18	3중~4상	황화처리하여야 됨	
환 엽 해 당 삼 엽 해 당	이	경삽	10 ~ 20	3중~4상	전년지(맹아지) 저장	사과류 대목으로 씀
일세개나리	이	경삽 천삽	10 ~ 15	6중하	당년지, 숙지, 반숙지	차광
위 성 류	이	경삽	15 ~ 25	3중~4상 6중~7중	3, 4년지도 됨	당년지 철사걸이 하여 곡 을 넣었다가 삽목
섬 개 야 광 나 무	이	경삽 천삽	7 ~ 15	3중~4상 6중~7중	봄 전년지 여름 당년지	실생도 잘된다.
참느릅나무 (무 늬 참 느릅나무)	이	경삽 근삽	7 ~ 12	3 6중~7상	봄 전년지 여름 당년지	주로 근삽번식
소 사 나 무	중	경삽 천삽	10 ~ 15	3상~4상 6상~7상	봄 전년지(맹아지) 저장 여름 당년지	주로 실생번식
보 리 수	이	경삽 근삽	10 ~ 15	3상~4상 6중~7중 9중~9하	봄 전년지(2, 3년지) 여름, 가을 당년지	

4 접목 (接木 : Grafting)

접목은 분리되어있는 두 식물체를 조직적으로 결합시켜 생리적 공동체가 될 수 있도록 하는 것으로 접목 부위의 아랫부분을 대목(臺木 : root stock, understock, stock), 윗부분을 접수(接穗 : scion) 또는 접순(cion)이라고 한다.

이 접목의 기술은 약 3,000년전에 중국에서 감귤류에 응용했다고 하며, 우리나라에서는 언제부터 행해졌는지 알 수 없으나 동국이상국집을 보면 이미 고려시대 중엽부터 이용하고 있었음을 알 수 있다.

(1) **접목의 장단점** : 접목은 대목과 접수가 하나의 공동체가 되는 것인데 접수의 유전형질(遺傳形質)을 그대로 계승하게 된다.

☆ **장점**

① 실생 또는 삽목이 곤란한 수종의 번식이 가능하다.

동백, 벚꽃나무, 모란등의 겹꽃종은 결실이 안되고 삽목도 잘 안되므로 접목으로 번식한다.

② 유전적형질(遺傳的形質)을 유지한다.

다아성(왜성) 원예품종이나 황피성 품종은 형질이 고정되지 않는 경우가 많아 실생번식을 하면 모수와 동일한 묘목을 얻기 힘들다. 또 삽목으로는 생장이 느리거나, 발근이 잘 안되는 것이 있으므로 접목을

그림 5 - 45 접목에 의한 모과나무 묘목의 양성

이용하는 것이 계통을 유지시키는 좋은 번식법이 된다.

③ 분재수형을 개량할 수 있다.

가지가 없는 곳에 가지를 붙이고 가지가 마르거나 부러진 곳에 가지를 보완하며, 뿌리가 골고루 없는 나무에 뿌리를 접하여 사방뿌리로 만드는 등 실용에 효과적으로 이용할 수 있다.

④ 대목의 특성을 이용하여 수세를 조절한다.

즉 대목의 수세를 이용하여 접수의 생육을 조절할 수 있는데 대목과 접수의 관계에 의해 왜성화하기도 하고 생육이 좋아지기도 한다.

⑤ 개화결실(開花結實)이 촉진된다.

감나무, 감귤류, 모과나무등은 실생번식하면 개화결실까지 8년 ~ 12년의 세월이 소요되나 접목을 하면 그 기간을 $\frac{1}{2}$로 단축할 수 있다. 이것은 접목부위의 사관에 굴곡이 생겨서 탄수화물의 하강이 저해되므로 접수부에 탄수화물이 많이 축적되기 때문이라고 보고 있다.

⑥ 환경의 적응이 증진된다.

식물은 건조등 토양조건이나 기상조건에 대해 각각 특유의 성질로 적응해나가는 것이므로, 대목의 특성을 잘 살려서 배려하면 그 수종은 환경에 대한 적응이 증가하게 된다.

☆ **단점**

① 접목은 수종에 따라 대목과 접수와의 친화성이 문제가 되므로 친화성이 있는 대목을 양성해야 한다.

② 접목의 적기가 한정되어 있으므로 생산에 한계가 있다.

③ 접목은 숙련된 기술을 필요로 한다.

④ 접목 후의 관리에도 숙련된 기술이 필요하다.

⑤ 접수의 생산, 채취, 저장에도 문제가 있다.

(2) **접목의 원리** : 나무의 껍질을 벗겼을 때 남는 것이 목부이며 벗겨진 것은 바깥쪽에서 표피, 피층, 사부로 되어있으며, 벗겨질 때는 사부와 목부 사이의 형성층(形成層)에서 떨어진다.

형성층에서는 끊임없이 세포분열이 행해지며, 안쪽으로는 목질부를 바깥쪽으로는 사부를 만든다. 수목은 이 세포분열에 의해 생장비대(生長肥大) 하게 된다.

또 식물은 잘라진다든지 상처가 나면, 상처를 막고 생명을 유지하기 위해 형성층에서 왕성한 조직분화(組織分化)를 하여 유착기능(癒着機能)을 발휘한다.

접목은 이 작용을 이용하여 접수와 대목의 유착조직을 유합(癒合) 시켜 한개체로 만들어 생장 시키는 것이다. 형성층은 아주 부드러운 세포로 되어 있으므로 작은 물리적충격에도 파괴되므로 접목시 잘 들지않는 가위나 칼로 자르거나 작업이 조잡하면 쉽게 파괴되어 활착율이 저하된다.

① 유합조직(癒合組織) : 식물은 상처를 받든지 절단하면 거기서 유상(癒傷) 호르몬이 생성되는데 이것이 상처를 받지않은 세포에 흡수되어 세포의 콜크화가 진행된다. 수종에 따라서는 고무질이나 타닌질이 분비되기도 한다.

한편으로 노출된 형성층에서는 식물호르몬인 오옥신등의 활동에 의해 세포분열이 활발해지고, 새 조직이 무방향(無方向)으로 집단적으로 형성된다. 이 새로운 조직을 캘러스조직(callus tissue)이라고 하며, 유합은 위 두가지의 활동에 의해 형성되므로, 접목은 접수의 캘러스와 대목의 캘러스가 유합하여 공동체를 이루어 1개체로 성장하는 것이다.

접목의 기술은 어떻게 하여 이 캘러스형성을 촉진하고 또 최소량의 캘러스로 유합시킬 수 있느냐 하는 것이다. (그림 5 - 46 참조)

② 활착과정(活着過程) : 접수와 대목의 삭면의 양쪽 형성층에서 캘러스가 형성되어 나중에는 서로 엉켜서 연결이 된다. 그 후 캘러스중에는 양쪽의 형성층을 결합 연락형성층(連絡形成層)이 분화(分化)하여 내측에는 목질부(木質部), 외측에는 사부(篩部)를 분화한다. 이 시기에는 접수의 눈의 신장도 보이게 되고 양쪽의 형성층도 활발한 활동을 시작하며 어느 정도 시간이 경과하면 형성층이 환상(環狀)으로 결합하여 완전하게 활착한다.

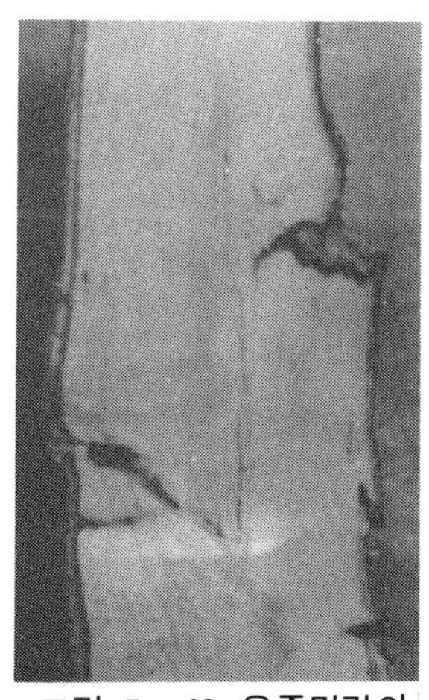

그림 5 - 46 온주밀감의
접목부위 종단면(절접 3 년생)

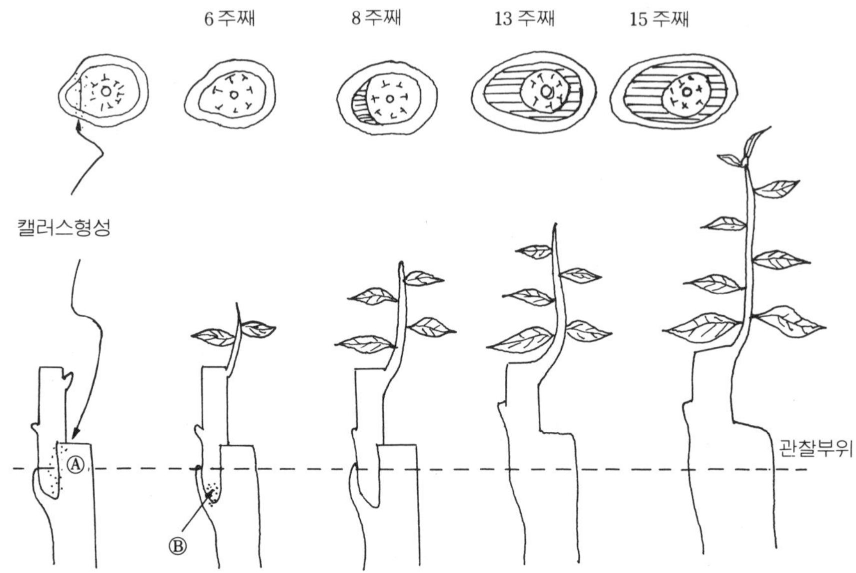

그림 5 – 47 접목의 캘러스형성, 유합, 비대현상과정

☆ 활착의 제1과정

그림 5 –47과 같이   A면에서 캘러스가 형성되고, 이 캘러스의 유합에 의해 하부에서 수양분이 접수에 공급된다.

☆ 활착의 제2과정

대목이 접수쪽으로 편심생장(偏心生長)을 하여, 새조직의 사관이 연결되고 새잎의 동화양분이 B면으로 하강할 수 있게 된다.

이상과 같은 두과정 즉 접목의 활착을 원만히 수행하기 위해서는 작업상 다음과 같은 점에 유의해야 한다.

① 절단시는 잘드는 칼을 사용하여 형성층 세포의 압박사를 적게 한다.

② 접수와 대목의 절단면이 바르게 되어 접합시 틈이 없어야 한다.

③ 형성되는 캘러스의 양이 적더라도 활착이 완료될 수 있도록 양쪽 형성층을 밀착시킨다.

④ 형성층의 세포분열이 왕성한 시기에 실시하고, 환경조건을 고온다습하게 유지시키도록 한다. 그러나 과도한 고온다습은 병균의 발생에 적합하므로 오히려 유해하기도 하다.

(3) **접목활착의 조건** : 접목의 활착은 유합에 의한 것인데 캘러스의 발달 속도와 생성되는 양이 접목의 난이(難易)를 좌우한다는 것은 이미 서술한

바와 같다.

캘러스의 형성은 환경의 영향을 받게 되는 것은 물론이지만, 수종에 따라 난이가 있다.

활착이 용이한 수종의 경우는 인피부조직이 많이 발달해 있는 것과, 부정아가 발생하기 쉬운 맹아력이 좋은 것을 들 수 있다. 반대로 수심이 크거나 도관이 크며, 피부에 타닌성물질을 함유하고 있는 것은 활착이 좋지 않다.

① 환경 조건

  ㉠ 온도 : 온도는 활착을 좌우하는 큰 요인이다. 캘러스의 형성량은 세포내의 효소가 온도의 영향을 받아 왕성한 활동을 하느냐 못하느냐에 달렸으므로, 접목 후는 온도를 효소가 활동하기 좋은 상태로 유지해야 한다.

온도가 상온(常溫) 보다 낮아지면, 세포기능이 억제되어 캘러스형성은 저하하게 되고, 반대로 일정 온도이상이 되면 생리장해와 부패의 위험성이 높아진다.

단풍나무 접목에 대하여 캘러스형성과 활착의 관계를 보면 그림 5 - 48과 같이 캘러스는 30°C에서 가장 왕성하게 형성되며, 활착은 20°C ~ 25°C가 적온으로 보인다. 이것을 보면, 캘러스형성 초기는 비교적 고온을 유지하고, 그 후는 접목 적온으로 관리하도록 배려할 필요가 있다.

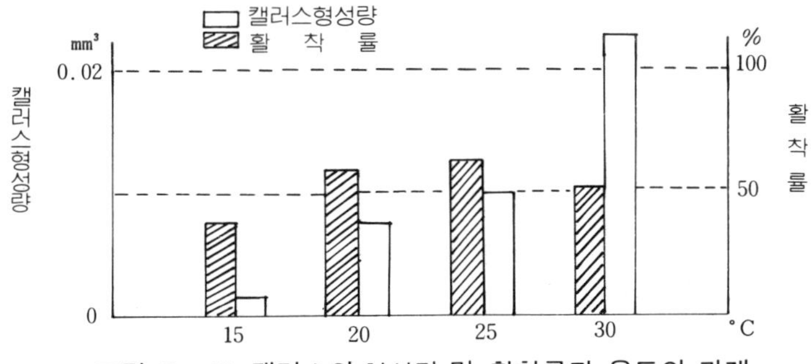

그림 5 - 48 캘러스의 형성량 및 활착률과 온도의 관계

  ㉡ 습도 : 캘러스형성에 있어서 습도 또한 온도와 같이 중요한 역할을

하며, 습도의 고저가 크게 관계된다. 어떠한 수종이라도 접목부위
의 주변 습도가 95 % 이상이 유지되도록 하면 캘러스형성은 양호하
며, 특히 동백류는 습도에 민감한 수종으로서 접목부가 아주 얇은
수막에 의해 덮힐정도로 다습한 상태가 캘러스형성이 잘 된다.

접목 직후부터 캘러스의 유합이 이루어질 때까지는 습도를 90 % 내
지 포화(飽和) 상태에 가까운 범위에서 관리하는 것이 바람직하다.

ⓒ 그 외의 요소 : 빛과 식물호르몬이 접목에 영향을 미치느냐에 대해
서는 여러가지 설이 있다.

캘러스형성과 조직의 분화는 오옥신의 영향이 크며, 그 농도의 변
화가 분화(分化) 또는 재분화(再分化)의 조절에 관여한다는 것이
밝혀졌다. 그러나 삽목에 있어서는 호르몬처리가 실용화되고 있지
만 접목에서는 아직 실험단계에 있다.

또 빛은 캘러스형성에 관계가 없다고 해왔으나, 근년에 와서는 분
열증식(分裂增殖)에 영향을 준다는 것을 알게 되었다.

실제로 접목을 할 경우, 빛은 활착에 별로 영향을 주지 않지만 생
육에는 영향이 크므로 접수에 잎이 있거나, 순이 신장하는 것은 빛
을 충분히 받도록 해주어야 한다.

② 접수(接穗 : 접이삭 : scion) : 접수는 장래의 감상부의 근원이 되는
것이므로 목적에 맞는 모수에서 채취하여야 한다. 접수는 모수에서 잘
려나오고, 또 짧게 절단되며, 작은 면을 대목과 접하여 극히 미량의
수양분을 보급 받아 상당히 긴 기간 생활하므로 생리적으로 대단히 불
리한 조건하에 있게 된다.

㉠ 접수의 선정 : 접수의 캘러스형성은 동일수종의 경우 길이 1cm당 무게
가 더 나가고, 절간이 짧을수록 많아진다. 또 동일 가지에서도 상
부, 중부, 기부로 나누어 활착율을 보면, 특별히 정아가 충실해지
는 수종을 제외하고는, 중부의 것이 결과가 좋고, 접수의 연령도
조직이 어린 햇가지와 저장양분이 많은 월동지(越冬枝)를 저장한
것이 캘러스형성이 뛰어나게 좋다.

또 모수 자체의 수형(가지뻗음), 엽성, 피성, 개화·결실 등이 좋
은 것을 선택하여야 한다.

특히 원예품종은 눈, 가지, 잎에 변화가 나타나는 것이 많으며, 잎

에 무늬가 생긴다든지, 꽃이 여러가지 색으로 피는 것이 있다.   이러한 품종은 특성이 없는 가지가 나오기 쉬우므로 접수를 채취할때 유의하여야 한다.

ⓛ 접수의 채취시기

• 영양과의 관계 : 접수가 함유하고 있는 탄수화물, 지방 등 저장양분의 다소는 접목의 활착에 크게 관계된다. 그러므로 접수의 채취는 저장양분이 많은 시기에 하여야 한다.

수종에 따라 함량은 다르지만, 일반적으로 환원당(還元糖)과 전분이 많은 시기를 보면 상록수는 봄, 가을 2기이며, 낙엽수는 가을에서 겨울사이이다.

봄 접목은 접목적기 약 1개월전에 채취하여 5°C전후의 저온저장을 해두었던 것이 성적이 좋다. 접목 직전에 늦게 채취한 것은 이미 수액의 유동이 시작되어 탄수화물의 함량이 저하되므로 활착이 나쁘다. 장기간 저장할 경우는 건조나 병에 의한 부패가 발생하지 않도록 주의해야 한다.

여름부터 가을에 걸쳐 접목을 할 때는, 당년지의 생장이 정지하고 있을 때가 유리하다.

• 캘러스형성과의 관계 : 맹아의 신장에 의한 접수 내부의 생리적변화가 접수의 캘러스형성에 관계한다는 것은 기술한 바와 같다. 신장시기나 새순의 숙도의 상태에 대해서는 수종에 따라 각각 다르므로 동일시할 수 없으나, 낙엽활엽수의 새순 접목은 혹서기간만 피하면 활착율이 좋으며 2년지는 아주 성적이 떨어진다. 그러나 저장지는 성적이 좋으며, 저장만 완전하면 5～6월에 접목하여도 성적이 저하되지 않는다.

이를 미루어보면, 캘러스형성은 조직이 어리고 세포분열력이 뛰어난 것이 좋고, 이러한 접수가 높은 활착율을 나타낸다.

그러나 영양이나 식물호르몬등이 복잡하게 관계하므로 접수 채취의 적기는 종합적 견지에서 결정해야 한다. 이 경우 환경을 조절할 수 있으면 어느정도 계절적으로 벗어났다 하더라도 좋은 결과를 기대할 수 있다.

ⓒ 접수의 저장 : 접수의 저장은 대목과 접수의 생리적 조건을 일치시

키기 위하여, 접목적기까지 휴면상태로 보존하는 것이다.

접수는 서서히 휴면에서 잠을 깨므로 대목에서 많은 수분보급을 요하지 않고, 수분에 의한 생리장해를 일으키지 않으므로 활착이 좋아진다.

이에 비하여 저장하지 않은 접수의 경우, 접목시기에 수액의 유동이 이미 시작되고 있는 것은 활동을 계속하므로 접수자체의 수분 손실이 많아 위조사(萎凋死)하기 쉽다.

• 토중저장(土中貯藏) : 토중저장에도 땅 속에 묻는 방법과 굴을 파놓고 그 안에 저장하는 경우가 있다. 묻을 경우는 될 수 있는대로 저온을 유지하고 과습하지 않도록 그늘지고 배수가 잘 되는 곳에 해야 한다. (그림 5 − 49 참조)

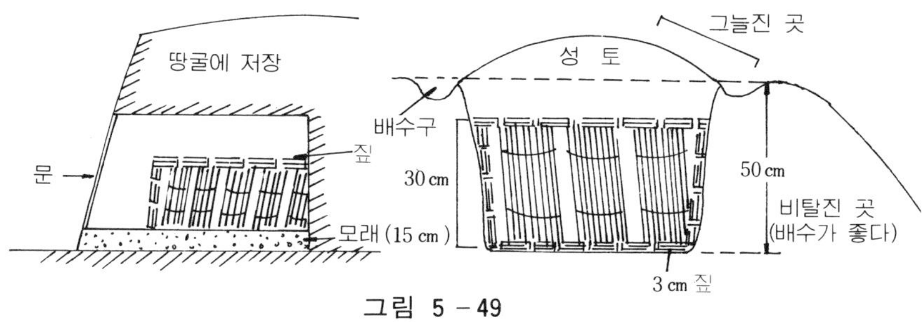

그림 5 - 49

• 냉장고 저장 : 극히 소량의 접수를 저장할 때는 가정용 냉장고를 이용하거나 저온저장고를 이용할 수도 있다. 폴리에칠렌이나 비닐 주머니 속에 접수를 묶어서 넣은 후 한쪽에 구멍을 남겨놓고 묶거나 아니면 작은 구멍을 뚫어 놓는다. 3°C ∼ 5°C로 유지하고 습도는 95 % 정도가 바람직하므로 건조할 것 같으면 물을 적신 이끼를 접수와 함께 넣어준다.

• 가식저장 : 배수가 잘되고 바람이 없는 곳에 골을 파고 접수를 $\frac{2}{3}$ 정도 토중에 묻어 저장하는 방법이다. 간단하고 편리하나 온도변화를 받기 쉬우므로 단기간 저장에 이용한다. 저장중 직사광선, 바람, 서리의 피해를 막기 위해 짚이나, 가마니 등으로 덮어주는 것이 좋다.

③ 대목(台木 : 바탕나무 : stock) : 대목은 새로운 개체의 지지체(支持体)가 되므로 그 적부(適否)는 분재의 장래를 크게 지배하게 된다. 특히, 생장, 수형, 뿌리뻗음, 개화, 결실 등은 대목의 영향이 크므로 대목

의 선정에 있어서 친화관계나 수명에 대한 검토는 물론 앞의 여러 가지도 유념해야 한다.

㉠ 대목의 역할 : 대목은 뿌리가 있으므로 상당히 강한 전정을 하여도 활력을 상실하지 않고, 캘러스형성양이나 분화의 속도가 접수보다 빠르다. 그리고 유합은 접수에서 형성된 소량의 캘러스와 대목에서 형성된 대량의 캘러스가 접근 연결하므로 대목의 활력이 활착을 크게 좌우한다. 그러므로, 비배관리를 잘하여 대목의 수세를 왕성하게 해 두어야 한다.

㉡ 대목의 선정 : 대목은 분재가 배양되는 장소의 기후에 적합한 것이 좋고, 유합능력이 뛰어난 어린대목이 바람직하다.

그러나 고태(古態)를 요구하는 분재에 있어서는 고목의 줄기나 가지에 접목을 하는 경우가 많다. 연륜이 많은 고목은 유합조직의 발달이 둔하므로 인공적으로 맹아지를 나게 하여 그곳에 접목을 한다. 대목과 접수는 같은 속(屬), 같은 과(科)에 속하며, 서로 비슷한 생장주기(生長周期)를 갖고 있는 것이 좋다. 접목 후 생장과정에서 생장차(生長差)가 발생하지 않고 바란스를 유지할 수 있는 것을 선택하여야 한다.

㉢ 대목의 양성 : 대목은 실생과 삽목에 의해 용이하게 번식할 수 있다. 실생대목의 생육은 좋으나 직근을 처리하여야 하며 실생변이(實生変異)도 있으므로 대목으로서 균일성이 없는 단점이 있다. 실생대목에 비해 삽목대목은 생육도 균일하고 뿌리가 많으며, 사방으로 뿌리가 뻗어 있으므로, 분재용 대목으로는 삽목번식한 것이 좋다. 이와같이 실생대목과 삽목대목은 각각 일장일단이 있으므로 수종과 상태에 따라 합리적인 선택을 꾀하도록 한다.

⑷ **접목용기구와 재료**

① 기구(器具)

㉠ 접목도 : 접목을 잘하고 못하고는 칼이 잘드느냐에 달렸으며, 질이 좋은 칼을 구입하여 잘 갈아서 사용해야 한다.

㉡ 아접도(芽接刀) : 칼끝이 둥글게 되어 나무껍질을 베고 벗기기 쉽게 되어있다.

㉢전정가위 : 일반 전정가위로서 접수와 대목을 자를 때 사용한다.

ⓔ 나무가위 : 나무가위인데 작은 가지를 자를 때와 주로 대목의 뿌리를 정리할 때 사용한다.

ⓜ 톱 : 굵은 대목이나 뿌리를 잘라낼 때 사용한다.

② 접목용 재료

ⓐ 비닐테이프 : 접목부위를 감아주는 재료로 결속작업이 용이하고 완전히 상처를 덮을 수 있으며 건조, 침수의 걱정도 없어 활착율을 좋게 한다. 4cm폭의 부드럽고 질긴 것이 좋다.

ⓑ 유합제 : 수용성 접착제를 사용해도 되며 원예용 유합제가 사용하기에 편하다. 노출된 단면의 상처에 도포하여 건조와 침수와 병균의 침입을 막아준다.

(5) **접목의 종류** : 접목은 수종과 접목시기와 접목위치에 따라 그 방법이 다르다.

① 절접 (切接 : 깍기접 : veneer graft) : 낙엽수는 거의 이 방법으로 한다.

대목은 일반적으로 1～2년생의 삽목묘나 실생묘를 사용하는데, 뿌리 뻗음이 좋고 접수와 피성이 같은 것을 택하며 직근은 **짧게** 잘라낸다. 고목은 줄기나 가지를 잘라서 맹아지를 내어 다음해 그 가지에 절접을 하거나 그 해 여름이나 가을에 맹아지에 눈접을 하는 경우도 있다. 접목시 대목을 캐내어 접목하는 것이 편리하고 능률적이며, 이식이 힘드는 고목이나 큰 분재는 심겨있는 채로 접을 한다.

ⓐ 접목위치 : 분재에서는 접목부위의 자국이 없도록 하는 것이 최상의 방법이므로 될 수 있는대로 뿌리에 가깝게 낮게 접목한다.

고목이나 큰 분재는 적당한 위치의 맹아지를 잘라서 접목하거나 아니면 가지를 길게 신장시켜 이 가지를 휘어서 필요한 위치에 호접으로 접목하는 것이 안전하고 좋다.

ⓑ 접수 조제 방법 : 보통 눈을 두개 붙여서 접수를 만들지만 접수가 부족할 때는 한눈을 붙여 접수를 만들 수도 있다.

그림 5-50과 같이 접수 자르는 방법은 A와 B 두가지가 있는데 A가 이론상 형성층의 접합면적이 많아서 좋으나 숙련된 기술을 요하고, 비스듬히 자르는 것은 작업하기가 쉬운 편이다. (그림 5-50 참조)

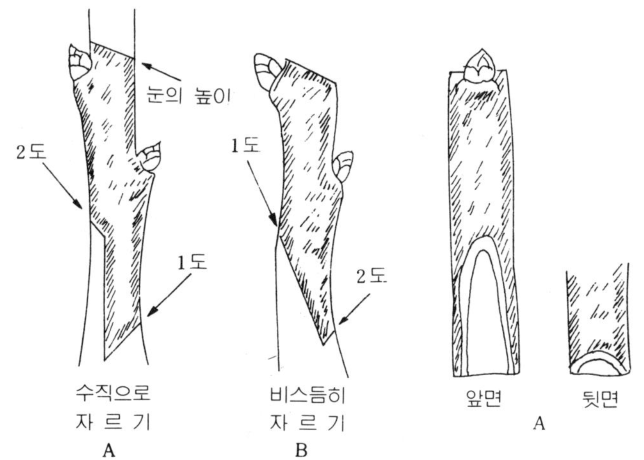

그림 5 - 50 접수 자르는 법

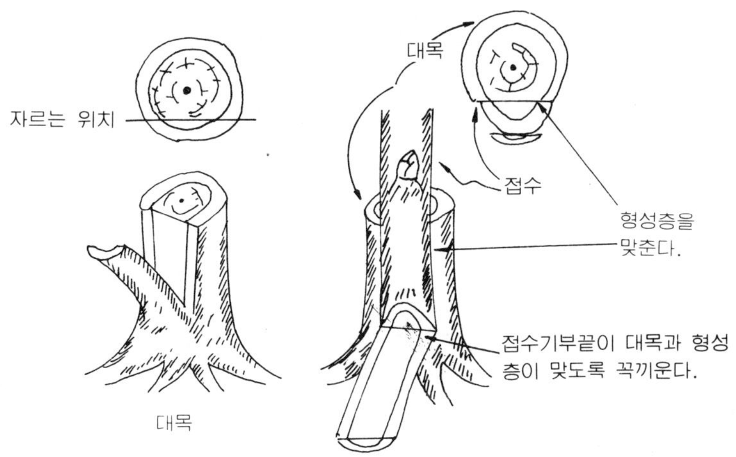

그림 5 - 51 대목자르기와 접수 끼우는 방법

ㄷ 접목조작의 순서

(a) 대목의 뿌리를 정리한다.

(b) 접할 부위의 이물질을 닦아낸다.

(c) 뿌리가 나온 부위로 부터 2 ~ 5 cm정도 자른다.

(d) 접수는 2 ~ 3눈 붙여서 3 ~ 5 cm 길이로 자르는데 상부는 눈
과 같은 방향으로 비스듬히 자른다.

(e) 접수의 기부를 45°로 자른다.

(f) 반대측을 1.5 ~ 2 cm 길이로 자른다.

① 접수의 기부를 45°로 자른다.

② 접수의 반대측을 1.5 ~ 2 cm 길이로 자른다.

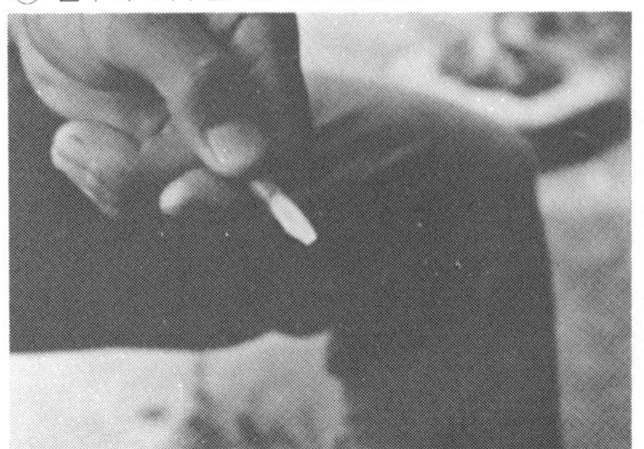

③ 자른후의 상태

④ 대목의 끝을 **45°**로 자른다.

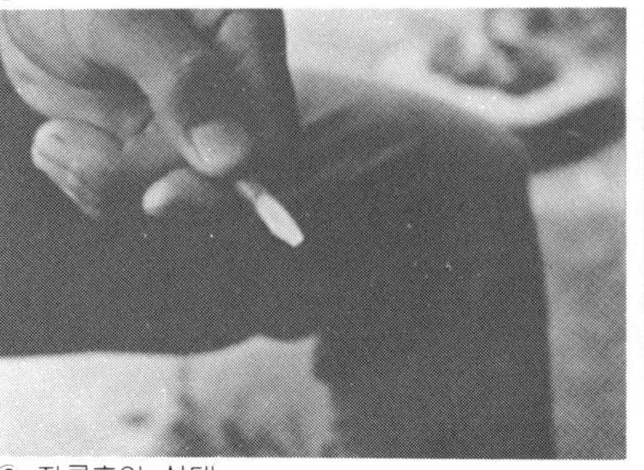

⑤ 자른 후의 상태

⑥ 형성층에서 안쪽을 향해 수직으로 내리 자른다.

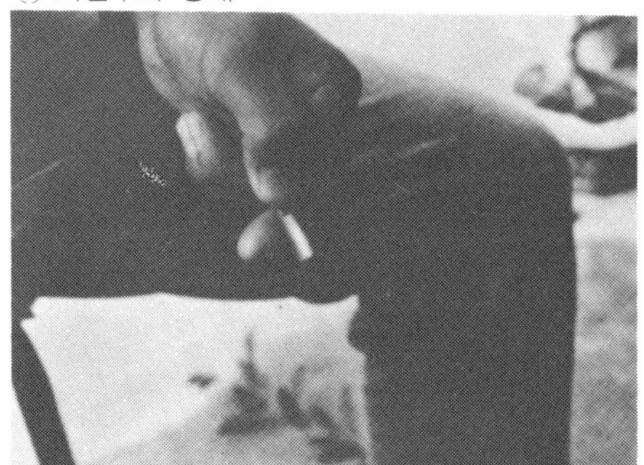

⑦ 자르는 모습

⑧ 접수를 대목에 끼운다.

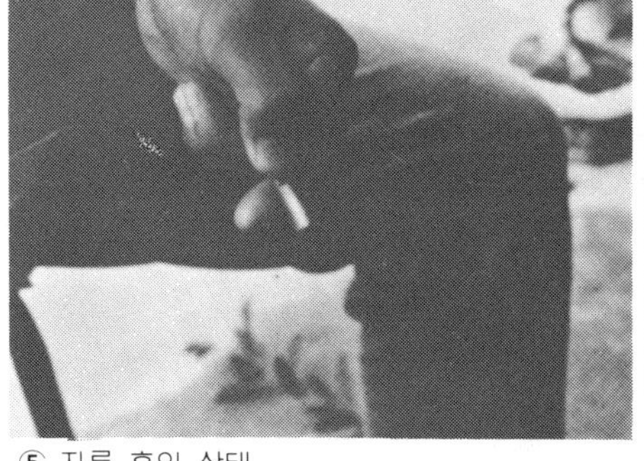
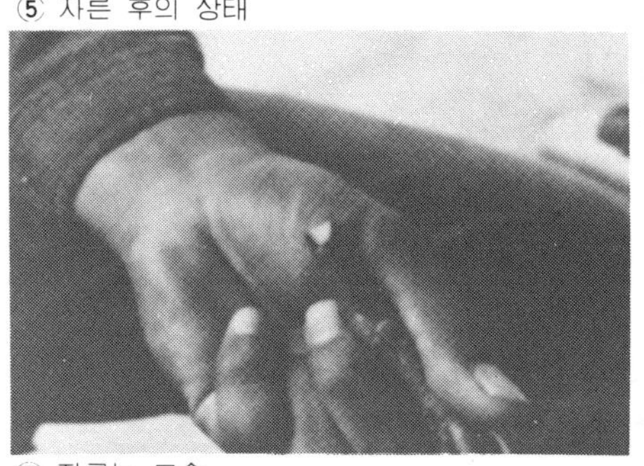
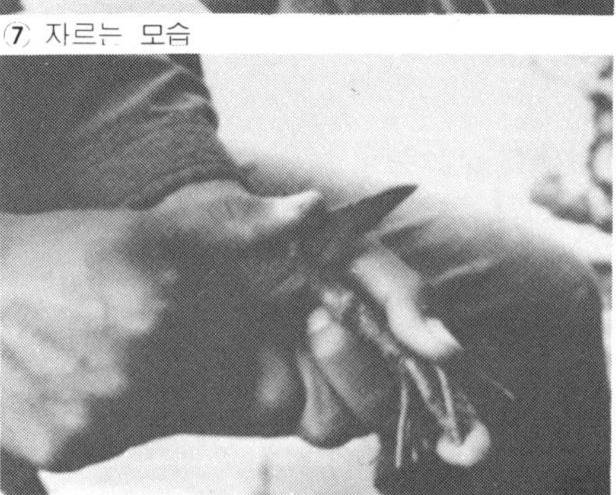
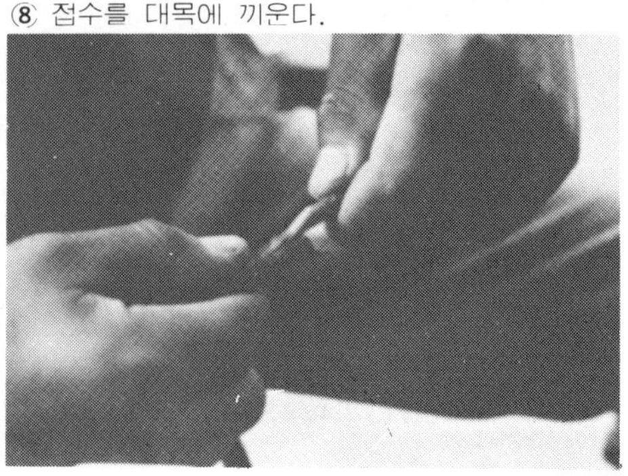

⑨ 비닐테이프로 감는다.

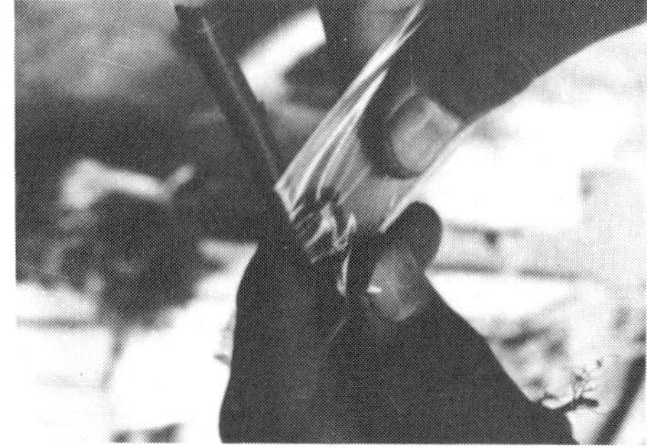

⑩ 접이 완료된 상태

그림 5 - 52 접수조작의 순서

(g) 대목의 끝을 45°로 자른다.

(h) 대목의 형성층에서 안쪽을 향해 수직으로 내리 자른다.

(i) 접수를 대목에 형성층이 맞도록 끼운다.

(j) 비닐테이프로 단면이 보이지 않도록 단단히 감아서 고정시킨다.

(k) 접수의 상부 절단면에 유합제를 발라준다.

이상으로 접목이 완료하는 셈이다. ⑨ 번의 형성층의 맞춤도 중요하지만 꼭끼워서 접수의 기부 끝이 대목의 잘린 안쪽에 꼭 접합되도록 하여야 양자의 도관이 연결된다.

접목작업의 능률은 숙련된 접사가 보조원을 한사람 두고 하면 하루에 약 400～500본 정도 할 수 있으며 미숙한 사람은 200본 정도이다.

위의 절접과 비슷한 방법으로 할접(割接 : cleft grafting)이 있다. 이것은 대목을 중심부에서 바로 내리자르고 접수도 양쪽면을 똑 같게 비스듬히 잘라서 끼우는 방법인데 소나무류나 삼나무 등의 끝 순을 이용한 천접(天接)에 많이 이용되고 있다. (그림 5 - 53 참조)

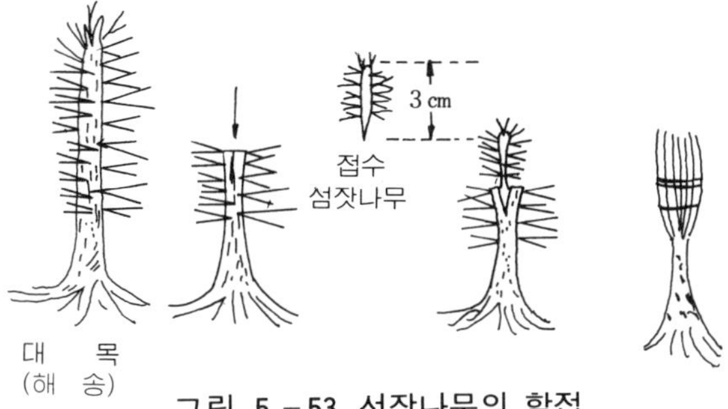

그림 5 - 53 섬잣나무의 할접

② 분재접목 : 일반 접목으로는 접목부위가 굵어지거나 층이 생겨 분재
로서의 품격을 손상시키는 경우가 많다. 그러므로 이러한 폐단을 조
금이라도 줄이고저 분재접목방법이 이용되고 있다.
그림 5 -54와 같이 대목의 길이를 조금 길게하여 상부를 깎아서 백골을
내고 접목은 절접과 같은 방법으로 한다.

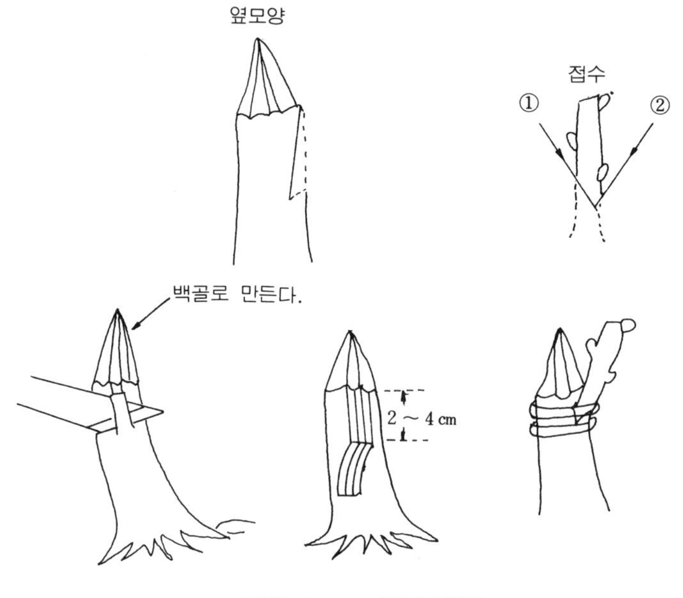

그림 5 -54 분재 접목

③ 근원접 (根元接) : 묘를 빨리 생산하기 위해서 또는 삽목이나 실생번식
이 되지않는 수종을 대목의 그루 바로밑 뿌리에 접목한뒤 약 1년 후
에 대목의 지상부를 잘라내고 대목의 근부를 활용하는 방법인데 상록
침엽수번식에 주로 이용되고 있다.
해송 대목에 섬잣나무나 금송을 접하기도 하며 다아성 (多芽性) 원예
품종의 증식에 이용된다. 접목 부위가 굵은 뿌리 바로 위에 낮게되어
야 하며 활착후는 비교적 생육이 좋다. 접수는 큰 것을 사용하는 것
이 유리하고, 접목의 요령은 절법과 같다.
접목 후 관리는 이랑을 파서 접목부위와 같은 높이가 되도록 심고 흙
으로 접목부위가 보이지 않도록 덮어준다. 건조와 비바람을 막아주는

것이 활착율을 높이게 되므로 보온을 겸하여 비닐로 덮어주는 것이 좋다. 비닐로 밀폐하였을 때는 낮에 적당한 차광을 해야 한낮의 강한 햇빛에 의한 고온의 피해를 입지 않는다.

활착이 되면 서서히 환기를 해주고 접수가 생장을 하면 대목을 위에서부터 가지와 잎을 조금씩 줄여나가도록 하여 다음해 봄까지 완전히 제거한다. 6 ~ 7월경이면 접수가 자라나오므로 이것을 보아 활착이 된 것으로 판명하여 대목의 줄기와 가지를 전부 잘라내면 뿌리에서 흡수된 수분이 접수에 집중되어 고사하게 된다.

④ 복접 (腹接 : side grafting) : 측아접 (側芽接)이라고도 한다. 근원접과 똑같은 방법으로 가지가 필요한 부위의 줄기나 가지에 접목을 하여 가지를 만들어 수형을 개량하는 경우와, 품종을 경신하는 경우에도 이용된다. 소나무류나 낙엽수에 많이 이용되고 있다.(그림 5 - 55 참조)

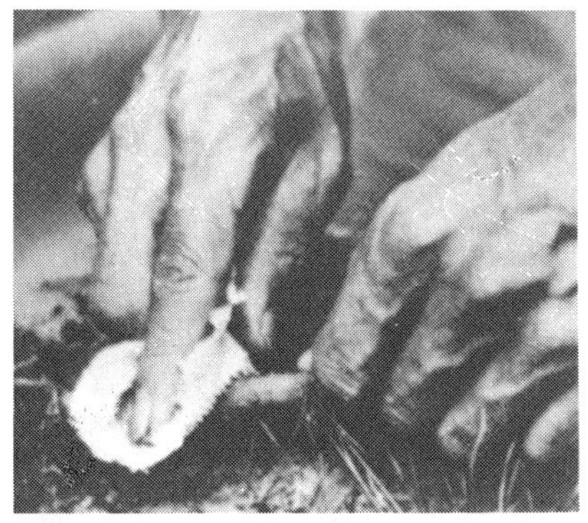

접목부위를 잘 닦는다.

접수를 4 ~ 5 cm로 자른다.

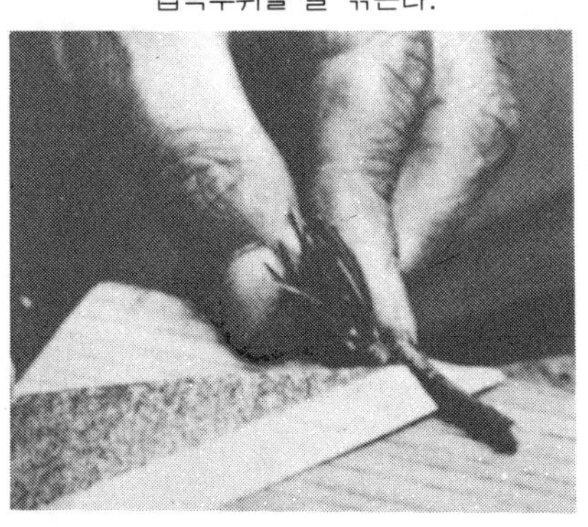

접수의 기부를 3 cm 정도 경사지게 자른다.

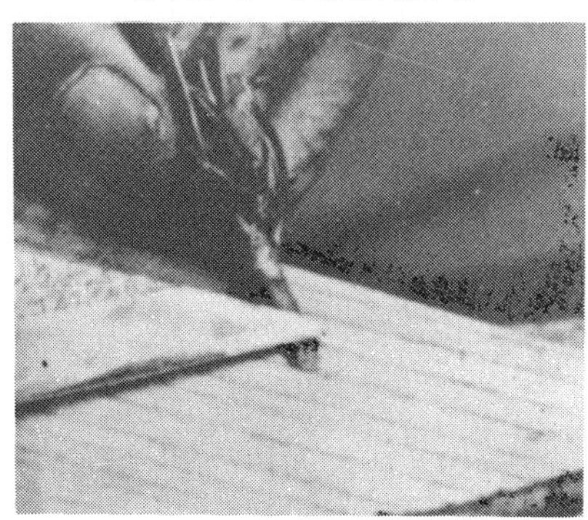

접수를 돌려서 다시 경사지게 자른다.

대목을 칼질한다.

접수를 끼운다.

비닐테이프로 감는다.

분에 심은 뒤 2 ~ 3년 후에 대목을 자른다.

그림 5 - 55 복접의 요령

⑤ 녹지접 (綠枝接) : 생리적으로 캘러스가 가장 왕성하게 발생하는 햇가
  지의 신장기에 하는 것이므로 활착이 잘 된다. 시기는 햇가지의 신장
  기인 5월상순에서 8월까지가 적기이다.

  ㉠ 대목 : 낙엽수는 봄에 그루에서 잘라 새로 나온 가지에 접목하고, 상
    록수는 지간 (枝幹)에서 자라는 햇가지에 접목하는데 당년 실생묘를
    사용하기도 한다.

  ㉡ 접수 : 모수의 연령은 수종에 따라 다르며 접수는 신장이 중지한 햇
    가지를 사용한다.

    이 시기의 접수는 수분이 많고, 건조에 약하므로 채취할 때부터 접
    목활착 때까지 세심한 관리를 해야하며, 수분증발억제제를 사용하
    는 것이 좋다.

ⓒ 접목 방법

대목은 금년에 자란 가지나 줄기를 2～3마디 남기고 자르고, 얇은
면도날로 1.5cm 깊이로 쪼갠다. 이 때 대목의 쪼개진 끝이 눈이나
잎자루가 붙은 자리가 되도록 한다. 접수는 할접과 같은 요령으로
대목의 쪼갠 깊이와 비슷한 길이로 양면을 비스듬히 자른다. 그리고
대목의 쪼갠부위에 살며시 형성층을 맞추어 꽂는다. 그리고 비닐이
나 털실로 가볍게 묶어준다.

ⓡ 접목후의 관리

활착의 양부는 접목기술보다 사후관리에 달려있다. 대목과 접수의
유합을 가장 잘 할 수 있는 것은 다음과 같은 관리요령이다.
습도를 100％에 가깝도록 유지해야 한다. 접목후 충분한 관수를 하
고, 비닐로 밀폐하는데 비닐에서 30cm 정도 띄워서 발이나 차광망
으로 가려준다. 그리고 낮에 비닐 속의 온도가 25°C를 넘으면 전
면에 살수하여 온도의 상승을 막아준다. 10～20일이 지나면 활착
을 하므로 이때가 되면 서서히 햇빛을 쬐게하여 순화시켜 나간다.
분에 심은 대목에 녹지접을 한 것은 접목부나 분 전체에 비닐봉지를
씌워서 활착할 때까지 관리한다.
이 방법을 이용한 녹지복접법이 있다. 낙엽수에 널리 이용되고 있

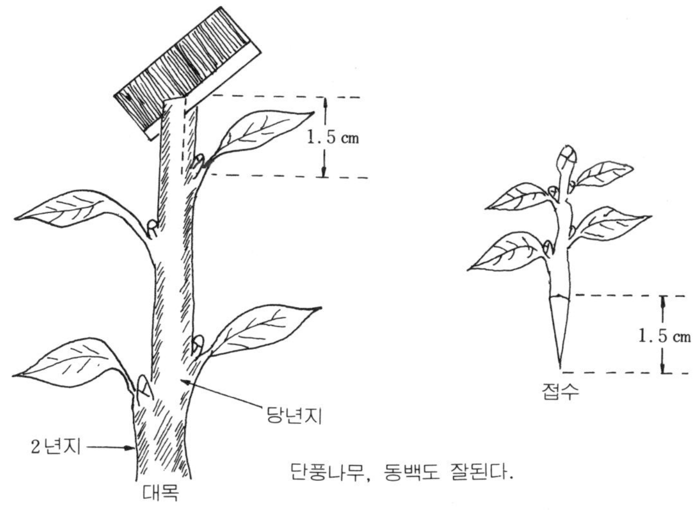

그림 5 - 56 녹지접

는데, 6월중순부터 9월말까지 한더위만 피하면 실시할 수 있다.

대목은 1 ～ 2년생의 것을 이용하고 접수는 굳어진 햇가지를 사용
하여 복접과 같은 요령으로 한다.

⑥ 아접 (芽接 : bud grafting) : 눈접이라고 하는데 접목한 표가 나지 않
으므로 필요한 곳에 가지를 만들고 수형 수자를 고치는데 응용되며 장
미등의 번식에 이용되고 있다.

접눈은 가지에서 잎자루의 일부를 붙여서 그리고 눈의 안쪽에는 목질
부가 약간 붙을 정도로 따내고, 대목은 수피를 T자로 잘라서 벗기는
데 이 속에 접눈을 끼우고 대목과 접눈을 단단히 결속한다.

시기는 녹지접과 같이 수액의 유동이 왕성한 시기에 시행한다. 그러나
매화는 8중 ～ 하순, 복숭아는 8중 ～ 9하순, 벗꽃나무는 7상 ～ 9
상순, 감귤류는 9중 ～ 하순경 등 수종에 따라 적기가 다르다.

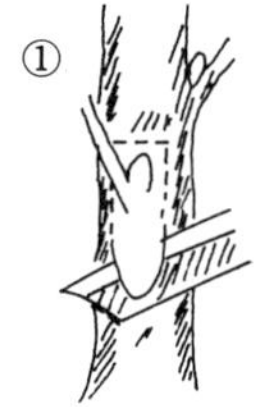
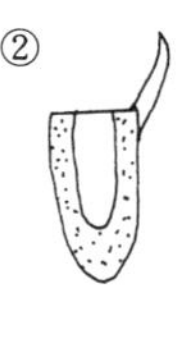

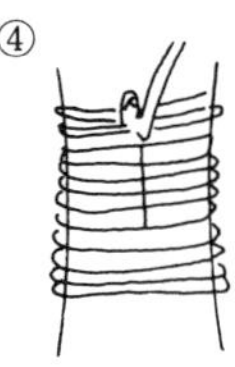

그림 5 -57

⑦ 호접 (呼接 : inarching) : 접수가 되는 나무와 대목의 일부를 깎아 붙
여서 유착시키는 방법으로 주로 단풍나무 번식에 이용되어 왔던 것인
데 지금 분재계에서 가지만들기의 정형에 이용하고 있으며 모과나무의
묵은 상처유합에도 활용하고 있다.

시기는 생육기이면 언제든지 가능하지만 유합기능이 왕성한 5 ～ 7월
말까지가 활착이 잘 된다.

동일나무의 가지를 길게 신장시켜 휘어서 가지가 필요한 곳에 호접을
하는 경우와 접수목을 포트나 분에 심어서 옆에 매달고 호접하는 방
법도 있다.

번식을 목적으로 하는 것 보다 정형정자를 목적으로 하는 경우가 많
다. (그림 5 -58, 5 -59 참조)

그림 5 - 58 가지가 필요한 위
치에 다른나무의 가지를 유
인하여 접을 하고 있는 모습

그림 5 - 59 동일 나무위에 뻗
어나온 가지를 원하는 위치
에 유인해 호접을 하는 모습

⑧ 근접 (根接 : root grafting) : 근접은 뿌리뻗음의 교정이나 수간을 줄
여서 수자를 정형하는 중요한 분재기술이다.

시기는 낙엽수가 3 월중하순, 상록수는 3 월 하순에서 4 월 중순이 적
당하다. 접목할 뿌리는 2 ～ 3 년생의 생육이 왕성한 것을 사용한다.

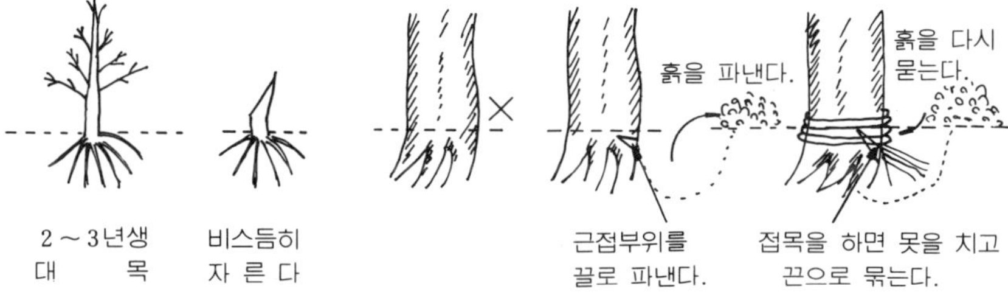

그림 5 - 60 근접에 의한 일방근의 수정

⑨ 개량근접법 (改良根接法) : 보통 근접방법으로는 뿌리의 활력이 감소
되어 활착율이 저하되므로 활착후의 뿌리 뻗음이 고르지 못한 경우가
있다. 이러한 결함을 보완하기 위해 근접할 뿌리에 가지를 일부 붙여
서 뿌리의 활력을 유지하고 활착과 그 후의 생육을 좋게 하기 위한 방
법이다.

시기는 송백류가 4 월상순에서 5 월중순까지가 좋으며, 방법은 그림 5-60

과 같이 줄기가 굵고 절간이 짧으며 뿌리가 좋은 대목을 7 ~ 8 개 사용하여 할접의 접수와 같이 대목의 접목부위를 다듬고 접목할 자리를 끌로 쳐서 대목을 삽입할 수 있도록 한다. 대목을 살며시 완전히 꽂고 움직이지 않도록 가는 못으로 고정시킨다. 그리고 두쪽으로 낸 분을 붙혀서 묶고 분토로 심은 후 다른 분재와 같이 관수하며 관리하면 된다. 완전히 활착하면 뿌리에 붙어있는 가지도 잘라버리고 접수목의 새 뿌리밑 줄기를 잘라내어서 분에 심는다.

그림 5 - 61 어린묘를 그대로 이용해서 뿌리접을 한다.

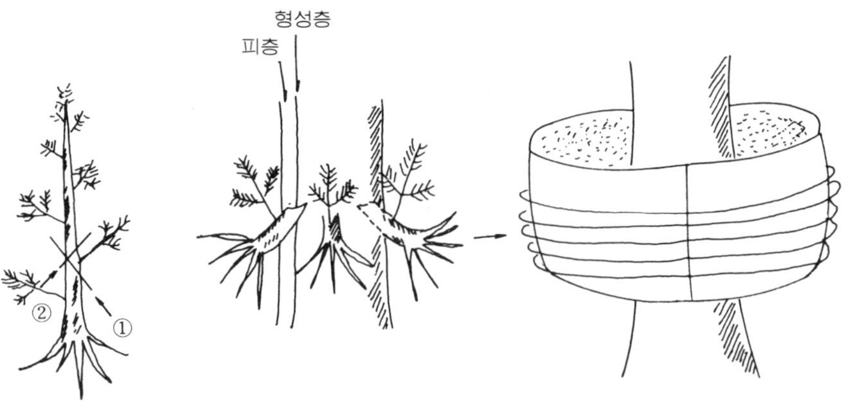

그림 5 - 62 개량근접법

매화의 묵은 줄기 根接

1
장래를 위해 좋은
뻗음쪽이 바깥쪽
을 향하도록 한다.
제 2 도
2
제 1 도
3 cm 정도 자른다.
제 2 도(刀)
제 1 도(刀)
(뒷 쪽)
접할 뿌리를 조제한 실생 1년생의 묘
3
뿌리를 접
할 위치
의 수피
를 깍아
낸다.
수피를
깍는다.
5
끌로 수피를 깍아내고 있다.
4
접할 뿌리를 대고
나이프의 끝으로
그 형을 그린다.
제 2 도
(뒷쪽)
제 1 도(刀) 측의
가장자리를 좀 더
얇게 한다.

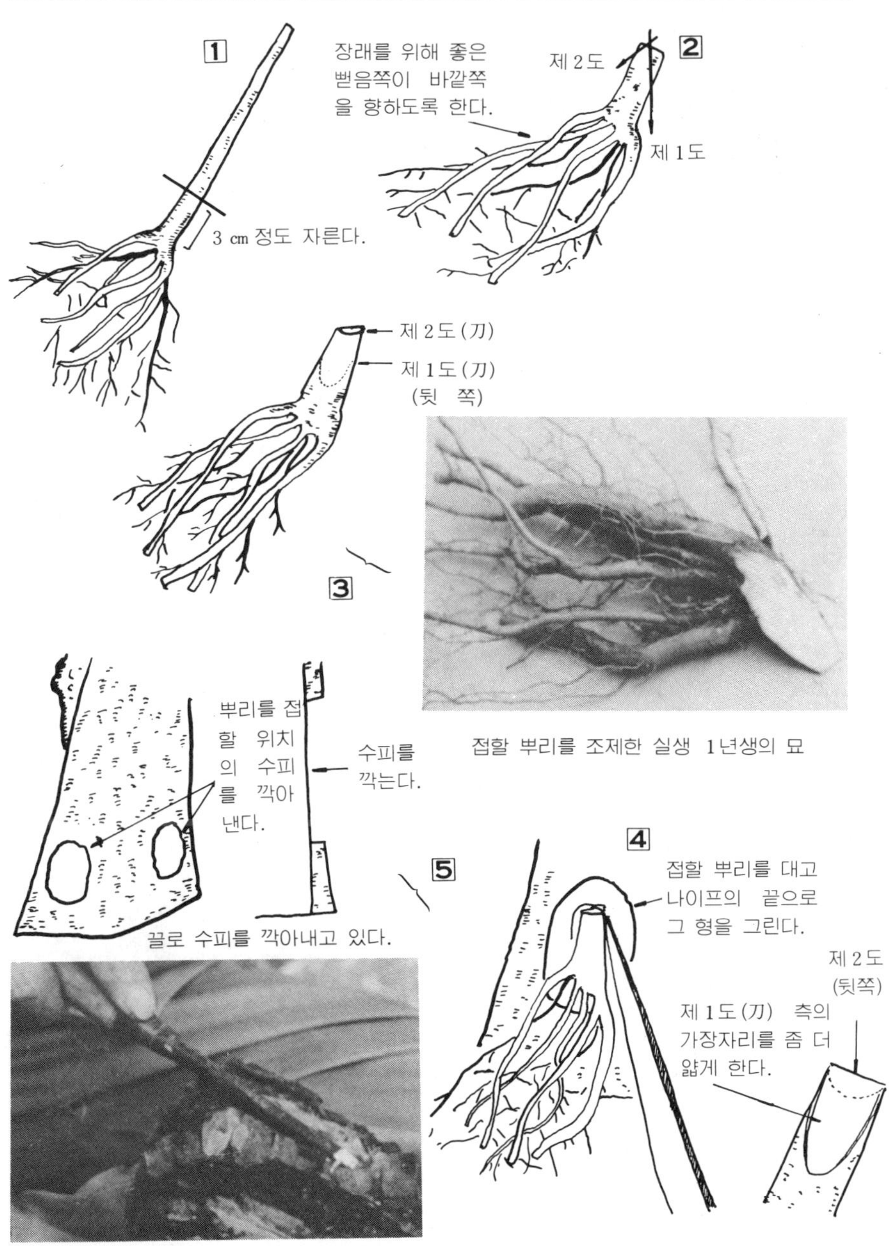

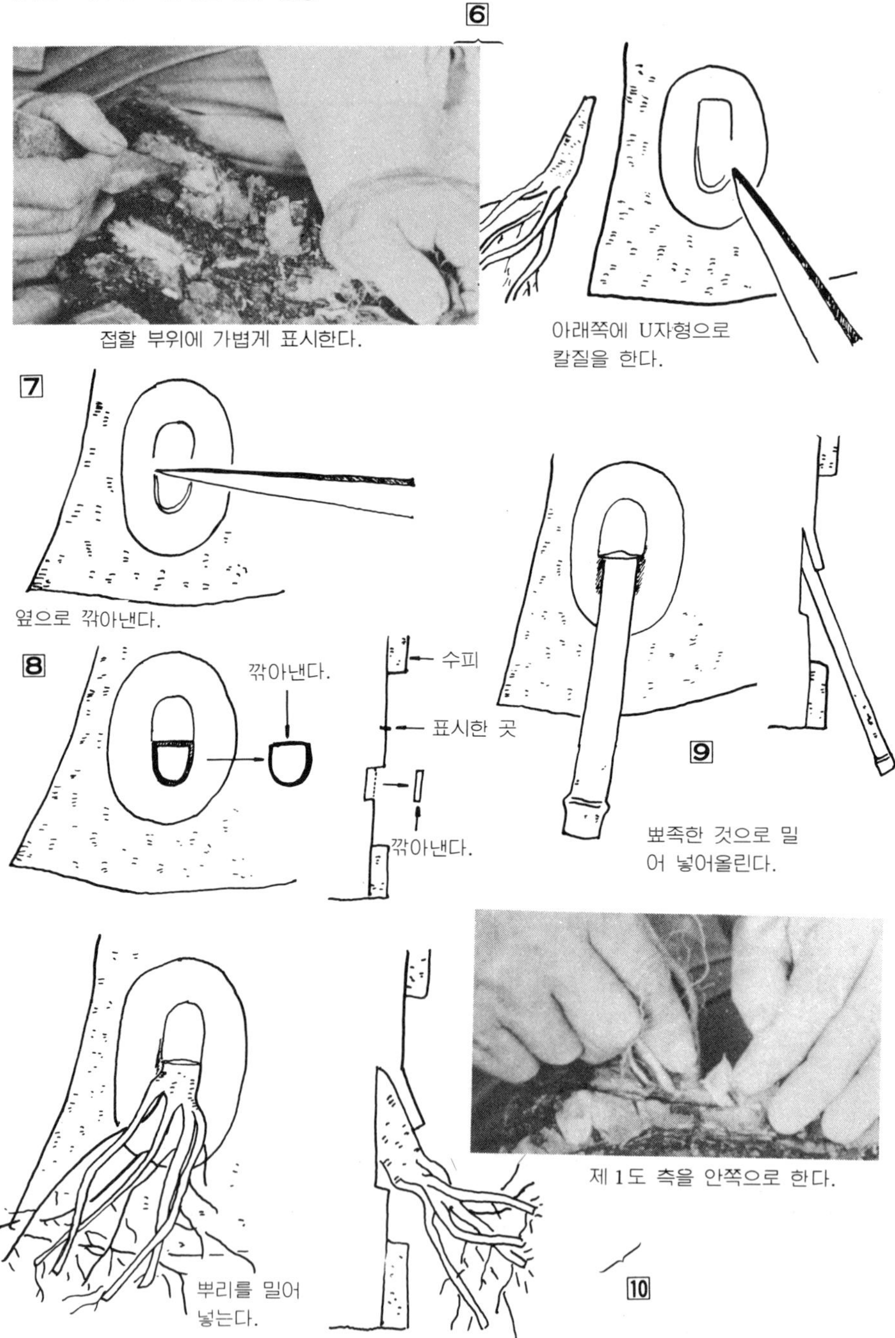

접할 부위에 가볍게 표시한다.

아래쪽에 U자형으로
칼질을 한다.

옆으로 깎아낸다.

뽀족한 것으로 밀
어 넣어올린다.

뿌리를 밀어
넣는다.

제 1 도 측을 안쪽으로 한다.

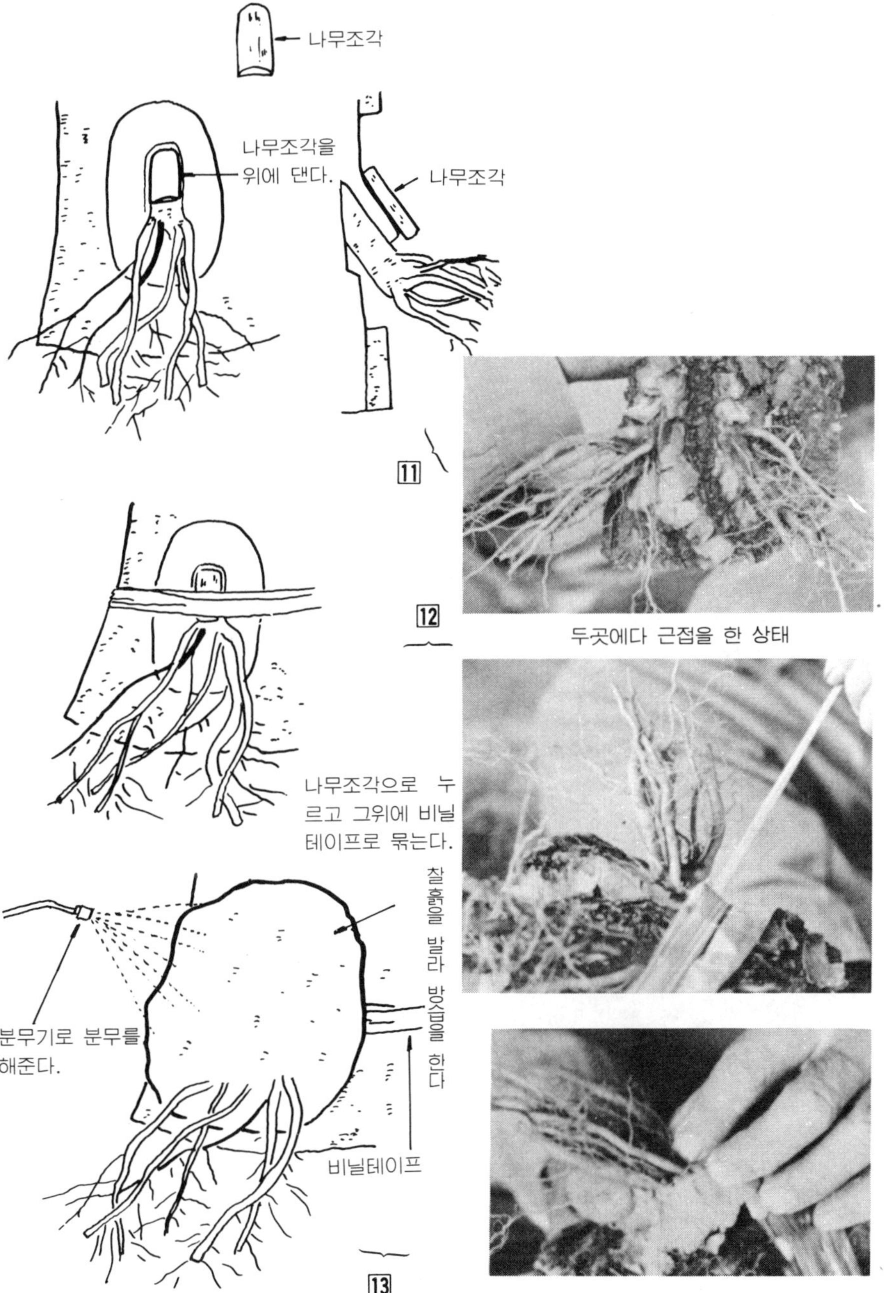

나무조각
나무조각을
위에 댄다.
나무조각
11
12
두곳에다 근접을 한 상태
나무조각으로 누
르고 그위에 비닐
테이프로 묶는다.
찰흙을 발라 방습을 한다
분무기로 분무를
해준다.
비닐테이프
13

명목(銘木)의 꿈을 향한   가지접(枝接)

① 가지접을 할 해송소재
  (그루숏음새와 줄기의 흐름이 좋은 소재
  를 선택해야 한다)

② 가지접을 해서 5년이 경과된 것

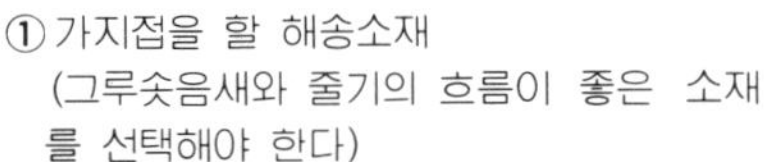

③ 접할 위치에 핀을 꽂아 표시를 한다.

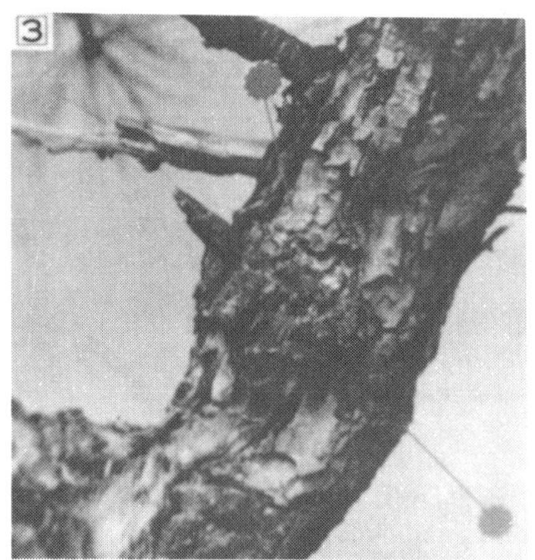

④ 접할 부분의 수피를 깎아낸다.
  (너무 많이 수피가 깎기지 않도록 주
  의하고 한 곳이 끝나면 다음 곳으로
  작업을 해나간다)

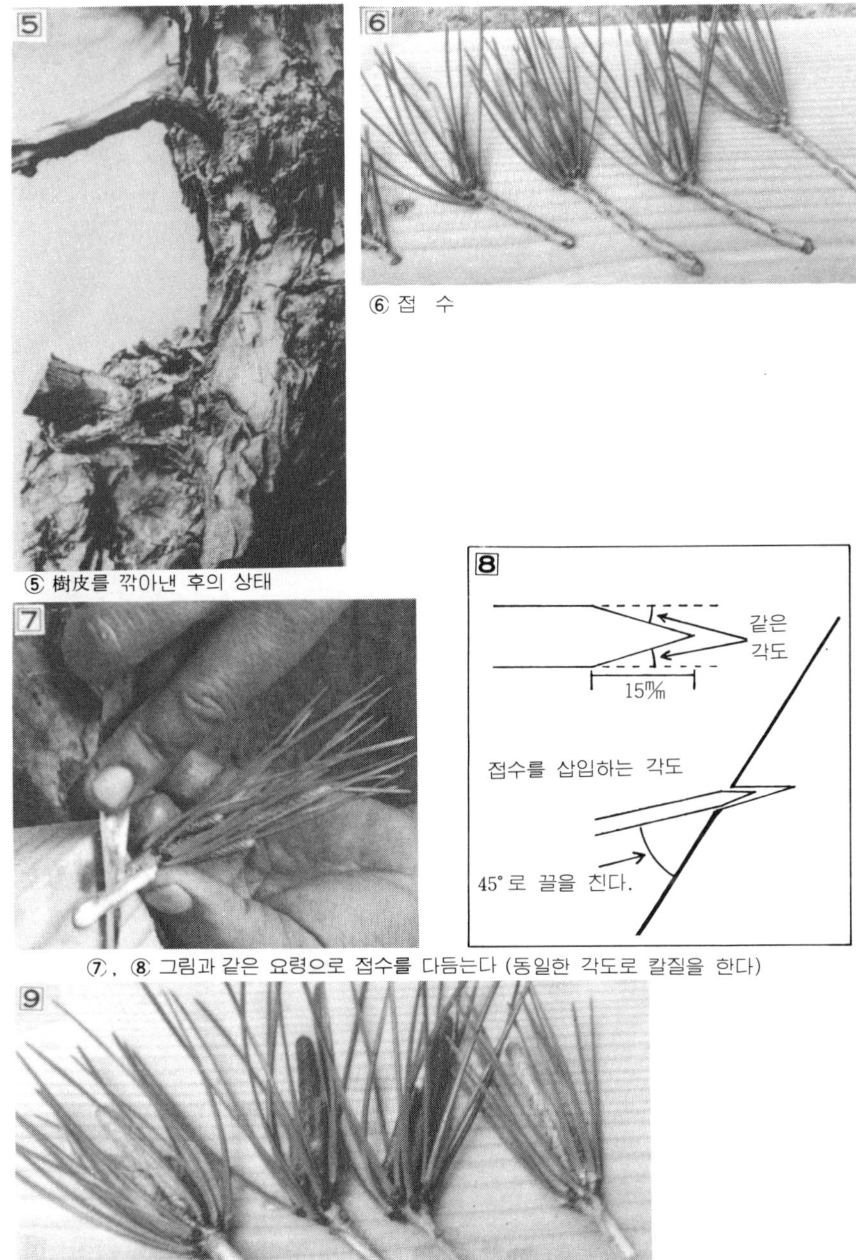

⑤ 樹皮를　깎아낸 후의 상태

⑦．⑧ 그림과 같은 요령으로 접수를 다듬는다 (동일한 각도로 칼질을 한다)

⑨ 조제를 끝낸 접수

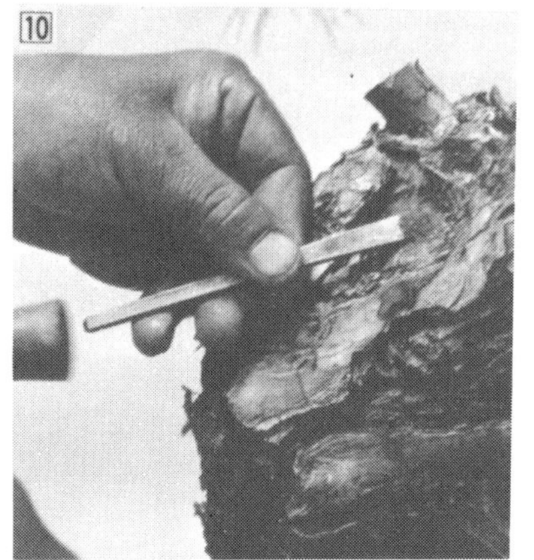

⑩ 접할 위치에 45° 각도로 끌을 쳐올린다.

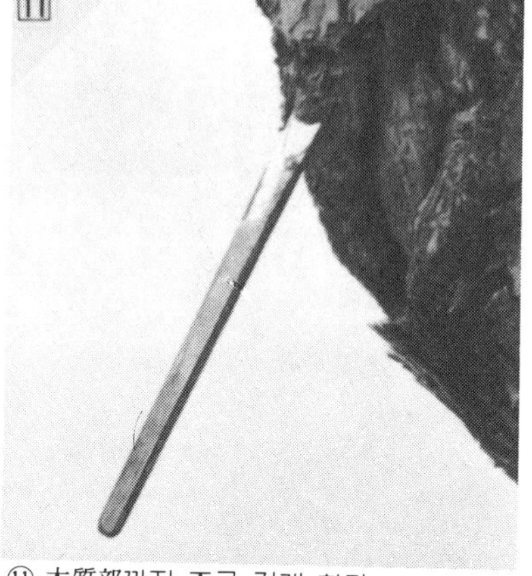

⑪ 木質部까지 조금 깊게 한다.

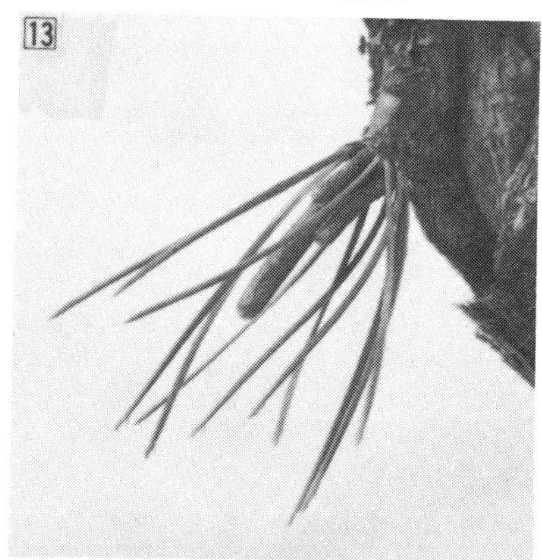

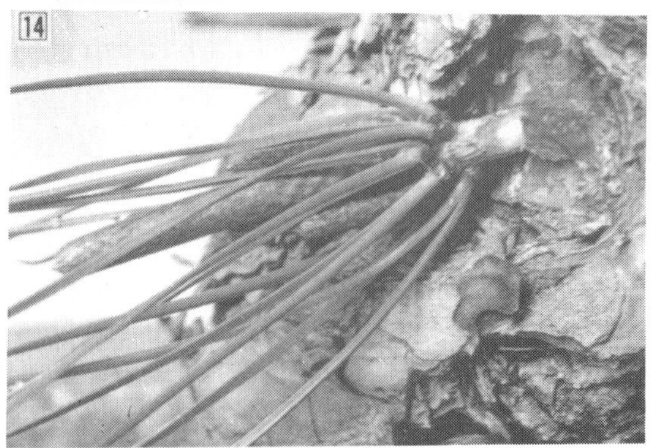

⑫ ⑬ ⑭ 끌을 빼면서 접수를 삽입한다.

⑱ 접할 위치에 접(接)을 끝낸 모습

⑮⑯⑰ 습기가 있는 탈지면으로 감는다.

⑲ 작업후는 장마 때 까지 비닐하우스에서 관리하는 것이 이상적이다. 비닐하우스가 없는 경우는 접한 부분에 비닐봉지를 씌워서 보호한다.

⑳ 접한 1년후 완전히 가지가 활착해서 신
　장하면 필요없는 부분을 잘라낸다.

㉑ ㉒ 불필요한 부분을 잘라낸 후의 모습

㉓ ㉔ 잘라낸 부분의 가장자리를 조각한다.

㉕ ㉖ 상처가 잘 아물도록
유합제를 바른다.

㉗ 정자의 단계에 들어서면서 철사걸이를 시작한다.

㉘ 철사걸이를 실시한 1년후의 모습
  (접을 한 후 2년째의 모습)

㉙ 접을 해서 3년후
  (5 ~ 6년 정도가 되면 줄기의 굵기와 조화가 되는 가지로
굵게 된다)

㉚ ㉛ 3년째만 되더라도 꽤 가지가 굵어
지지만 5년째의 굵어진 가지

㉜ 거의 목적을 달성한 5년째의 나무모습.

◇ 주요수종의 접목일람표 ◇

종　　류	대　목　의　종　류	접목방법	접목시기	비　　고
금　　송	해송, 소나무 실생묘	할접, 근원접	2하~3하	해송대목이 좋다.
섬 잣 나 무	〃	〃	2하~3상	공대가 좋다.
가 문 비	실생, 삽목의 공대	근　원　접	3상~중	다아성접목
진　　백	두송, 편백, 가이즈까향나무실생묘	호　　접	3중~4상	작년가지
편　　백	편백 실생묘	절접, 근접	4하	〃
삼 나 무	실생, 삽목묘 공대	절접, 할접	4상	
매　　화	매화 실생, 삽목묘 공대 살구, 복숭아 실생묘	분재접, 절접, 근접취목	3상~하	공대가 좋다.
납　　매	실생, 분주 공대	절접	3하	
명 자 나 무	명자나무,배실생묘, 명자삽목묘	절접	3상, 10	
해　　당 애 기 사 과	환엽해당, 삼엽해당, 실생삽목묘	절접	3상~중	
벚 꽃 나 무	벚꽃실생, 삽목묘	분재접	2하~3하	
석 류 나 무	실생, 삽목묘, 공대	절접, 근접취목	3중~하	
등 나 무	등나무실생, 근삽묘	절접, 할접	4중~5상	산채대목이 좋다.
사쯔기철쭉	실생, 삽목묘, 고목 공대	호접	3하~6중	9상순도 됨
만 병 초	실생공대	절접, 호접	5상~하	활착율 낮음
목 백 일 홍	실생, 삽목묘 공대	절접, 근접취목	3하	
동　　백	동백, 늦동백 실생, 삽목묘	절접, 호접 녹지접	3하~4상	고온, 다습해야한다.
늦 동 백	〃	〃	〃	〃
단풍나무류	산단풍, 당단풍 실생 삽목묘	절접, 호접, 녹지접, 아접	절접 2중~하 그외 6 ~9하	절접에 실패한 것은 아접
당 단 풍	〃	〃	〃	〃
느 티 나 무	실생, 삽목 공대	근접	3하~4상	
은 행 나 무	실생공대	절접, 근접취목	3중~4하	
배 나 무	돌배, 배 실생묘	녹지접, 아접, 절접	절접 3중~하	녹지접 6하~9중 아 접 8하~9상
감 나 무	고욤, 산시의 고목, 묘목	절접	3하	고욤대목은왜성화됨
모 과 나 무	모과, 마루멜로 실생묘	절접, 녹지접	절접 3 ~ 하 녹지접 6중~9중	
낙 상 홍	실생공대	절접	3중~하	숫나무를대목으로씀
노 박 덩 굴	실생공대	〃	〃	
산 사 나 무	실생공대, 모과나무묘	〃	〃	
밀 감 류	탱자, 유자 실생 2~3년묘	근접	4중~5상	온실 12 ~ 1

5 취목(取木)

취목에는 휘묻이(simple layering)와 묻어떼기(mound layering) 높이떼기(공중취목 : air layering) 세가지 방법이 있다.

발근하기 쉬운 나무의 줄기나 가지를 휘어서 습기 있는 땅에 묻어 발근이 되면 잘라서 한 개체로 번식시키는 방법을 휘묻이라고 한다. 이 때 땅에 묻는 부위에 칼이나 가위로 목질부까지 수피에 상처 내어 묻어주면 발근이 잘 된다.

그리고 가지나 줄기에 뿌리를 내고 싶은 위치에다 박피를 하고 수태를 감아 그 위에 비닐로 완전히 덮은 후 양쪽을 묶어 뿌리가 내리면 잘라 한 개체로 만드는 방법을 공중취목이라고 한다. 번식을 목적으로 하는 경우도 있지만 분재계에서는 뿌리뻗음이 좋은 소재생산에 많이 이용하고 있다.

(1) **취목의 장단점**

㉠ 삽목보다 발근이 확실하므로 삽목이 곤란한 수종에 실시할 수 있다.

㉡ 접목과 같은 고도의 기술이 필요없고 숙련이나 기구가 필요치 않다.

㉢ 성목에 가까운 소재를 바로 얻을 수 있다.

㉣ 수간을 줄여서 수형을 개작할 수 있고 뿌리뻗음을 아주 좋게 할 수 있다.

결점은 증식능력이 낮아 대량생산을 할 수가 없다.

(2) **발근의 원리와 조건** : 취목의 발근원리는 삽목의 발근기구와 흡사하다. 줄기나 가지를 환상박피(環狀剝皮)하여 수태로 감아두면, 그 자극에 의해 잎과 가지에 있는 식물호르몬인 오옥신과 리조칼린등의 물질이 수술부에 하강집적하여 근원기를 형성하고 이것이 발육하여 발근 현상이 나타난다.

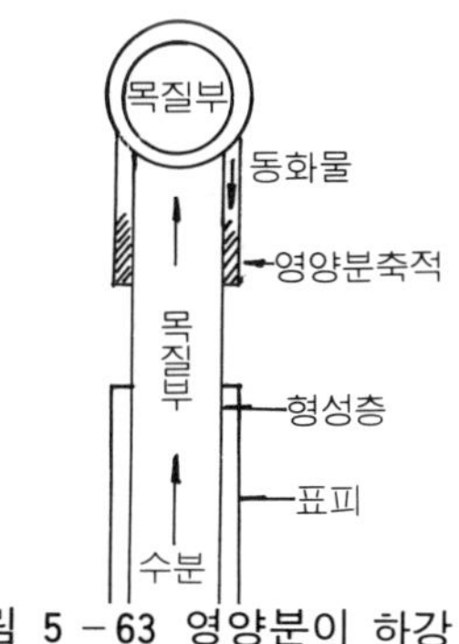

그림 5 -63 영양분이 하강하는 사관부를 차단하여 영양분을 축적시킨다.

㉠ 수분 : 환상박피에 의한 취목시는 목질부를 절단하지 않으므로, 뿌리로 부터 수분과 무기물의 공급은 그대로 정상상태가 유지된다. 그리고 수술후 약 10일간은 박피부위에서 수분 흡수가 왕성하므로 수태에 함유한 수분은 이 기간에 상당한 양이 흡수되며 그 후는 차츰 적어지고 뿌리가 신장할 때 필요로 하는 수분은 모수에서 공급되는 것으로 충족된다. 그러므로 박피부위를 건조하지 않게 하는 정도의 수분만 유지하면 발근및 신장에는 별로 영향이 없을 것으로 본다.

㉡ 온도 : 발근하기 위해서는 조직의 분열이 왕성하게 이루어져야 하므로 적온인 23°C ~ 25°C의 유지가 필요하다. 수종에 따라 차이는 있으며 낙엽수는 20°C 전후에서도 발근이 잘되며, 상록수 중에는 30°C에 가까운 온도에 발근이 잘되는 것도 있다. 기온의 변화에 맞추어 취목시기를 수종에 따라 조절할 필요가 있다.

㉢ 광선 : 근원기를 촉진하는 생리작용은 차광에 의해 개시되므로, 흙을 덮거나, 수태를 감는 것도 차광의 목적을 달성하는 셈이다. 비닐도 투명한 것보다 검은 비닐로 피복하는 것이 뿌리의 발육이 양호하다.

㉣ 연령과 시기 : 취목을 하는 줄기나 가지의 연령이 발근에 미치는 영향은 별로 없다.

시기는 발아기에서 생장이 중지되는 가을까지 할 수 있으나, 생장이 왕성한 5월 하순에서 7월 중순까지가 가장 성공율이 높다.

(3) **공중취목**(高取法)

그림 5 -64 공중 취목

㉠ 취목이 되는 수종 : 섬잣나무, 가문비, 진백, 편백, 측백, 솔송나무, 삼나무, 납매, 영춘화, 명자나무, 목련, 사쓰기철쭉, 기리시마철쭉, 만병초, 등나무, 치자나무, 석류나무, 목백일홍, 동백, 위성류, 느티나무, 참느릅나무, 당단풍, 화살나무, 회잎나무, 담쟁이덩굴, 너도밤나무, 은행나무, 뽕나무, 앵도나무, 보리수, 모과나무, 산사나무, 낙상홍, 노박덩굴, 남천, 으름덩굴, 남오미자, 홍자단, 피라칸사, 불수감, 소사나무 등.

㉡ 모수의 선정 : 수세의 강약에 따라 발근에 상당한 차이가 있으므로 발육이 왕성한 모수를 선택하여야 한다. 그리고 줄기의 모양, 가지의 뻗음, 엽성, 피성, 화아, 결실의 상태가 뛰어난 나무를 선택하여야 좋은 분재소재를 얻을 수 있다.

㉢ 취목의 방법

☆ 환상박피에 의한 방법

• 뿌리를 내고 싶은 곳 바로 밑을 줄기 직경의 1.5배 정도의 폭으로 형성층을 남기지 않도록 하며 목질부가 완전히 드러나게 수피를 잘라서 벗긴다.

(1) 줄기에 혹이 생긴 부위에 취목을 한다.

(2) 비닐포트를 반으로 갈라서 가지에 건다.

(3) 포트에 분토를 넣는다.

(4) 취목한지 2개월 후 수세가 좋아 포트밑에 뿌
리가 보인다.

(5) 포트를 제거 (2개월만에 뿌리가 이
렇게 많이나와 있다.)

(6) 모수에서 잘라낸다.
(모수의 수세가 좋으면 발근도 빠르다.)

그림 5 − 65 목백일홍의 취목

그림 5 -66 형성층이 남지 않도록
박피한다.

그림 5 -67 박피를 잘못해서 아래위가
붙은 모습

- 박피한 부위에 물을 적신 수태를 줄기 굵기의 2배정도 크기로 단단히 감고 그 위에 비닐로 싼후 아래 위를 끈으로 묶는다.
  이 때 박피한 윗부분을 톱니처럼 수피를 잘라내면 뿌리가 골고루 나오므로 효과가 좋다.
  또는 박피할 부위의 $\frac{2}{3}$ 정도를 목질부까지 깎아올리고 수태를 이 안쪽에 끼워서 이끼로 감아주는 방법도 있다. 이 깎아올린 수피가 굵은 뿌리로 되어 좋은 소재가 되는 경우도 있다.

☆ **결속**(結束) **에 의한 방법** : 취목하고 싶은 위치에 8번 ~ 12번철사를 2회정도 수피를 파고들 정도로 단단히 조여서 감는다. 가는 철사를 사용하면 너무 깊이 파고들어가 유착해버리므로 주의해야 한다. 결속한 후는 박피 때와 같이 수태를 감고 비닐로 피복하던지 결속한 부위를 완전히 땅속에 묻기도 한다.
이 때 수태나 비닐을 사용하지 않고 두쪽으로 낸 분을 붙여서 묶고 분토로 채워두는 방법도 있다. (그림 5 -68 참조)

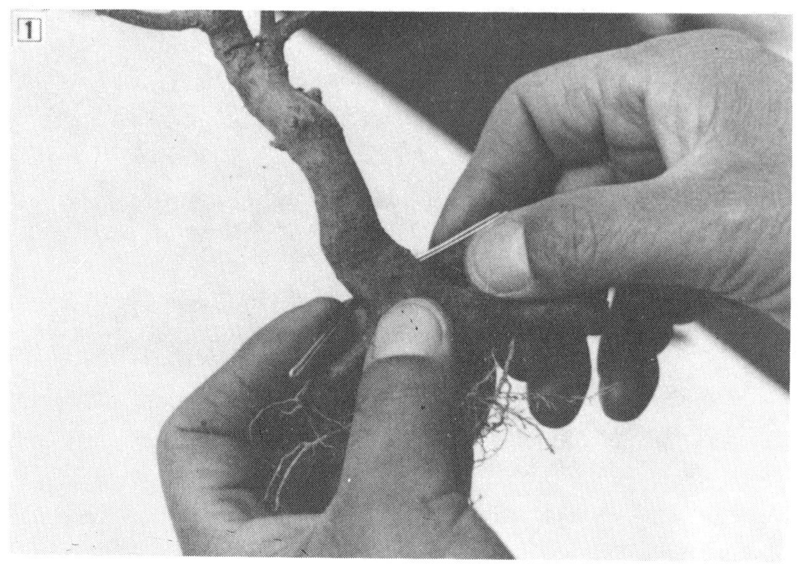

뿌리를 내고 싶은 위치에 철사를 댄다.

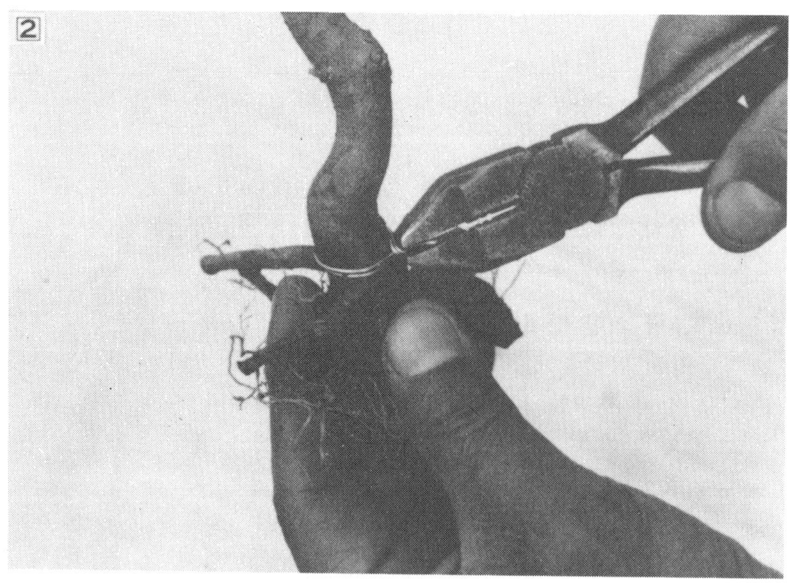

수피 속으로 철사가 파고 들도록 힘껏 조인다.

조인후의 모습

그림 5 - 68

그림 5 - 69 두쪽을 낸 포트를 묶
고 분토대신 이끼로 채운 방법

그림 5 - 70 박피한 곳에 분을 반으로 갈라
서 끼운 후 분토로 심은 경우

㉣ 취목후의 관리 : 취목작업이 끝나면 취목부위에 햇빛이 잘 쬐어 발근이 잘되도록 햇빛을 가리는 가지는 조금 잘라낸다.

수태의 수분이 부족하면 발근이 늦어지고, 과습하면 뿌리가 부패하는 경우가 있으므로 비닐피복내부의 수분상태에 유의하도록 한다.

빠른 것은 1개월, 보통 2개월이면 발근하며 노목으로 발근이 힘드는 것은 2∼3년 걸리는 것도 있다.

㉤ 모수에서 잘라내어 심는 요령 : 모수에서 잘라내는 시기는 수태 밖으로 많은 뿌리가 보이고 이 뿌리가 황갈색으로 변한 후 잘라낸다. 뿌리의 색깔이 하얗고 부드러울 때는 옮겨심을 때 상하기 쉬우므로 주의해야 한다.

6월에 취목한 것은 9월에서 10월 상순에 걸쳐 잘라낸다. 보통 직경이 3∼4 cm 정도의 것은 단번에 잘라내어도 되지만 굵은 것은 피복한 바로 밑에 직경의 반정도를 톱으로 잘라두었다가 약 1개월 후에 잘라내는 것이 뿌리의 신장을 촉진하는 좋은 방법이다.

잘라낸 것은 수태를 털어내려고 무리를 하면 뿌리를 상하게 되므로 조심스럽게 핀셋으로 조금씩 걷어낸다. 수태를 털어내기가 어려워 발근부위에 수태가 많이 남게 되면 과습하게 되어 뿌리가 부패하는 경우가 있으므로 이때는 진한 황토물에 30분 정도 담구었다가 심는 것이 안전하다. 그리고 뿌리가 적기 때문에 흔들리지 않도록 지주를 세워 잘 묶어 주어야 한다.

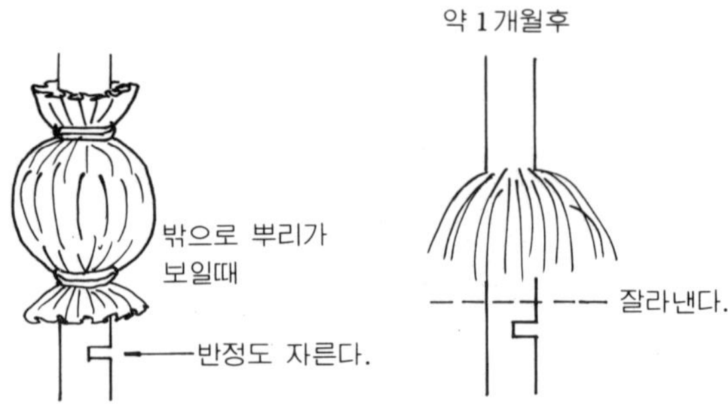

그림 5 - 71

제 6 장 분(盆)

  분재는 분수(盆樹), 분토(盆土), 분(盆)의 세요소로 성립되며 분은 두 가지의 중요한 역할을 한다.

  첫째는 분토와 함께 분수의 생명을 유지시키는 용기로서, 둘째는 그 분수에 대해서 조화, 기품을 나타나게 하는 것이다.

  이와같이 분재란 수목(盆樹)과 분의 조화로 이루어지며 분은 수목의 의복(衣服)과 같은 것이다. 의복은 아름다울 뿐더러 보온성, 통기성이 좋아야 하며 또 입는 사람에게 맞는 것이라야 한다. 분재의 경우에도 그 분수에 적합한 분에 심어야 비로소 분재로서의 품격이 갖추어지는 것이다.

  그러므로 수형(樹形), 수고(樹高), 줄기의 굵기 가지뻗음, 열매나 꽃, 단풍의 색깔 등과 잘 조화되는 분을 선택해야만 분수의 미와 개성을 십분 발휘시킬 수 있다.

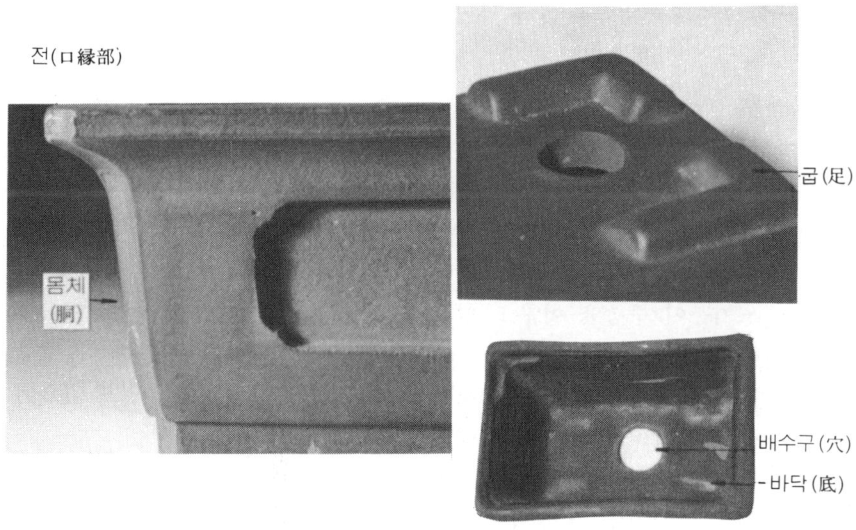

그림 6 - 1 분의 각부분의 명칭

1. 분의 이상적인 조건

분수는 한정된 용기속에서 어느 기간 동안 생육이 강요되므로 분은 분토와 함께 뿌리의 발육을 거의 지배하게 된다. 분의 통기성이 뿌리의 산소 요구량과 분토 중의 탄산가스 농도에 어느 정도의 영향을 미치는가, 분바닥에 정체되는 수분은 배수층을 만들어 주면 완화되므로 분토의 보수및 배수력이 문제가 되는가, 분토가 얼마나 많이 들어가는 가를 고려하여 이상적인 분의 조건을 들어보면, 다음과 같다.

(1) 분을 구운 후 입자가 아주 작은데도 불구하고 다공질(多孔質)로서 통기성이 극히 좋아야 한다.

(2) 분의 두께가 얇아야 한다.

(3) 형(型), 특히 분내(盆內)의 형상이 물빠짐이 좋게 만들어져야 한다.

2. 분의 종류

현재 우리나라에서 사용되는 분은 국산분이 주종을 이루고 있으며 일본분 중국분도 더러 사용되고 있다.

그리고 제조방법으로는 토분(土盆, 栽培盆), 도기분(陶器盆), 자기분(磁器盆) 등이 있으며 용도를 보면 재배분과 감상분으로 나눌 수 있다.

1 국산분

분재인구의 증가에 따라 분의 생산도 많은 발전을 거듭해 왔으나 아직도 분의 우아함과 품위, 모양이 투박하고 형태가 다양하지 못한 것은 사실이다. 이것은 분의 소비시장이 작아 생산공장이 과감한 투자를 하지 못하여 영세성을 벗어나지 못한 까닭이 아닌가 추측된다.

분은 도기분이 주종을 이루고 있으며 양산, 동래, 연암, 석양 등에서 주로 생산하고 있다.

양산분은 요즘 생산이 적고 동래분이 가장 많이 생산, 공급하고 있으며 좋은 분을 생산하려고 노력하고 있다.

연암분은 너무 두텁고 투박한 감이 있으나 모양과 재배 감상면에서는그런대로 좋은 편이지만 현재 주문생산만 하고 있어 보급이 어렵다. 그리고 요즘 밀양에서 생산되는 석양분은 지금까지 우리나라에서 생산되어온 분 중에서 가장 질이 좋고 색깔 모양이 뛰어나지만 아직 분생산이 초창기라 종류가 다양하지 못한 것이 흠이다. 앞으로는 다양한 형태의 질이 좋은 분을 기대해도 될 것이다. 그외 여러 곳에서 조금씩 생산되고 있으나 분재분으로서 만족할만한 것은 별로 없다. 이제 우리나라의 분재인구도 나날이 증가 일로에 있으므로 좋은 분의 개발, 분의 고급화가 필요한 시기가 되었다고 본다.

② 일본분

분재가 가장 발달한 나라답게 분의 종류 생산량도 엄청나다. 대중용에서부터 고급분인 작품분까지 다양하게 생산하여 세계각국에 수출하고 있으며 우리나라에도 상당한 양의 분이 수입되고 있다.

③ 중국분

중국분 중에서도 도예가 융성했던 명조(明朝), 청조(淸朝) 시대의 것으로 골동품과 같은 것은 별로 볼 수 없다.

청조중기(1800) 이후의 것은 간혹 소장하고 있는 것이 있는데 질감, 색감, 모양이 아주 우아하고 품위가 있으므로 바로 예술품이라 할 수 있다.

요사이 일본으로부터 들어오는 중국분은 중공분으로서 일본분과 비교하여 별로 나은 것은 없다.

④ 제조방법에 따른 분의 종류

(1) **토분** : 일반 점토(粘土)를 정제하여 500 ~ 600 도에서 구운 분으로 보수, 흡수, 통기성이 아주 좋아 재배용으로는 으뜸이다. 모양과 질감, 그리고 품위가 없으며 견고하지 못한 것이 흠이다. 중부지방에서는 아주 추운 해에 동파되는 것이 많다.

그림 6 - 2 토분(재배분)

⑵ **도기분** : 점토를 정제하여 700 ~ 1,100도에서 굽는다. 흡수, 보수, 통기성이 좋고 식물의 생육면에서도 좋은 편이다. 모양도 다양하고 질감도 좋아 분재분으로서 가장 많이 사용되고 있다. 형상과 색상과 질감에 있어서 어느정도 고급스럽게 제조하느냐에 따라 그 차이는 크다.

그림 6 - 3 도기분

⑶ **화공분** : 점토에 규석과 납석을 혼합하여 도기분보다 낮은 온도로 굽는다. 분이 견고하지 못하고 통기성도 좋지 못하다.

⑷ **유약분**(釉藥盆) : 점토 5에 규석 2.5, 납석 2.5를 혼합하여 900도 이상으로 굽는다. 초벌구이를 한 다음 그 위에 유약(釉藥)을 바르고 다시 굽는다.

여러가지 색상을 하고 있어 좋으나 통기성이 나쁘다.

그림 6 - 4 유약분(소품분)

⑸ **자기분**(磁器盆) : 점토 3에 규석 4, 납석 1, 샤모트 2등을 배합하여 도자기와 같은 방법으로 굽는데 1,200도의 고온으로 굽는다.

백자분, 청자분이 이것인데 모양도 좋고 견고하여 좋으나 통기성이 나

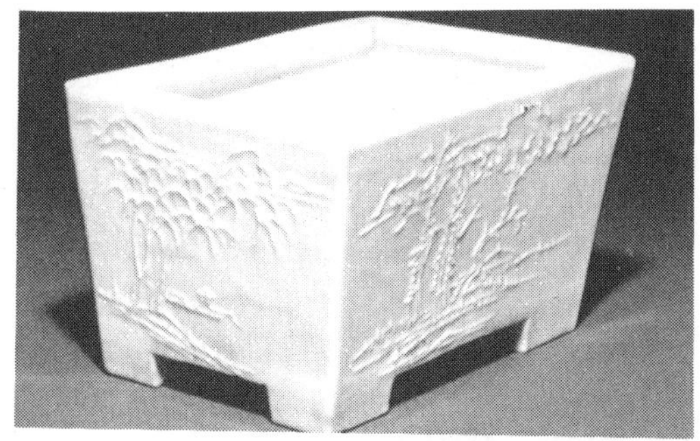

그림 6 - 5 백자분

뻔 것이 흠이다. 앞으로 좋은 분을 기대해볼만 하다.

(6) **플라스틱분** : 분바닥을 배수가 잘되고 통기성이 좋게 만들어진 견고한 것이 생산되고 있다. 값이 싸고 가벼우며 취급하기가 간편하므로 재배용으로 쓰기가 좋다.

5 구연부(口緣部)에 의한 종류

(1) **외전** : 밖으로 뻗는 힘찬 느낌과 남성적인 느낌을 준다.

(2) **직립**(直立) : 단정함과 정적인 느낌이다.

(3) **내전** : 내향적이고 연약함과 안정감이 있으며 여성적인 느낌을 준다.

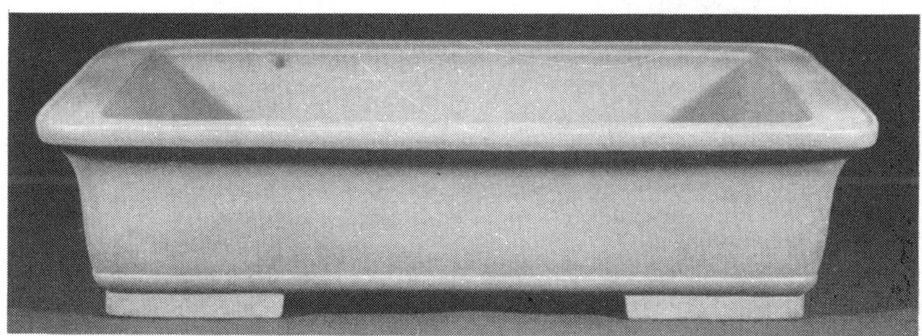

외전

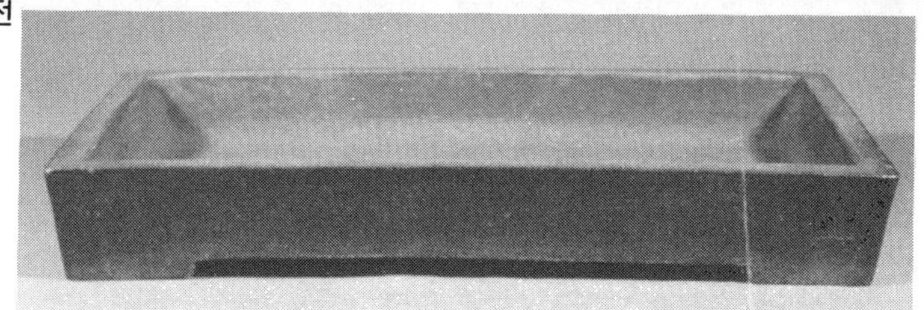

직립

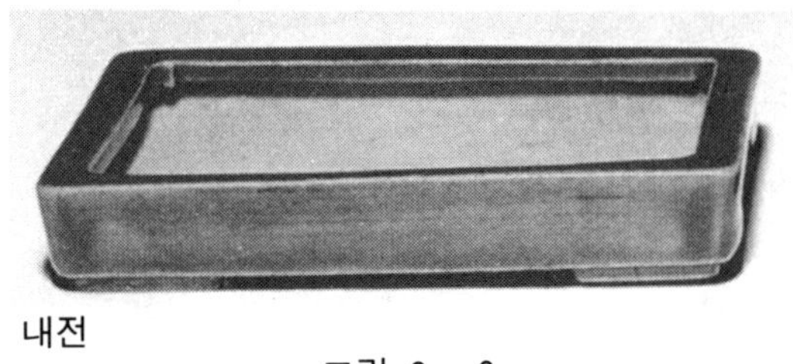

내전

그림 6 - 6

❽. 분의 형과 적합한 수형

분수는 크고 작은 것, 수간이 굵은 것, 가는것, 수형, 가지뻗음, 수령, 수종 등 그야말로 각양 각색이다. 그리고 분도 형상, 크고 작은 것, 깊고 얕은 것, 두텁고 얕은 것, 다양하기 짝이 없으며, 색상도 여러 가지이다.

어떤 분에 어떤 나무가 조화가 되고 일체감이 있으며 아름다운가를 분별하여 그 나무에 적합한 분을 사용해야 한다.

돌의 형과 분의 형이 잘 어울리며 낮은 분이 더욱 운치를 잘 나타낸다.

분의 형, 굽의 형이 잘어울리나 분이 조금 깊은 것이 흠이다.

그림 6 - 7

① 얕은 타원분

여러가지 수형에 맞출 수 있으나 특히 군식, 총생간, 연근, 풍향수등에 잘 어울린다. 특히 길고 얕은 타원분은 분경, 군식, 석부에 잘 어울린다.

② 장방분(長方盆)

가장 많이 쓰이고 있는 분으로서, 크기, 길이가 다양하다. 어떠한 수형에도 쓸 수 있으며 조금 얕은 것이 많이 쓰인다. 아주 얕은 것은 군식, 분경, 연근등에 잘 어울리고, 조금 얕은 분은 쌍간, 쌍수, 또는 직간, 사간의 줄기가 가는 분수에 어울린다.

수간이 굵고 호장한 직간, 사간, 반간 등에는 두텁고 조금 깊은 분이 조화된다.

호쾌한 줄기 모양, 우아한 엽성으로 전체가 약동하는 듯한 가운데 기품있는 분위기와 맞는 분과의 조화가 인상적이다.

대체로 괜찮은 편이나 나무의 분위기와 어딘지 잘 어울리지 않는 느낌이 든다.

그림 6 - 8

③ 원분 (圓盆)

원분도 크기 모양이 다양하므로 많은 수형에 이용된다. 두텁고 깊이가 있는 것은 무게있는 호장한 분수와 조화가 되며, 상화분재나 상엽분재에 잘 어울리고 얕은 분은 줄기가 가는 분수나 문인목, 총생간에 적합하다.

해송의 우아한 분위기와 반현애 수형에 적합한 분이다.

분이 낮아 반현애 수형과 조화가 되지 않는다.

그림 6 - 9

4 정방분(正方盆)

조금 깊은 분은 호장웅대한 표준곡간이나 고목에 조화되고 반현애에도 어울리며 아주 깊은 분은 현애분으로 쓰인다.

힘찬 줄기 흐름과 박력이 있는 분의 바란스가 좋다. 조금 작은 듯한 분이 더욱 나무의 박력을 배가 시킨다.

바란스가 좋지 않으며 약한 느낌이 든다.

그림 6 - 10

5 각 분

6각, 8각분이 있으며 조금 깊은 분이 많다. 직간의 줄기가 가는 분수나 문인목에 조화된다. 아주 깊은 분은 현애에도 적합하다.

6 매화분

매화의 꽃 모양을 따서 만든 분인데 상화분재와 조화되며 상과분재에도 어울린다.

❹. 분의 색상과 분수

분의 색상과 분수와의 관계가 적, 부적한 것이 있으며 강한 반대색이나 동일색의 중복은 좋지 않다.

① 상록송백류

해송, 소나무, 금송, 섬잣나무, 두송, 가문비, 삼나무, 편백, 진백, 주목등 중후한 느낌이 드는 수종에서는 백색, 황색등의 밝은 색은 안정성이 없고 청색, 녹색분은 식물의 엽색이 죽기 때문에 적갈색, 적흑색, 갈색분이 잘 어울린다.

② 상화분재

꽃의 색과 조화되는 분색을 선택해야 한다.
낙엽상화 분재인 매화, 명자의 백화에는 담황색이나, 청색이 어울리고, 매화, 복숭아, 해당, 석류, 등나무의 홍화나 이와 유사한 것에는 청색이나 보라색이 무난하다.

그리고 영춘화, 일세개나리등 황색화에는 녹색이 조화된다.

상록상화분재인, 사쯔기철쭉, 동백, 만병초, 늦동백 등에는 짙은 회색, 흑색, 검붉은색의 분이 어울린다.

③ 홍, 황엽 분수

단풍나무, 당단풍나무, 소사나무, 검양옻나무, 담쟁이덩굴, 은행나무, 느티나무등 가을에 단풍이 드는 나무는 여름과 가을에 엽색이 달라지므로 이 엽색에 분색을 맞출 수 없다. 그러므로 두가지 엽색에 반대색이나 동일색이 되지 않는 연한 남청색을 사용하는 것이 무난하다.

④ 상과분재

낙상홍, 애기사과, 감나무, 감귤류, 모과나무 등과 같이 과일이 선명한 색조를 띠우는 것은 밝은 분색을 피하고 검은 기가 있는 자색이나 청색분이 조화된다.

그외 일부의 군식(群植) 또는 쌍간(双幹) 등에는 백색과 같은 밝은 색이 잘 조화가 되는 경우도 있지만 중량감이 있는 분재일수록 짙은 회색이나 연한 흑색, 검붉은 색, 흑갈색 등의 분을 선택하는 것이 조화된다.

제7장 분토(盆土)

분재는 한정된 용기속에서 한정된 토양으로 수년동안 그 분수(盆樹)를 왕성하게 생육시켜 나가야 한다. 이와같이 분토는 분수의 생존과 생육의 기반이며 분토의 좋고 나쁨은 분수에 직접적인 영향을 준다. 좋은 분토는 배양관리를 용이하게 하고 나쁜 분토는 결국 말라죽는 원인이 되므로 좋은 분토의 선택이 대단히 중요한 것이다.

1. 분토와 대지의 차이점

1 대지(大地)

대지는 고사한 초목(草木)과 낙엽이 표토 위에 쌓이며 이 쌓인 것들은 점차 썩고 또 토양 속에 있는 미생물이 분해해서 식물에 필요한 양분을 만들어 주는 반복과정이 계속된다.

미생물이 활동할 때 생기는 탄산가스 등은 토양을 팽창시키고 부드럽게 만들어 비가오면 수분이 잘 스며들게 하며, 공기의 유통도 잘되게 해서 식물이 잘 자랄수 있는 좋은 환경조건을 만들어 준다.

또 뿌리의 활동범위는 넓고 깊어 식물이 생장하는데 필요한 양수분을 충분히 흡수하며, 부족하게 되면 양수분을 구하기 위해 자유롭게 신장하기도 한다.

그리고 많은 비가 와도 필요이상의 물은 지표위로 흘러가고, 토양속으로 스며든 물은 토양 전체의 습도를 고르게 유지하며 그 나머지는 아래로 흘러내려가 지하수가 되므로 물이 정체해서 뿌리의 공기호흡을 곤란하게 하고 또 썩게하는 일은 없다. 1개월 이상 비가 안와도 지하수가 모세관작용에 의해 상승되므로 수분이 부족되어 나무가 말라 죽는 일도 없다.

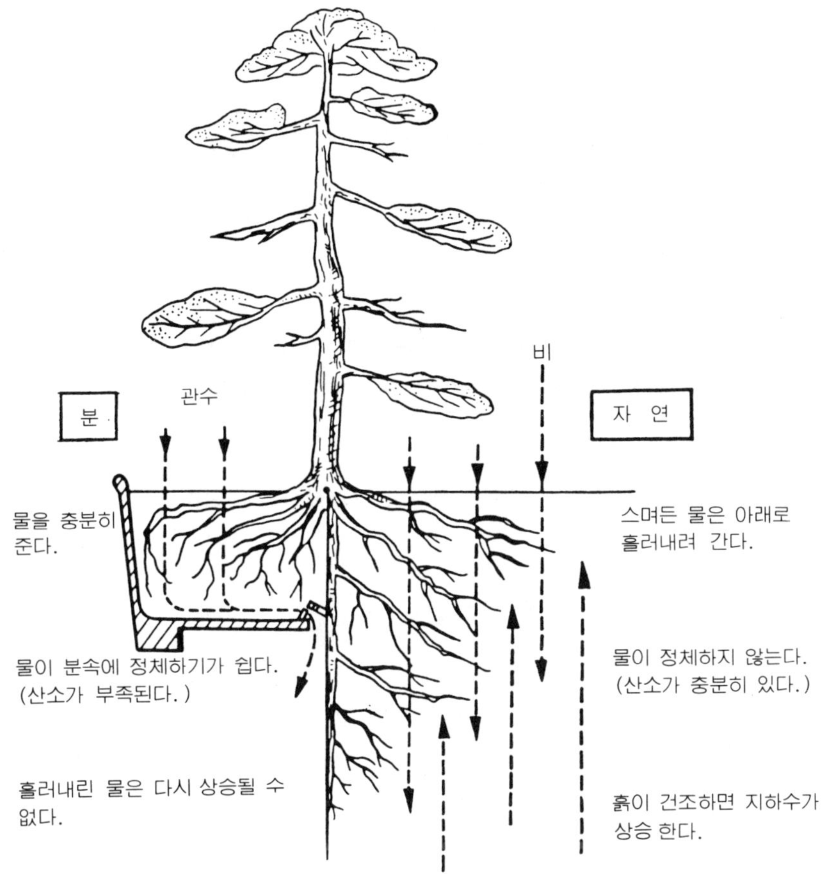

그림 7 - 1 자연환경과 분내의 환경

② 분토(盆土)

분토는 물주기 등에 의해 시간이 경과할수록 분토가 압력을 받으며 또 잘게 부서져 분수(盆樹)에 적합한 환경이 점차 나빠지기만 한다. 뿐만아니라 대지에서 처럼 뿌리가 마음대로 신장할 수 없으며 수분 부족시 지하수에 의한 수분의 상승은 있을 수 없으므로 분토의 크기, 강도(強度), 질(質) 등 여러가지를 고려해야 한다. (그림 7 - 2 참조)

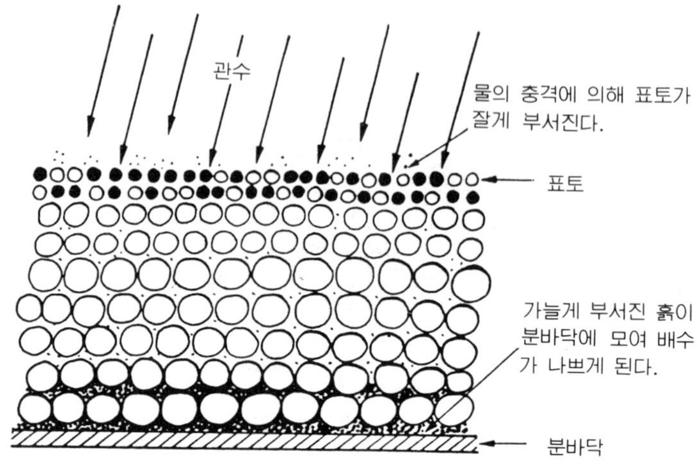

그림 7 - 2 분토는 시간이 경과할수록 나빠진다.

❷. 좋은 분토의 조건

① 배수성 (排水性)

배수가 잘 되는 분토는 공기의 유통도 잘 된다. 토양속에 산소공급이 원활하게 이루어지면 분토 속의 미생물의 번식이 왕성해지고 비료의 분해도 잘되게 하여 비료의 효과도 높여준다. (그림 7 - 3 참조)

그러므로 토양속의 탄산가스가 1%이상 되면 뿌리의 발육은 갑자기 나빠지게 된다. 배수가 잘 안되는 분토는 토양속에 수분이 많이 잔존하여 산소의 결핍현상이 일어나고, 호흡이 곤란해진 뿌리는 질식상태가 되며, 오래 갇혀있는 물은 부패하는 등 여러가지 복합적인 원인으로 인해 뿌리는 끝내 부패하게 되는 것이다. (그림 7 - 4 참조)

과습해서 뿌리가 썩었다는 것은 분토가 나쁘다는 것이며 배수가 잘되는 분토에 심어 햇빛이 잘드는 곳에서 배양하면 아무리 관수를 많이 해도 뿌리가 썩는 일은 없다.

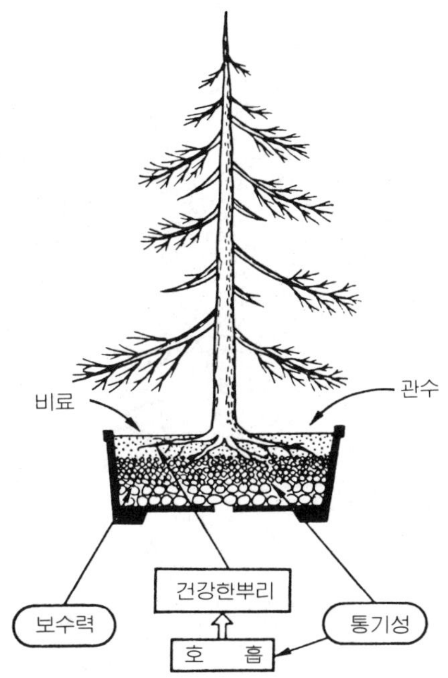

그림 7 - 3 뿌리의 활동과 환경

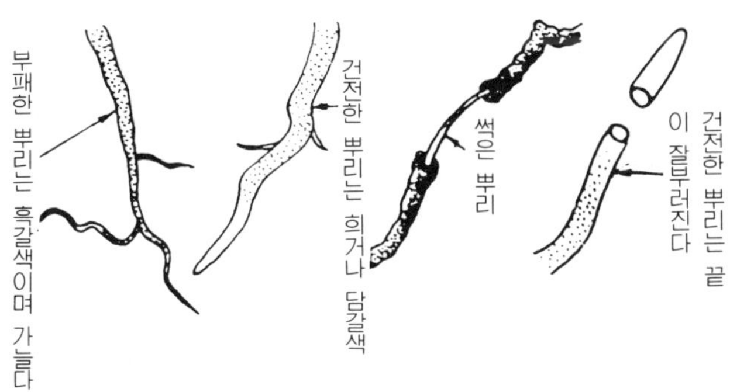

그림 7 - 4 산소가 부족되었을 때의 뿌리의 상태

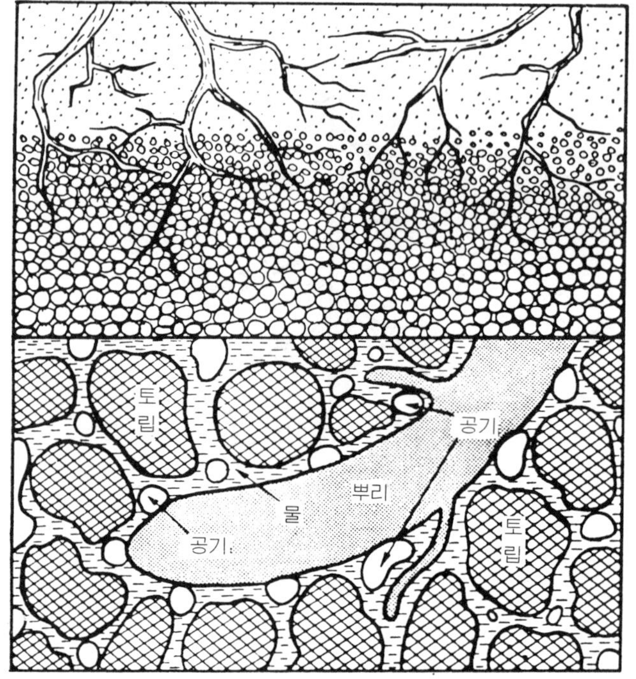

그림 7 - 5 뿌리와 토양과의 관계

2 보수성 (保水性)

배수가 잘 되어야 하는 것과 보수력이 좋아야 한다는 것은 모순된 조건 같으나 비근한 예로 잘게 부순 유리를 용토로 사용하면 배수는 잘되어도 보수력은 없고, 토분이나 기왓장을 부순 것은 배수도 잘되고 보수력도 있다. 우리나라는 주로 화강암지대이므로 화강암의 풍화사 즉 석비레를 체로 쳐서 가루흙은 버리고 푸석돌을 굵기에 따라 분류하여 사용하고 있다. 이 푸석돌도 석영질이 많고 적은 것이 있는데 석영질이 적어야 보수성이 좋다. 편마암의 석비레도 간혹 있는데 이것은 보수성이더욱 좋다.(그림7 - 6참조)

보수성이 있다는 것은 보비력(保肥力)도 좋다는 것이며 식물의 생육에 효과가 크다. 이러한 조건에 맞는 흙은 주먹밥 덩이가 모여있는 것과 같은 입단구조(粒團構造, blocky structure)로서 토양입자가 몇개씩 뭉쳐서 입단(粒團, compounded granule)을 이룬 것인데 잘 부서지지 않는 것이면 분토로서는 최고이다. (그림 7 - 7 참조)

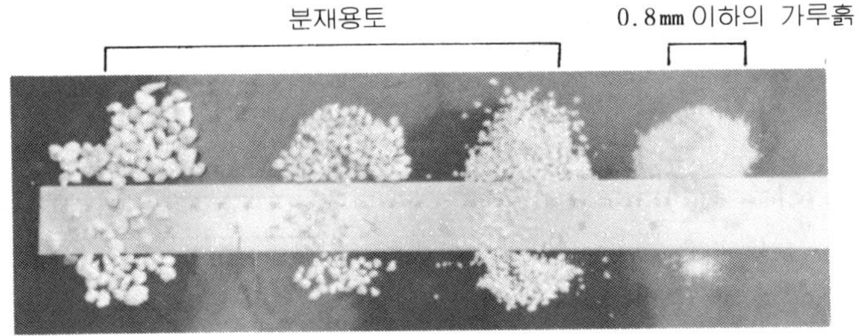

그림 7 - 6 분재용토

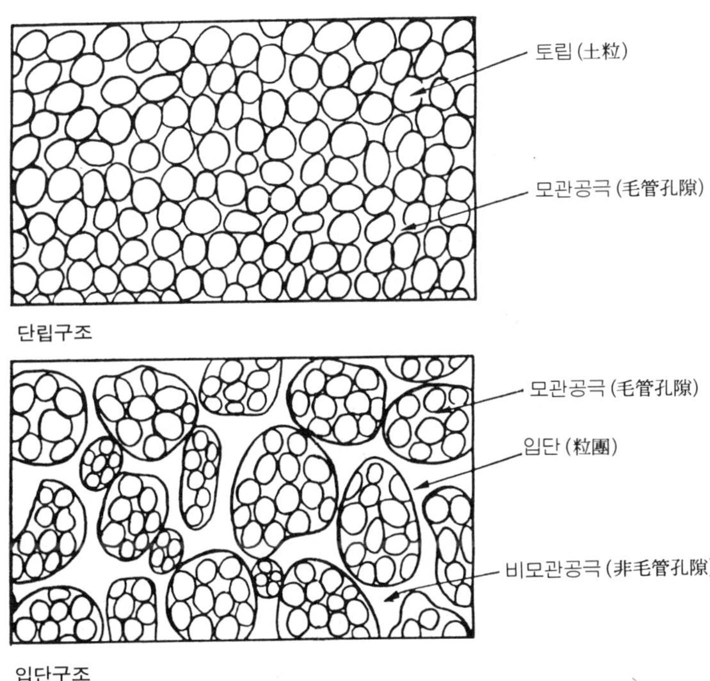

그림 7 - 7 토양의 단립구조와 입단구조

③ 청결성

분토는 신선하고 활력이 있는 깨끗한 흙이라야 한다. 병충해가 있거나, 한번 사용한 분토는 좋지 못하며, 땅속에서 파낸 깨끗한 분토라야 한다.

4 토양반응(土壤反應)

토양반응은 토양의 pH로 표시되며 7이하를 산성토양, 7을 중성토양, 7 이상을 알칼리성 토양이라고 한다.

수목류의 생육에 적합한 산도는 대개 pH 5.0∼7.0으로서 산성토양 이며, 식물의 종류에 따라 조금씩 다르다.

그러므로 분토가 중성화되면 철, 망간의 부족현상이 생기고, 철쭉, 동백, 관음죽 등은 황반(黃班)이 발생한다.

8. 토립(土粒)의 크기

분재용토의 제1요건은 배수가 잘 되어야 하는 것이다. 분토를 조제할 때 제일 중요한 것은 분토를 체로 쳐서 미세한 가루흙은 버리고 일체 사용해서는 안되는 것이다. 만일 가루흙이 있는 분토를 사용하면 처음에는 그런대로 배수가 되는 것 같지만 1개월만 지나면 가루흙이 토립 사이 사이를 메워서 분토는 딱딱해지고 다음과 같은 폐단이 생긴다.

(1) 산소부족으로 뿌리는 호흡을 못하고 질식상태가 된다.
(2) 배수가 잘 안되므로 분토 표면만 젖고 분바닥쪽에 물이 잘 스며들지 못하므로 뿌리는 건조한 상태가 된다.
(3) 장마때나 요수(腰水)로 관수하면 오랫동안 분토가 마르지 않고, 고온으로 분속에 정체한 물이 부패하여 유독가스를 발생하므로 뿌리가 부패하게 된다.

그림 7 - 8 크기별로 분류해서 사용되고 있는 분토

⑷ 가루흙이 모여서 진흙상태가 되어 배수구를 메우고 과습의 상태는 더욱 심해진다.

그러므로 눈의 크기가 0.8mm인 체로 쳐서 빠져나오는 가루흙은 일체 사용하지 않아야 하며, 이러한 상태가 대체로 대지의 통기, 배수성과 비슷한 상태로 되는 것임을 알아야 한다.

분토는 잘 말려서 그림 7 - 9와 같이 체로 쳐서 분류하는데 1호토는 배수가 잘 되도록 하는 배수층 분토로 사용하고, 2호토는 식토(植土)로 사용하며 3호토는 화장토로 사용한다. 물을 많이 요구하는 철쭉, 명자나무등은 2호토에 3호토를 20%정도 혼합하여 식토로 사용하면 보수성이 좋아진다. (그림 7 - 10 참조)

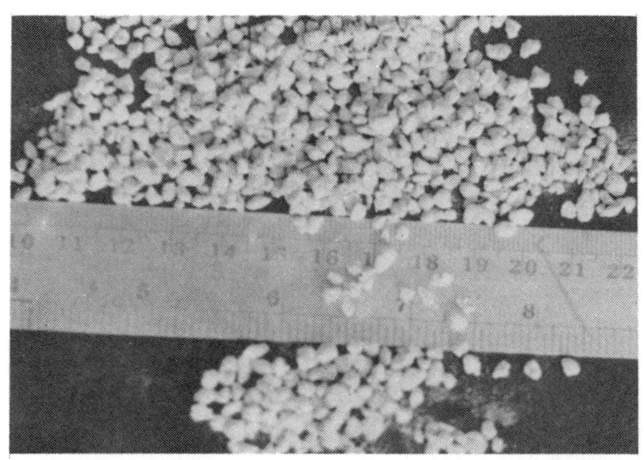

1호토

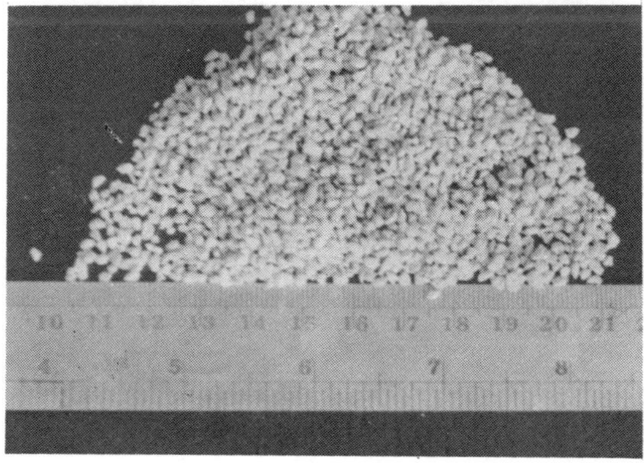

2호토

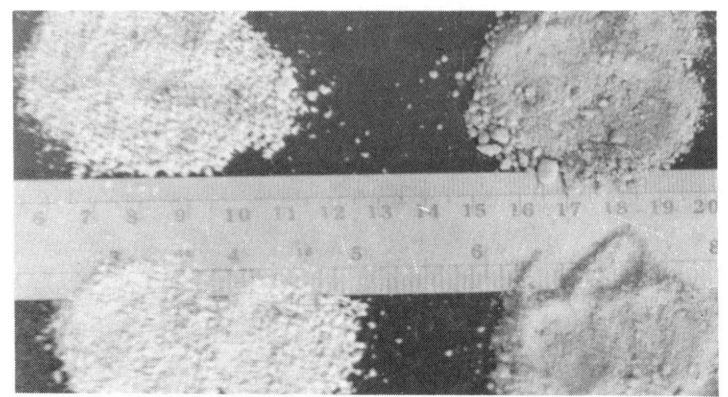

그림 7 - 9 분토의 크기에 따른 분류

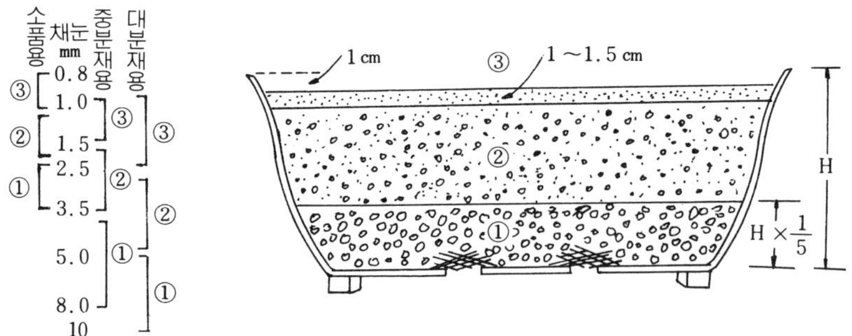

그림 7 - 10 분수의 크기와 분토의 사용예

❹. 분토의 종류

1 푸석돌 (山砂)

우리나라는 화강암지대이므로 이의 풍화사 즉 석비레가 많다. 이것을 체로 가루흙을 쳐버리면 푸석돌이 되는데 석영질이 적은 다공질의 것일수록 양질이며, 우리나라 주 분재용토이다.

2 하천사 (河川砂)

하류의 하천사는 모가 마모되고 부드러운 흙 성분은 떨어져나가 보수성이 좋지 않으므로 작은 하천의 상류의 것이 좋다. 바다모래는 염분이 있으므로 사용하지 못한다.

③ 부엽토

낙엽을 썩힌 것인데 잎의 형을 확실히 알 수 없을 정도로 부식되어 있으며, 색이 검고 흙에 가까운 상태로 된 것을 사용한다. 3 ~ 5 mm의 크기를 쓰는데 상엽, 상화, 상과분재에 20 % 정도 혼합하여 사용해도 무방하다.

④ 버미큘라이트 (Vermiculite)

흑운모나 질석을 1,100 도이상 고온처리하여 원석의 10 배이상의 크기로 팽화시킨 것이다. 무게는 모래의 $\frac{1}{15}$ 정도로 가볍고 수분은 3 배정도 흡수하며, 통기성과 보수성이 뛰어나게 좋다. 삽목용토로 모래와 혼용하면 아주 성적이 좋다. 물을 좋아하는 분수, 분의 크기가 대형인 경우, 포트에서의 소재 재배시 10 %정도 섞어 쓰면 좋다.

⑤ 퍼어라이트 (Perlite)

화산암의 일종인 진주암을 가열하여 만든 백색의 다공질로 매우 가볍다.

보온성, 통기성, 배수성이 뛰어난 성질을 이용해서 아주 크고 무거운 분에 배수층 용토나, 분토와 섞어 써서 감량제로 사용할 수 있다.

포트에서 소재를 배양할 때 2 ~ 3할 섞어 쓰면 흙이 딱딱해지는 것을 방해해서 배수가 잘되므로 뿌리가 부패되는 것을 방지할 수 있다.

버미큘라이트

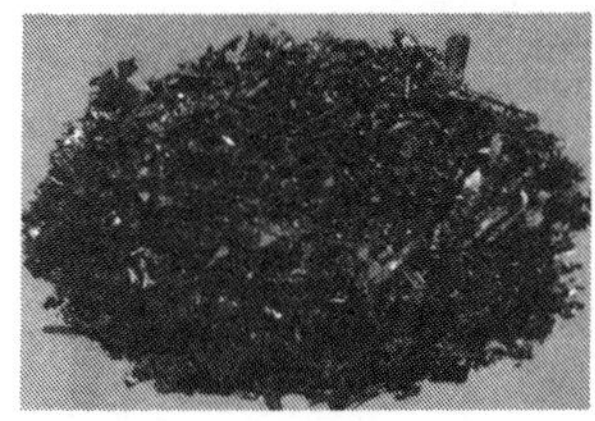

부엽토

퍼어라이트

제 **8** 장 분재 도구

분재기술의 기본작업인 정형(整形), 정자(整姿)에는 여러가지 편리한 기구가 있다. 이러한 기구없이 본격분재를 창작한다는 것은 매우 어려운 일이다. 그러므로 작업에 맞는 도구와 정확한 사용법을 알아두어야 한다.

1 나무가위

일반적으로 꽃가위라고 하는 것인데 굵은 가지나 뿌리를 자르기는 힘드나 전정가위보다 쓰기 편하고 능률적이며 뿌리자르기에 주로 쓰인다.

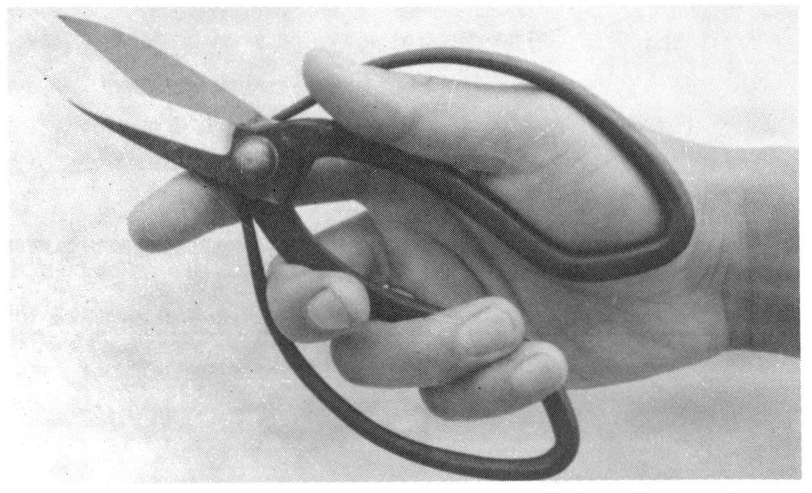

그림 8 - 1 나무가위 쥐는 법

2 분재가위

분재작업의 필수도구로서 나무가위보다 작고 자루가 길어 나무속의 잔가지를 자르는데 편리하다.

주로 가지치기, 순치기에 쓰인다. (그림 8 - 2, 8 - 3 참조)

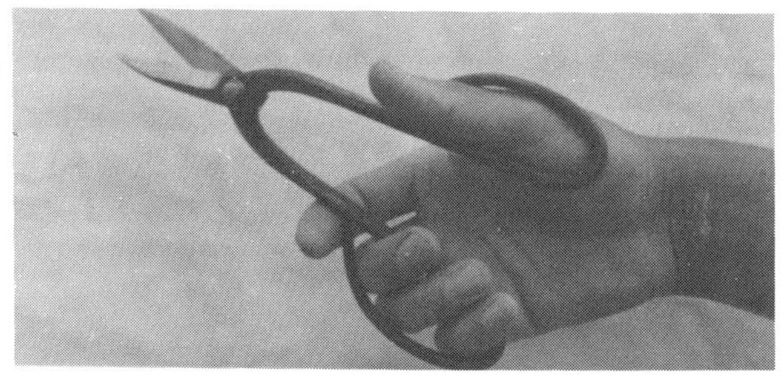

그림 8 - 2 분재가위 쥐는 법

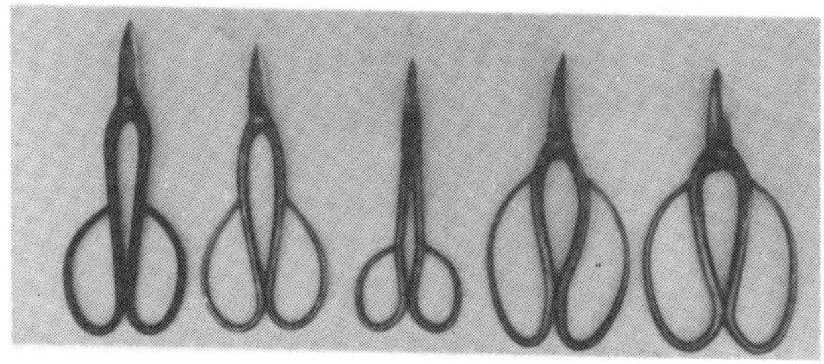

그림 8 - 3 분재가위의 종류

③ 집게가위

　자른 상처가 흉터없이 잘 아물도록 특수하게 홈을 파는 가위로서, 가지 사이 또는 가지와 줄기 사이 좁은 곳을 둥글게 파내는 가위이다. 다른 가위로서는 할 수 없고 조각도로도 작업하기가 힘든 것을 할 수 있는 편리한 가위이며 대소 두가지가 있는데 두가지를 다갖는 것이 편리하다.

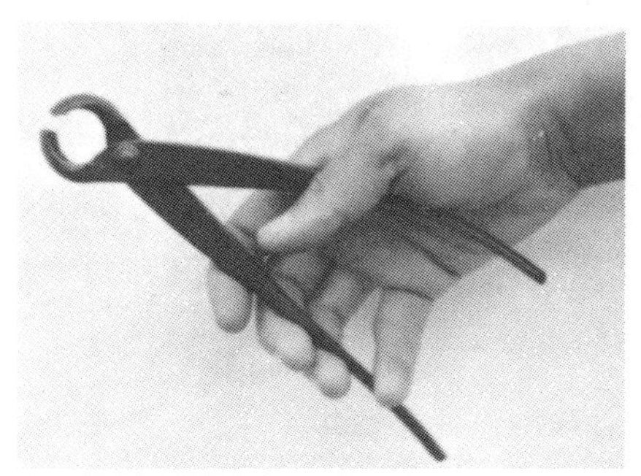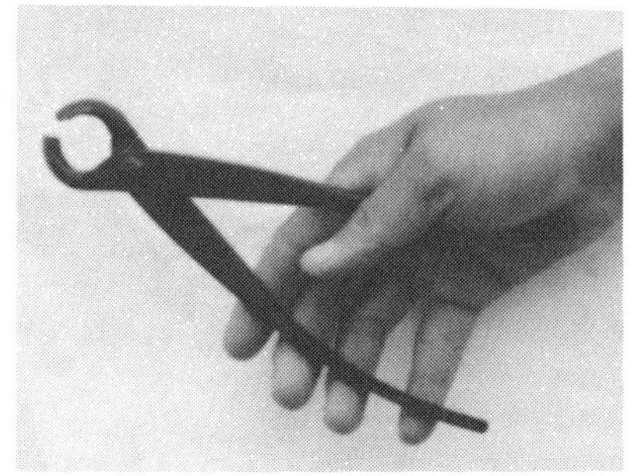

○　　　　　그림 8 - 4 바른 집게가위 쥐는 법　　　　　✕

4 삽가지가위

　이것도 집게모양인데 날이 옆으로 되어있어 가지에 홈을 파서 따내는편
리한 가위이다. 날이 버선코와 같이 둥글게 된 것으로 다시 조각을 할 필
요가 없어 아주 편리하다. 보통 가위로 가지를 따낸 자리는 상처가 아물면
혹이 되는데 이것으로 따내면 표가 나지않게 된다.
(그림 8 - 5, 8 - 6, 8 - 7 참조)

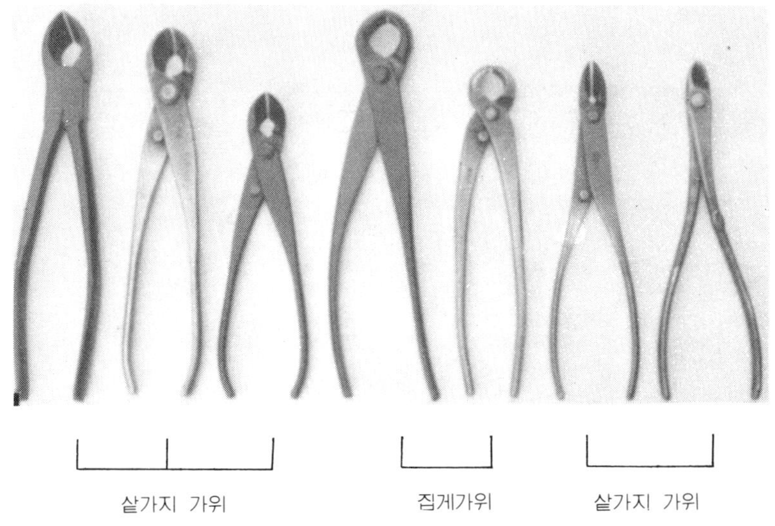

그림 8 - 5 집게가위와 삽가지 가위

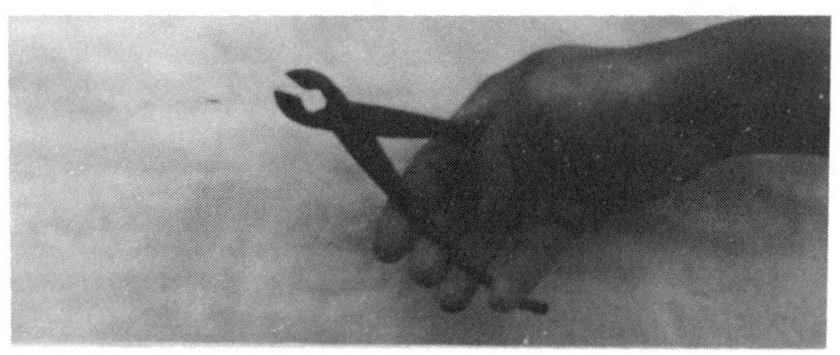

그림 8 - 6 삽가지 가위 쥐는법

살가지 가위날이 둥근것은 가지를 제거하고 난뒤의 상처가 작고 깊게 파여지므로 상처가 유합되면 표가나지 않는다 .

가지제거하는 모습①

제거하고 난 뒤의 상처 ②

보통 살가지의 가지제거 ①

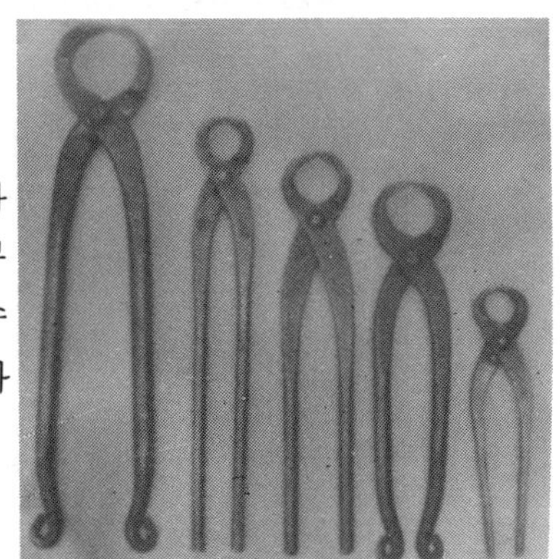

제거한 뒤의 상처 ②

보통 삳가지 가위로 가지를 제거하면 상처가 크며 유합되면 표가 나타난다.

그림 8 - 7

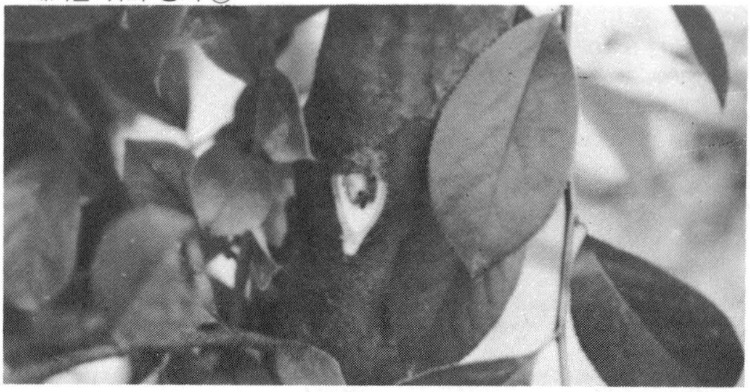

5 뿌리가위

집게 모양으로 된 가위로 크기에 따라 여러가지가 있다. 얽힌 뿌리와 굵은 뿌리를 제거하거나 자를 때 편리하게 쓸 수 있으며, 굵은 가지를 자를 때도 많이 사용된다.

그림 8 - 8 뿌리 가위

6 철사가위

수형을 교정하기 위해 철사걸이를 한다. 교정이 끝나면 철사를 제거해야 하는데 철사를 풀어내면 잔가지를 상하게 하는 경우가 많이 생기므로 철사를 토막 토막 잘라내는 것이 좋다. 이 때 꼭 필요한 것이 이 철사가위이다.

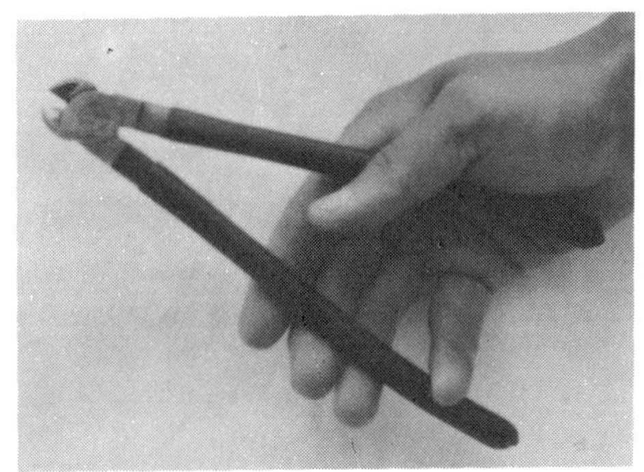

그림 8 - 9 철사가위 쥐는 법

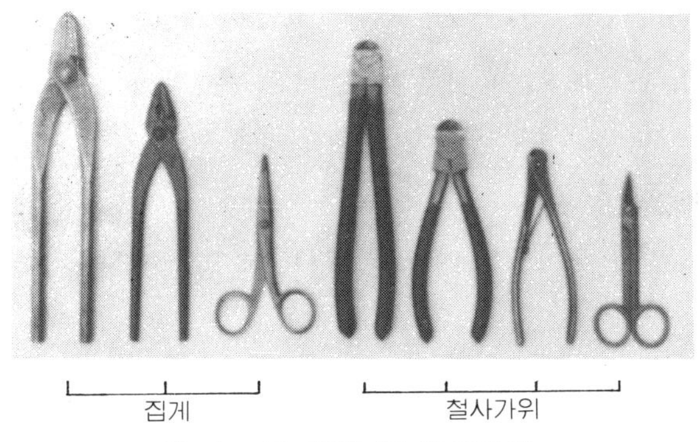

그림 8 - 10 집게 및 철사가위

7 집게

  주로 철사걸이 작업시에 사용되는 도구로서 굵은 철사를 휠 때, 철사걸
이 마무리 작업시에, 분갈이시 분수를 철사로 고정시킬 때, 그리고 철사
를 풀어낼 때 사용된다. (그림 8 - 10 참조)

8 분재용 핀셋

  제초, 잎솎기, 벌레잡기 등 여러 가지로 필요한 도구이다.
  해송의 잎솎기용으로는 아주 크고 끝이 뾰족한 것보다 조금 넓은 것이
사용하기에 편리하다. (그림 8 - 11참조)

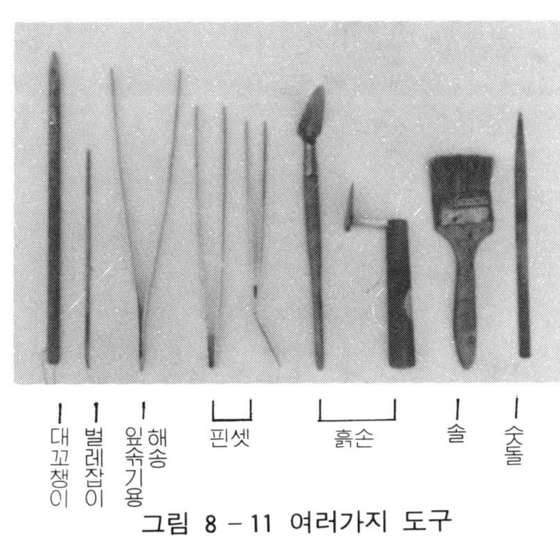

그림 8 - 11 여러가지 도구

9 톱

산채목을 취급할 때 많이 사용되며, 굵은 가지나 굵은 뿌리를 잘라 낼 때 톱을 사용하는 것이 용이하다.

10 회전대 (回転台)

분수의 손질이나 철사걸이 또는 분올림, 분갈이 작업을 할 때 이 회전대는 필수의 작업대이다.

11 물뿌리개

가위와 물뿌리개만 있으면 분재를 할 수 있다는 말이 있다. 분재관리에 있어서 물주기가 그만큼 중요하며, 물뿌리개는 꼭지에 구멍이 많이 뚫려 있어서 물이 부드럽게 나오는 것이 좋다.

12 분무기

엽수(葉水), 엽면시비 (葉面施肥), 병충해방제 (病虫害防除)시에 필요한 도구이다.

13 접목도

접목(接木), 삽수조제시, 또 취목(取木)할 때 사용되는 도구이다.

14 조각도

사리(舍利)를 내거나 큰 상처를 손질할 때 사용되며, 본격분재 (本格盆栽)를 하는데는 꼭 필요한 도구이다.

15 기 타

그외 체, 대꼬챙이, 뿌리갈퀴, 솔, 고무망치, 흙손 등 여러 가지가 있다.

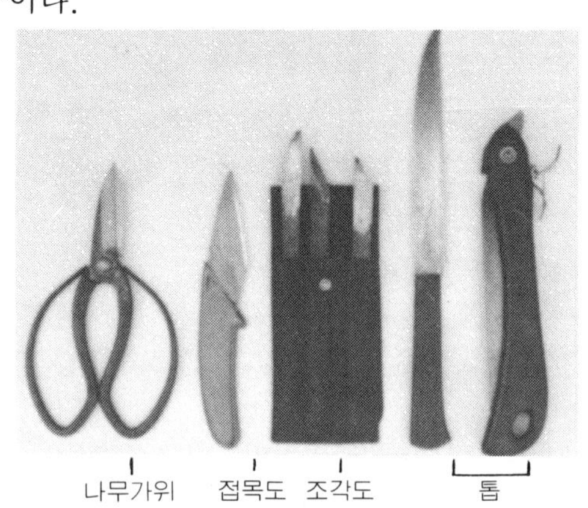

그림 8 - 12 여러가지 도구

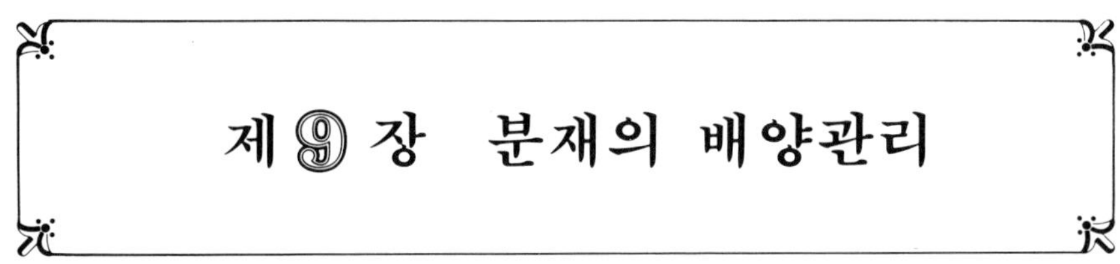

제 9 장 분재의 배양관리

1. 분올림과 분갈이

1 분올림 (potting)

산채목이나 취목, 삽목, 접목 등에 의해 땅에서 어느 정도 배양된 소재를 처음으로 분에 심는 것을 분올림이라 한다. 땅에 오래 심어두면 가지가 도장하여 수형이 잡히지 않으므로 관리와 정자에 편리하고 감상을 위해서 분에 올리는 것이다.

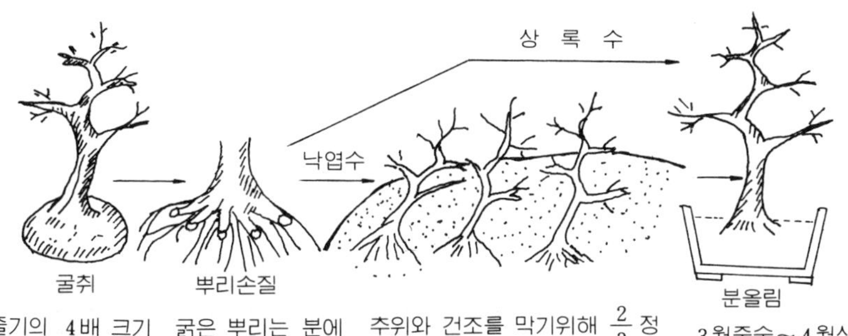

그림 9 - 1

(1) **분올림의 시기**: 3월중순에서 4월상순에 이르는 발아직전이 좋다.

그림 9 - 1과 같이 낙엽수는 낙엽후 파내어 굵은 뿌리는 분에 심을 수 있도록 전정하여 토중에 $\frac{2}{3}$ 정도 깊게 묻어서 월동시킨 후 분올림한다.

상록수는 뿌리뻗음이 불충분한 것은 발아직전까지 기다려서 분올림하는 것이 안전하다.

⑵ **분올림 방법**

① 밭흙과 같은 가루 흙은 배수와 통기를 나쁘게 하므로 물로 깨끗이 씻어낸다.

② 굵은 뿌리는 분에 들어가도록 짧게 잘라준다. 이 때 뿌리와 분과의 사이가 1 cm는 여유가 있도록 하는 것이 바람직하다. 잔뿌리는 자르지말고 감아서 분에 넣는다.

③ 분은 배양분을 사용한다.

④ 뿌리뻗음이 약간 보이도록 얕게 심는다.

⑤ 심은 후 표면에 수태를 얇게 깔아주고 장마 직전에 걷어낸다.

⑥ 분에 심은 후 처음 관수할 때는 분에서 맑은 물이 흘러나올 때까지 계속 관수한다.

⑦ 그외는 분갈이 요령에 준한다.

⑧ 분올림과 동시에 철사걸이를 절대로 해서는 안된다.

(※ 정면을 결정하고 심는 위치, 심는 요령도 분갈이 편을 참조하기 바란다)

굵은 뿌리는 톱으로 자른다(잘린면이 아래로 향하도록) ①

뿌리가위로 따내는 모습 ②

《손질전》

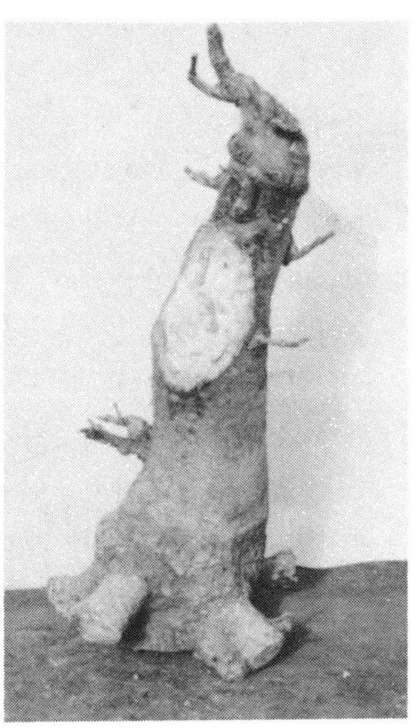

손질이 끝난 매화소재 ③

그림 9 - 2 분올림시 뿌리손질

2 분갈이(repotting)

분올림한 것이나 분에서 배양되고 있는 것을 매년 또는 3～4년마다 새 분토로 같은 분이나 다른 분에 갈아 심는 것을 분갈이라고 한다.

(1) 분갈이의 목적

① 분토가 오래되면 미량요소가 부족되고 비료의 흡수가 잘 안되기 때문이다.

② 분토의 표면이 딱딱해지고, 물이 분 전체에 잘 스며들지 않으므로분갈이를 해서 분토 전체에 골고루 수분이 스며들게 하고 충분한 수분공급과 산소의 공급을 해주므로서 분수의 생육을 조장시킨다.

③ 분에 심은지 오래되면 뿌리가 분 속에 꽉차서 토양속의 공극이 감소된다. 그러면 새뿌리가 자랄 공간도 없으며 배수, 통기가 잘 안되고 심하면 뿌리가 고사하게 된다. 또 뿌리 끝에 세력이 집중되어 잔뿌리의 발생도 잘 안되고 노쇠하므로 분갈이를 하여 긴 뿌리, 죽은 뿌리, 도장한 뿌리를 잘라서 잔뿌리의 생육을 좋게하며 잔가지의 발생도 많게한다. 그리고 새뿌리를 발생시켜 뿌리도 젊게하고 활성을 주어 신진대사를 더욱 왕성하게 한다.

(2) 분갈이의 횟수 : 일반적으로 분갈이는 대개 뿌리가 분속에 꽉차서 배수가 불량해지기 시작할 때를 분갈이 시기로 본다. 물론 분의 크기, 분토의 종류, 분수의 종류와 수세의 강약, 비배관리의 좋고 나쁨에 따라 시기가 달라지지만 일반적인 표준은 다음과 같다.

① 송백류 : 어린나무는 2년마다, 어느정도 성목이된 것은 3～5년에 한번씩 분갈이 한다.

해송, 소나무, 가문비, 금송, 섬잣나무, 낙엽송, 삼나무, 노간주나무, 주목, 솔송나무, 편백, 진백.

② 낙엽수류 : 어린나무는 매년, 성목은 2년에 한번씩, 노목은 3년에 한번씩 분갈이 한다.

매화, 벚꽃나무, 영춘화, 납매, 명자나무, 산사나무, 해당, 자귀나무, 목백일홍, 석류나무, 등나무, 느티나무, 너도밤나무, 참느릅나무, 소사나무, 단풍나무, 당단풍나무, 담쟁이덩굴, 은행나무, 낙상홍, 애기사과, 배나무, 감나무, 심산해당, 장수매, 검양옻나무.

(3) 분갈이의 시기 : 분갈이의 시기는 나무의 종류와 그 지방의 기후에 따

라 달라지지만 새눈이 움직이기 직전이 가장 좋다.

나무가 동면에서 깨어나고 활동을 개시하는 시기이므로 서툰 사람이 하여도 별로 실패가 없다. 대개 3월 중순에서 4월 중순이 된다.

① 송백류

- 섬잣나무는 4월초순에서 중순이 최적기이다.
- 해송은 4월 하순에서 5월상순이 적기이다.
- 삼나무, 노간주나무는 4월하순에서 6월상순까지가 적기인데 5월중하순이 최적기이다.

② 낙엽수류

- 매화, 납매, 영춘화와 같이 이른봄에 꽃이 피는 것은 꽃이 끝나는 직후가 좋다. 그렇지 않으면 가을에 분갈이 한다.
- 당단풍과 같이 봄 일찍 눈이 트는 것은 잘 살펴서 눈이 트기전에 한다.
- 단풍나무, 소사나무, 애기노각, 느티나무 등 당단풍 다음으로 눈이 트는 것은 잇따라 분갈이를 하는데 눈이 트기 전에 한다.
- 명자나무, 장수매는 뿌리혹병때문에 봄에 분갈이 하지 않고 가을에 한다. 벚꽃나무, 감나무도 가을분갈이의 결과가 좋다.

기후관계나 사정에 의해 봄에 분갈이를 못하고 때를 놓친 것은 장마때 잎따기를 하고나서 분갈이를 해도 무방하며 (잎따기 가능한 나무에 한해서) 가을에 분갈이를 하는 경우도 있다. 그리고 한여름과 한겨울에는 분갈이를 해서는 안된다.

(4) **분갈이 방법** : 분재는 보는 사람으로 하여금 아름다움과 안정감이 있어야 하므로 표리(表裏)와 전체의 조화를 위하여 일정한 원칙에 의해 심는다.

① 표리(表裏)

㉠ 수간선(樹幹線)이 가장 아름답고 그루솟음새와 뿌리뻗음이 좋은 안정감이 있는 쪽이 정면이 되어야 한다.

㉡ 그루솟음새와 줄기의 곡이 안으로 굽은 쪽과, 수관도 앞으로 기운 쪽이 정면이 된다.

㉢ 다간수형의 주간은 앞으로 기울도록 하고 가는 줄기는 뒤에 있도록 정면을 정한다.

ⓔ 사리간(舍利幹)의 경우는 곡선이 아름다운 쪽을 정면으로 한다.

이와같이 정면을 정할 때 잔가지와 잎은 변화시킬 수 있으므로 변화시키기 힘든 수간, 그루솟음새, 뿌리뻗음을 주 표적으로 하여 특성이 있고 안정감이 있으며 멋이 있는 쪽을 정면으로 하여야 한다. 수자(樹姿)에 결함이 있는 것은 적기에 전정, 철사걸이, 가지접목등으로 수정을 가해나가도록 한다.

② 분수의 방향과 심는 위치 : 나무를 분에 심을 때의 기본조건은 정면에서 볼 때 가지의 뻗음이 자연스럽고 조화가 되어야 한다.

그리고 분재는 대자연을 상징하는 것이므로 분수의 중심을 잘 배치해서 분위에 공간이 적절히 표현되어야 한다.

☆ 수간의 위치

- 가지가 길게 뻗은 쪽을 넓게 잡는 것이 원칙이다. 그림 9−3과 같이 수간의 중심은 옆에서 볼 때 중앙선의 바로 뒤에, 앞에서 볼 때는 좌우의 3 : 7 또는 4 : 6이 되는 안정감이 있는 위치로 한다.
- 수관이 기운 쪽을, 또는 수간이 기운쪽을 나무의 방향이라 하고 이쪽을 넓게 잡아 수간의 위치를 정한다.

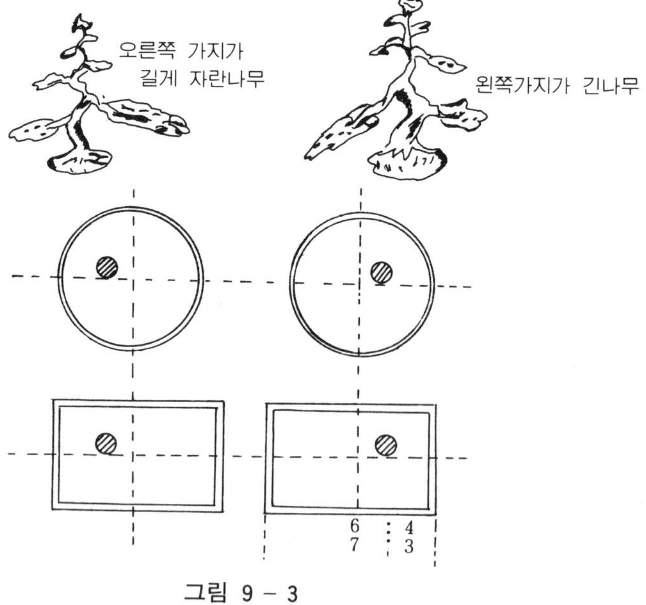

그림 9 − 3

- 군식이나 다간형일 때는 주간(主幹)을 기준으로해서 전체가 한나무인 양 간주하여 수간의 위치를 잡는다.
- 현애는 뿌리뻗음이 보이도록 하고 수간의 선이 아름다운 쪽을 정면으로 하여 분 중앙이나 조금 앞쪽으로 위치를 잡아 심는다.

③ 분갈이 순서

　㉠ 분갈이를 한 분은 하루 정도 물을 주지 말고 분토를 말려 놓는다. 분토가 젖어 있으면 흙이 잘 떨어지지 않고 엉켜있는 뿌리를 정리하기가 힘들며 잔뿌리를 상하게 하기 쉽다.

　㉡ 심은 지 오래된 분은 분수(盆樹)가 잘 빠지지 않으므로 대꼬챙이로 분 가장자리를 판다.

　㉢ 수간의 수피를 상하지 않도록 분수를 잡을때 주의하며 분을 3～4회 탕탕쳐서 분수를 뽑아낸다.

　㉣ 대꼬챙이나 갈퀴로 엉켜있는 뿌리와 분토를 털어내면서 정리한다. 이 때 잔뿌리가 상하지 않도록 조심스럽게 다루어야 한다. 엉킨뿌리를 빗질하듯 훑으면 뿌리를 덜 상하게 한다.
　　뿌리분(root ball)을 $\frac{1}{3}$내지 $\frac{1}{2}$정도 턴 후 잘드는 가위로 남은 뿌리분 가장자리에서 뿌리의 단면이 아래로 향하도록 뿌리를 잘라낸다.

　㉤ 이 때 뿌리뻗음도 교정한다.

　㉥ 분수에 잘 어울리는 분을 선택한다.

　㉦ 분 배수구에 망을 깔고 나무를 고정시킬 철사를 분바닥에서 뽑아 올려놓는다.

　㉧ 배수가 잘 되게 굵은 1호토를 분 높이의 $\frac{1}{5}$정도로 골고루 깐다.

　㉨ 2호토를 분의 $\frac{1}{3}$정도 높이로 넣는다. 이때 뿌리분의 바닥과 분토가 밀착이 잘되도록 분수를 심을 위치는 가운데가 높게 해준다.

　㉩ 분수를 올려놓고 높이를 조절한다.

　㉪ 분수를 분토에 밀착시키고 철사가 눈에 띄지않게 뿌리를 고정시킨다.

　㉫ 분토를 반정도로 넣은 뒤 대꼬챙이로 뿌리 사이에 흙이 잘 들어가도록 조심스럽게 밀어 넣어준다.

ⓜ 계속해서 분토를 채우고 작은 솔로 분토 표면을 고르게 한뒤, 분토
를 다져서 분토가 분가장자리보다 조금 낮게 되도록 한다.
이때 고무망치로 분을 두드려서 분토(盆土)를 안착시키는 것도 좋
은 방법이다.

ⓗ 3호토 즉 화장토를 2호토가 보이지 않도록 깔고 솔로 고른 후,
관수를 하는데 분의 배수구멍에서 맑은 물이 흘러나올 때까지 계속
한다.

(1) 3 ~ 4년 분갈이를 하지 않으면 분토의
표면이 매우 딱딱해져 있고 위로 치솟
아 있다.

(2) 줄기를 잡고 분을 3 ~ 4번 친후 뽑아
올린다.

(3) 분재용 갈퀴나 대꼬챙이로 뿌리와 분토
를 훑어낸다.

(4) 뿌리분 전체의 1/3정도를 털어낸다.

(5) 뿌리뻗음이 잘나타나도록 뿌리분 표면도 조심스럽게 긁어낸다.

(6) 뿌리전체의 1/3정도를 잘라낸다. 이때 뿌리의 단면은 아래로 향하도록 자른다.

(7) 뿌리 정리가 완료된 모습. 이때 다음 작업을 준비할 때까지 뿌리가 마르지 않도록 분무를 해서 비닐 등으로 감싼다.

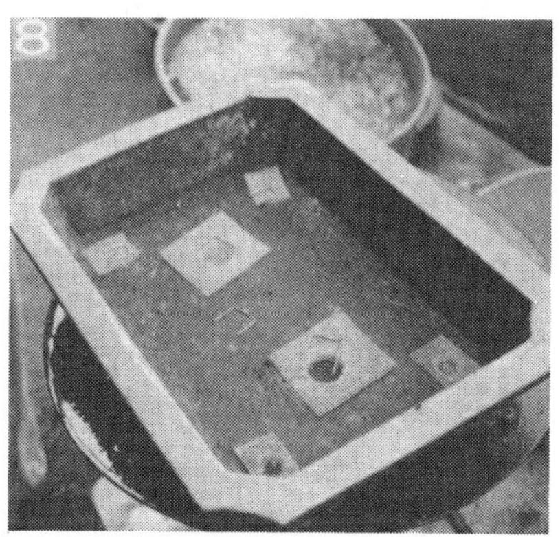

(8) 분의 배수구멍에 망을 깐다.

(9) 망이 움직이지 않도록 철사로 고정시킨다.

(10) 나무를 고정시킬 철사를 분바닥에서 뽑
아 올린 후 굵은 분토 (1 호토)를 넣는다.

(11) 분의 1/5정도 넣은후 고루 깐다.

(12) 뿌리 분 바닥과 분토가 잘 밀착되도록
2 호토를 심을 위치에 가운데가 높게 넣
는다.

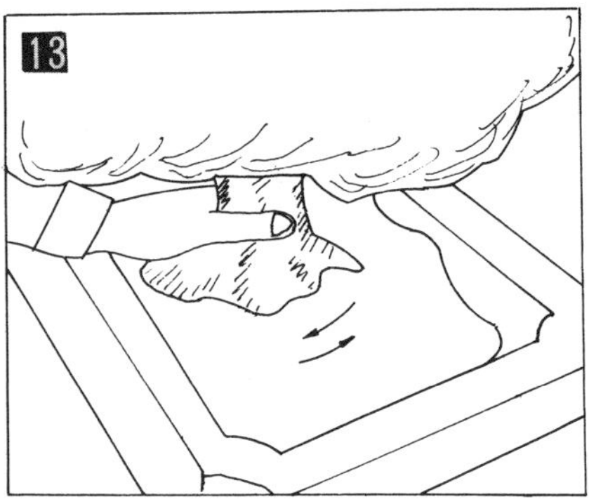

(13) 줄기를 잡고 뿌리분을 앞뒤로 돌리면서
밀착시킨다.

(14) 나무가 흔들리지 않도록 철사로 묶는다.

(15) 2호토를 다시 넣고 대꼬챙이로 뿌리사이 사이에 잘밀어 넣는다.

(16) 분을 전후 좌우로 돌려가면서 분토를 밀어넣는 후 분토표면을 다져준다.

(17) 화장토를 깐후 솔로 분토표면을 고른다.

(18) 분밑 배수구멍에서 맑은 물이 나올 때까지 관수한다.

(19) 수태를 얇게 깐다.

그림 9 - 4 분갈이 순서

④ 분갈이 후의 관리

  ㉠ 적기에 분갈이한 것은 바람이 불지않고 햇볕이 잘드는 곳에 활착
    때까지 관리한다.

  ㉡ 적기가 아닌 시기에 분갈이한 것은 방한(防寒), 차광, 방풍을 하
    여 착근이 될 때까지 보호관리를 한다.

  ㉢ 엽수는 매일 3 ~ 4 회 정도 해주고, 관수는 분토가 $\frac{1}{2}$이상 마르면
    한다.

  ㉣ 분갈이 후 1개월 동안은 거름주기를 절대로 해서는 안된다.

  ㉤ 3 ~ 4 주 정도 경과하면 대개 활착이 되는데 이때부터 연한 거름
    을 주 1회정도 준다.

❷. 정형 (整形), 정자 (整姿)의 기본

　분재는 대자연의 아름다움을 신변 가까이 두는 것이므로 좋은 분재를 창작하려면 항상 자연에 접하여 잘 관찰하고 사계절의 변화와 거기에　나타나는 식물의 특징이나 독특한 정서등을 파악하는 것이 중요하며,　여기에 자신의 분재기술, 심미안 등을 가미하여 보다 아름다운 자연경관을　창출하는 것이다.

　수목은 꼭 같은 형 (形)은 없으며 제각기 다른 형을 하고 다른　장단점을 갖고 있다. 그러므로 그 나무 본래의 수형의 흐름을 역행하지말고 개성미를 살려서 수형을 정돈하며 보는 이로 하여금 자연의 아름다움과 어떤 정감이나, 정취를 일으키게 하는 그러한 분재를 창출하는 것이 바른 분재기술이다. 즉 자연스럽고 인공적인 무리가 엿보이지 않으며 멋이 있는 분재라야 한다는 것이다. 이러한 좋은 분재는 분재를 창작하는 사람이나, 또는 분재를 구입하여 감상하는 사람에게 즐거움과 긍지를 느끼게 하고 이 분수에 둘러 쌓인 아름다운 자연경관을 연상케하며 감상후에도 감동을 남게 한다. 그리고 실제로는 작은 분수이지만 큰나무로 보이게도 한다.

　이러한 조건을 만족시킬 수 있는 분재란 어떠한 것인지 구체적으로 고찰해 보자.

수세를 충분히 올려놓기 위해 손질을 하지 않고 그대로 키운 상태

이나무의 개성미를 최대한으로 살려서 정형 정자한 후의 모습.

그림 9 - 5

그림 9 - 6 잔가지가 잘 발달되어 작은 나무이면서도 고목의 형상을 잘 나타냄

1 생명감과 개성미
(1) **자연스럽고 생동감을 느끼게 해야한다**.

자기 마음대로 제작하려고 함부로 나무를 다루면 오히려 수목 본래의 아름다움을 잃게 되고, 생명력을 발휘 못하게 되며, 약동감을 상실하게 된다.

(2) **그 나무가 갖고 있는 특유한 개성미를 살려야 한다.**

해송은 해송답도록 호장웅대하게, 매화는 매화답게 우아하게 표현하며, 상엽분재는 섬세한 잔가지에 스쳐가는 바람을 느끼게 하고, 수피의 무늬가 섬세한 것은 소품분재로, 황피성인 것은 대분재로 만들어야 개성미를 더욱 강조할 수 있게된다.

2 안정감
(1) **뿌리뻗음이 좋을 것**

뿌리가 사방으로 잘 뻗고 분수의 중심 (重心)이 아래로 내려와서 중량감과 안정감이 있어야 한다.

⑵ 그루솟음새가 힘차고 줄기의 흐름이 고른 것

줄기의 밑둥인 뿌리에서 줄기에 이르는 그루솟음새가 힘차고, 줄기가 점차 가늘어져 자연스러워야 한다.

그림 9 - 7 그루솟음새를 좋게하고 줄기를 굵게 하기 위해 아랫가지를 도장시
키고 있다.

손질이 전혀 안된 상태

수관선이 부등삼각형을 이루도록 정자를 하
여 가지 배열을 잘한 모습.

그림 9 - 8

그리고 가지의 배열도 전후좌우로 뻗고 잔가지가 끝으로 갈수록 섬세하며 전체의 윤곽이 바닥이 넓은 부등면 삼각형을 이루면 안정감이 있다.

③ 불균등 (不均等) 의 균형 (均衡) 과 조화 (調和)

좌우대칭형 (左右対稱形)은 기하학적인 아름다움과 물리적인 힘의 균형은 있으나 여운 (余韻)이 없고 빨리 싫증이 나기 쉽다. 그러나 산야의 노거목 (老巨木)의 아름다움은 불균등의 정신적인 균형을 자아내는 아름다움이 있다.

① 줄기의 장단, 가지의 대소장단과 배열

② 가지, 잎, 꽃, 열매 등의 다소, 고저의 공간적 배치

③ 줄기, 가지, 잎 등의 원근감

이러한 것이 서로 조화를 이루며, 균형을 유지하므로 해서 보다 크게 무한한 넓이를 느끼게 하는 것이다.

④ 공간 (空間)

공간은 인공적인 작위 (作為)를 억제하여 자연스러움을 나타낼 수 있는 가장 좋은 방법이다.

분재에 있어서도 뿌리와 줄기, 줄기와 가지, 가지와 가지, 가지와 잎, 잎과 잎 사이에 그 나무 특유의 공간이 없어서는 안된다. 이 공간을 두는 요령은 자연을 참고로 하는 수 밖에 없다. 창작자의 심미안과 그 나무가 지닌 생리와 성질을 이해하므로써 시원스러운 공간이 있는 분재를 창작할 수 있다.

그림 9 - 9

5 입체감 (立體感)

　분재는 살아있는 생명체이므로 평면적이 아니고 입체적이어야 한다. 사람의 눈은 수평으로 되어 있으므로 좌우의 가지에 의한 선(線) 보다 뒷가지의 선에 의해서 입체감을 느낀다. 그러므로 분재에 있어서 뒷가지는 깊이를 표현하는 중요한 요소이며 이 뒷가지가 만드는 깊이에 의해　무한한 천지를 상상하게 된다.

　분경이나 군식에 있어서 원근감을　중요시하는 이유도 여기에 있다.

❽. 정형, 정자의 기술

1 정지(整枝)

　자연수는 바람, 비, 눈, 추위와 더위등의 자연환경풍토에 의해　정지가 되지만, 분재는 어린나무를 빨리 노목화시키기 위해 신장시켜서는 자르고, 또는 신장을 억제하기 위해 순치기, 잎따기를 한다.

그림 9 - 10 잔가지가 잘 발달되어 있는 자연상태의 고목

분재의 정지 가지치기를 하여 잔가지를 많이 나게하거나, 굵은 뿌리를 잘라서 잔뿌리를 많이 나게 한다든지, 또 노목의 신진대사를 촉진시켜 젊게 만드는 등 모든 것이 사람의 손에 의해 이루어져야 한다.

아름다운 분재는 바른 정지와 배양에 의해서 자연스럽게 이루어지는 것이므로 정지 기술은 수세의 균형을 도모하고 수목이 지니고 있는 개성미를 강조하는데 있어서 가장 중요한 작업이다.

수목의 생장습성은 그림 9 −11과 같이 눈의 위치에 따라 강약이 다르고, 가지의 각도에 따라서도 강약이 다르다.

수목을 그대로 방치하면 수관 부위의 가지만 도장하고 아래 쪽의 가지들은 약해져서 차츰 고사하게 된다.

그러므로 순치기, 가지치기, 철사걸이등으로 가지가 도장(徒長) 하거나 마르는 것을 방지하고 가지마다의 세력을 균등화하여 10년생 나무라도 수십년생의 수형으로 가 꿀 수 있는 것이다.

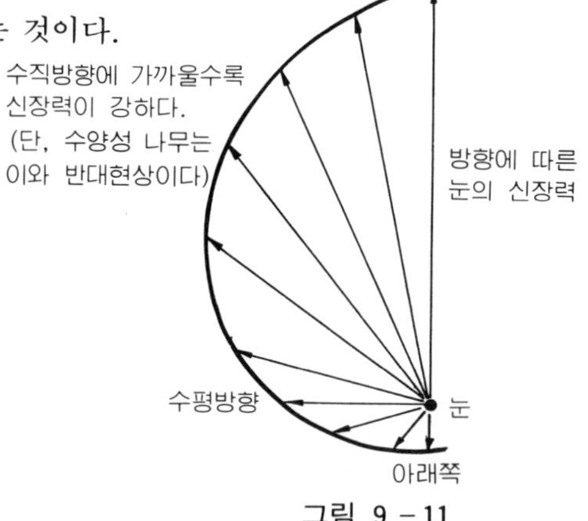

그림 9 −11

2 꺼리는 가지와 꺼리는 수형

초심자나 경험이 많은 사람이나 누가보아도 좋은 분재라고 판단되는 나무에는 이 꺼리는 가지나 수형은 없으며, 이와같은 가지는 분재의 생명이라고 할 수 있는 통일과 조화의 미를 저해할뿐 아니라 보는 사람으로하여금 불쾌감을 자아내게 하기도 한다.

또한 식물생리면에서도 꺼리는 가지는 균형있는 생육을 방해하는 결과가 되므로 좋지 않다. 훌륭한 분재를 창작하려면 이러한 꺼리는 가지는 일

찍 제거하거나 교정하여 분수의 균형있는 생육을 조장하고 아름다운 수형
으로 가꾸어 나가야 한다.

(1) **평행지**(平行枝) : 줄기의 동일평면에서 2개의 가지가 경쟁을 하듯 뻗
고 있는 상태를 말한다.

자연의 노목이 동일평면에서 2개의 큰 가지를 뻗고 있는 것은 볼수 없
으며 평행지가 있으면 매우 부자연스럽게 된다.

한쪽 가지를 제거하는데 너무 넓은 공간이 생길 때는 짧게 백골을 내면
좋다.

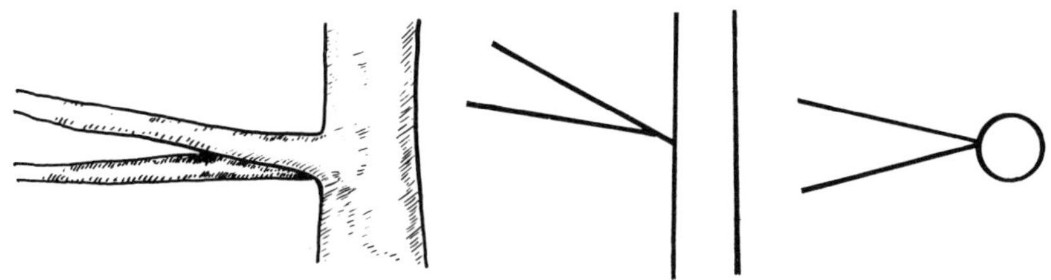

그림 9 - 12 평행지

(2) **중복지**(重複枝) : 윗 가지와 아랫가지가 나란히 가까운 간격에 있는 상
태를 말한다. 이 경우 아랫 가지는 일조가 나빠 잔가지는 쇠약해지고 심
할 경우에는 고사하기도 한다. 상하 좌우의 가지와의 조화를 고려하여
한 가지는 제거하거나 백골을 만들어 남기는 경우도 있다.

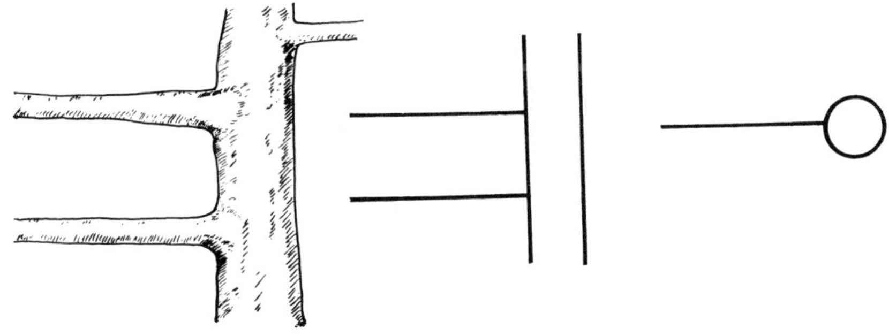

그림 9 - 13 중복지

(3) **교차지**(交叉枝) : 두 가지가 서로 교차하는 상태를 말한다. 철사걸이로
교정하든지, 교정이 안될 경우에는 한쪽 가지를 제거해야 한다.

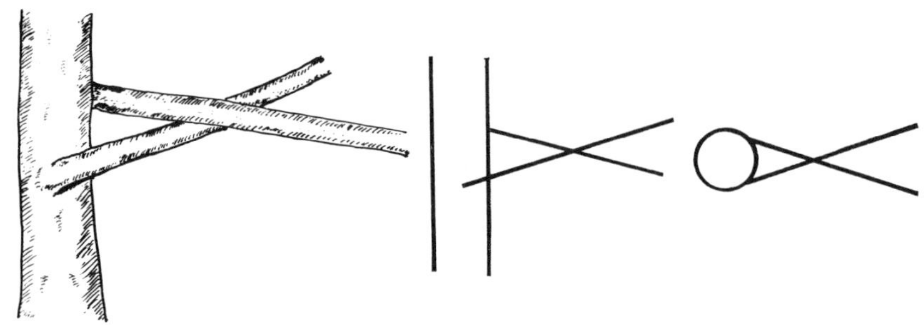

그림 9 - 14 교차지

⑷ **마주나기 가지**(対生枝) : 동일평면에서 좌우 또는 전후로 180° 가까운
위치에서 마주 뻗고 있는 상태를 말한다. 이러한 가지를 그대로 두면 마
주난 가지에 세력이 집중되어 이 가지 위의 줄기는 가늘어지고 또 이
가지가 나온 부위의 줄기가 혹처럼 굵어지므로 수형과 수자를 망가뜨리
게 되는 원인이 된다. 주위의 가지와의 조화를 고려하여 한 가지는 제
거한다.

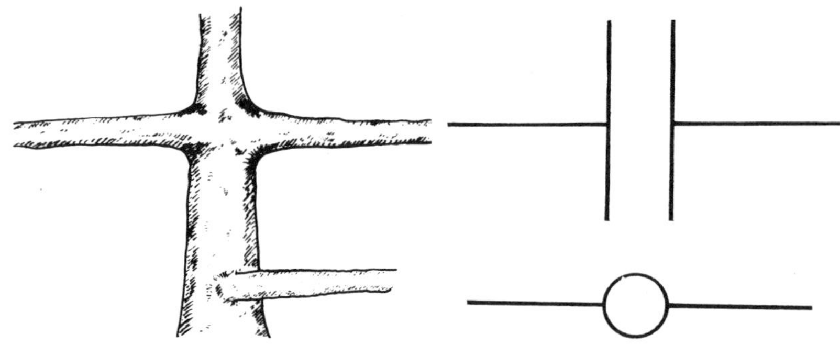

그림 9 - 15 마주나기 가지

⑸ **돌려나기 가지**(車輪枝) : 마주나기 가지가 몇 개 함께 나와있는 것과 같
이 동일 평면에서 여러개의 가지가 사방으로 뻗어 있는 상태를 말한다.
한 가지만 남기고 다른 가지는 제거한다. 너무 공간이 많이 생기면 90°
각도의 가지는 한개 더 남겨 두어도 무방하다.

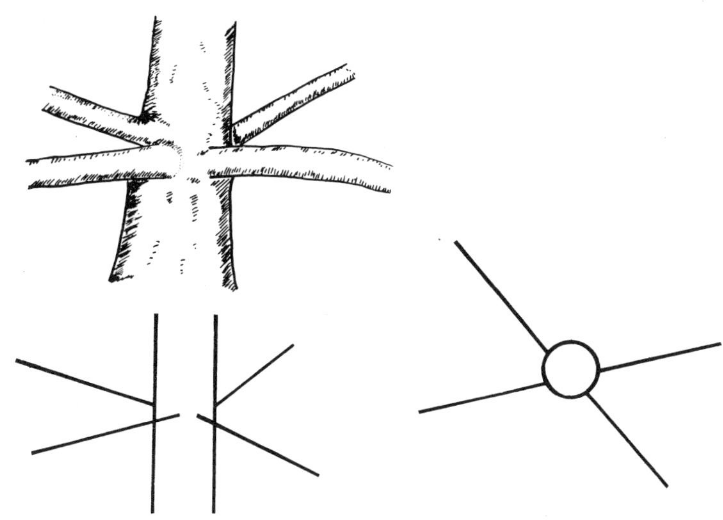

그림 9 - 16 돌려나기 가지

(6) **앞가지** (前出枝) : 분수의 정면에서 앞으로 뻗어있는 가지인데 관상하는
사람을 찌르는 것 같아 좋지않다. 분재에서는 줄기나 주지가 어느정도
보이는 것이 바람직한 것인데 앞으로 뻗은 가지가 이것을 가려버리면 좋
지않다. 너무 공간이 커서 조화가 안될 때는 짧게 남겨두거나 방향을 약
간 교정하는 방법도 있다.

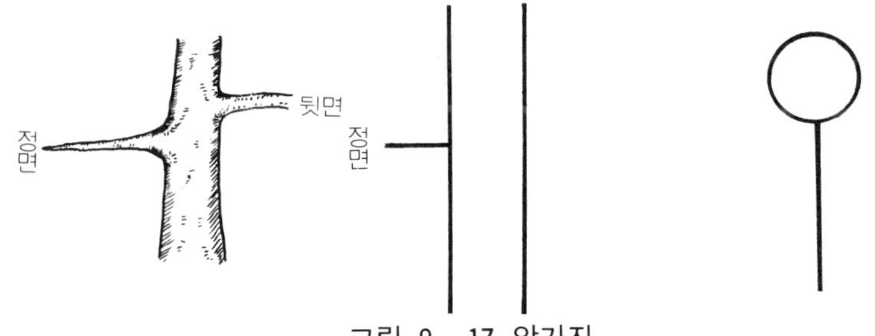

그림 9 - 17 앞가지

(7) **역행지** (逆行枝) : 가지는 원래 줄기를 중심으로해서 방사상 (放射狀) 형
태로 뻗어 나가는 것이며, 잔가지들도 역시 밖으로 뻗는 것이 정상이다.
그런데 간혹 안을 향하여 뻗는 역행지가 있는데 이것은 정상지가 아니
며 일조와 통풍에 방해가 된다. 보기에도 좋지 않고 수격을 저하시키므
로 교정을 하거나 안되면 제거한다. (그림 9 - 18 참조)

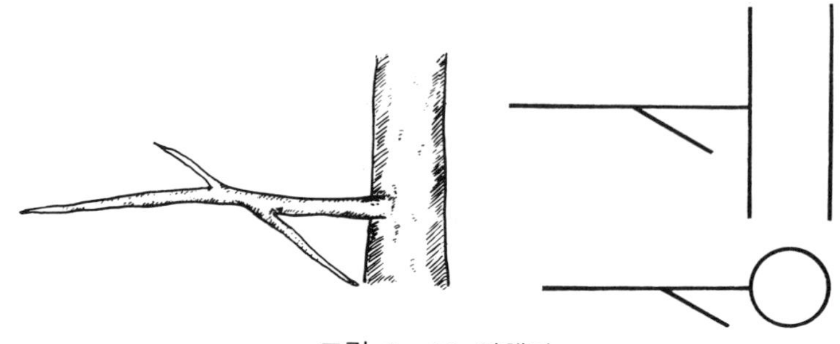

그림 9 - 18 역행지

(8) **절간지** (切幹枝) : 줄기를 가로질러 뻗은 가지인데 미관을 해치므로 교정하거나 안되면 제거해야 한다. 간혹 가지가 없는 쪽으로 돌려서 가지가 고루있는 것처럼 만든 분재를 보는데 이것은 잘못이다.

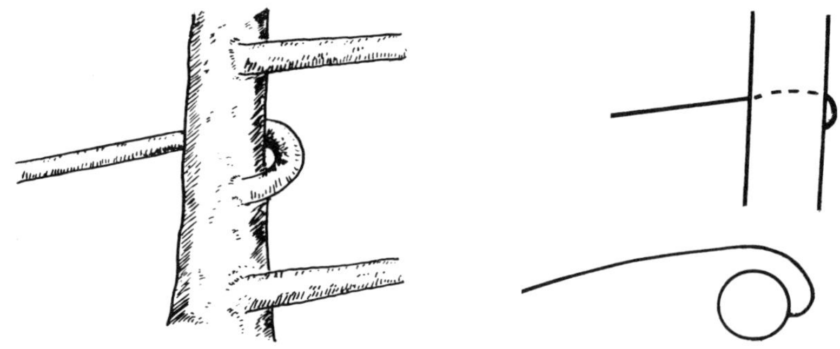

그림 9 - 19 절간지

(9) **상향지** (上向枝) : 줄기나 가지에서 수직에 가까운 각도로 뻗은 가지인데 도장지 (徒長枝)라고도 한다. 수평지에서 수직으로 선가지나, 줄기와 평행하듯 자라는 가지는 미관상 좋지못할뿐 아니라 도장하기 때문에 다른 가지의 균형있는 발육을 저해하는 원인이 된다. 이런 가지는 일찍 제거하거나 짧게 잘라서 2 차지를 수평지로 유인하는 방법도 있다. 애기사과류는 화아분화가 완전하게 끝나는 6 월말경까지 이 도장지를 그대로 두었다가 단지 (短枝) 끝의 눈이 갈색으로 되면 그 때 잘라야 한다.

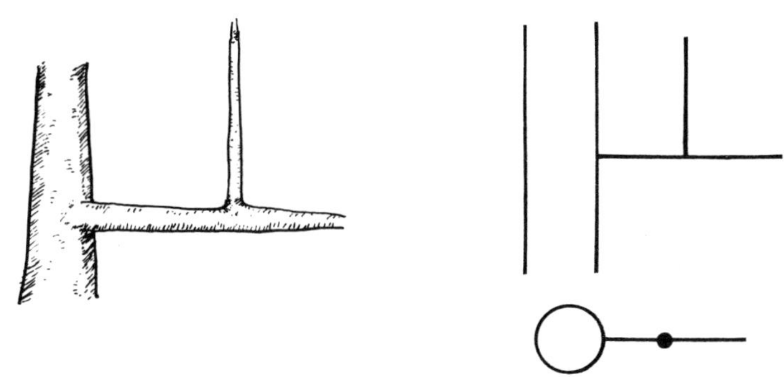

그림 9 - 20 상향지

(10) **하향지**(下向枝) : 하향지에는 두가지가 있다. 주지(主枝)가 아래로 향
하는 경우와 주지에서 나온 이차지가 아래로 향하는 경우이다. 소나무
분재에 있어서는 주지(主枝)를 유인하여 하향지로 만들어 고목의 정취
를 자아내게 한다. 주지에서 뻗은 2차지가 아래로 향하는 것은 미관상
좋지 못하고 통풍만 방해하는 결과가 되므로 제거한다.

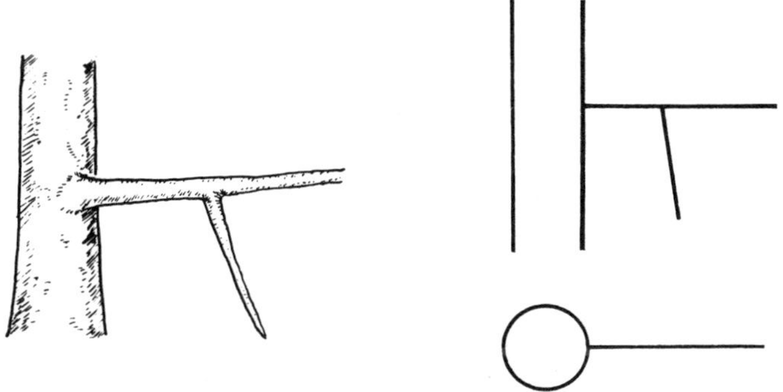

그림 9 - 21 하향지

(11) **일방지**(一方枝) : 수목은 줄기를 중심으로 해서 방사상으로 가지가 뻗
어 있는 것이 보통이다.

분재는 수간의 감상을 위해 정면의 가지는 제거 또는 짧게하고, 좌우와
이면의 가지는 어긋나도록 뻗게하여 조화를 이루는 것이 일반적인 정지
방법이다. 한쪽으로 연속하여 가지가 뻗고있는 것은 수자가 불안정할 뿐
만아니라 보기에도 좋지 못하다. 이런 경우는 좌우의 조화를 고려하여
제거하거나 군식용 소재로 사용하기도 하며 풍향수 소재로도 활용할 수
있다.

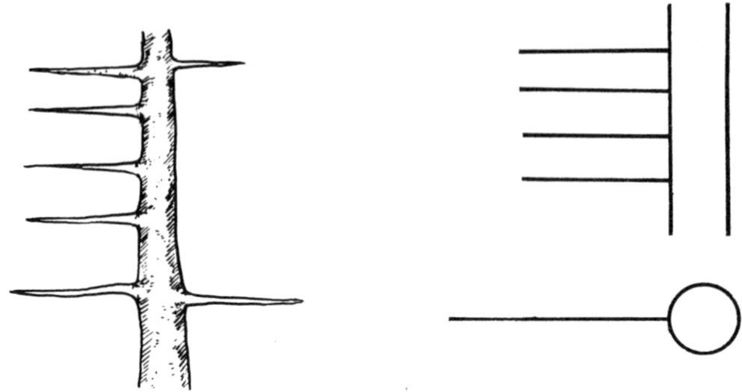

그림 9 - 22 일방지

(12) **U자형쌍간** : 쌍간에서 두 줄기가 U자형으로 갈라진 것은 미관상 좋지
못하므로 V자형으로 교정하거나 L자형으로 교정하여 수평으로 된 쪽을
가지로 만든다.

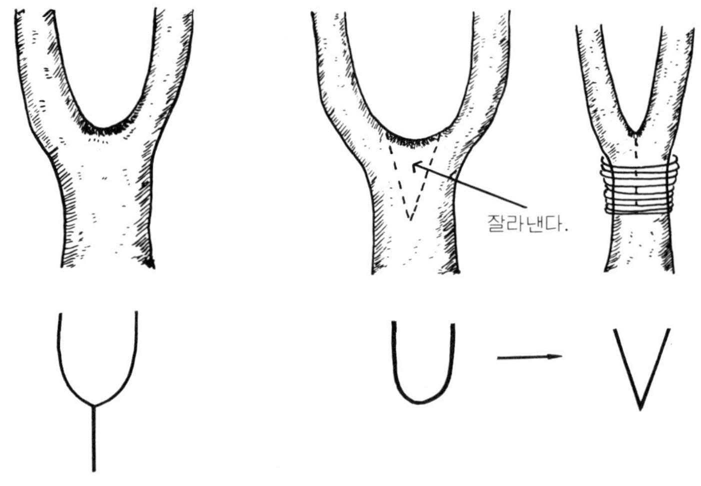

그림 9 - 23 U자형쌍간

(13) **수관심이 없는 수형** : 줄기의 끝 부위가 잘려나가고 없는 수형을 말한
다. 즉 생장점(生長点)이 없는 수형인데 수목의 생명력을 표현할 수 없
게 된다. 상부의 예각으로 나온 가지를 세워서 수관심으로 하든지 아니
면 끝 부위를 깎아서 백골화하여 수관심으로 대치하는 경우도 있다.

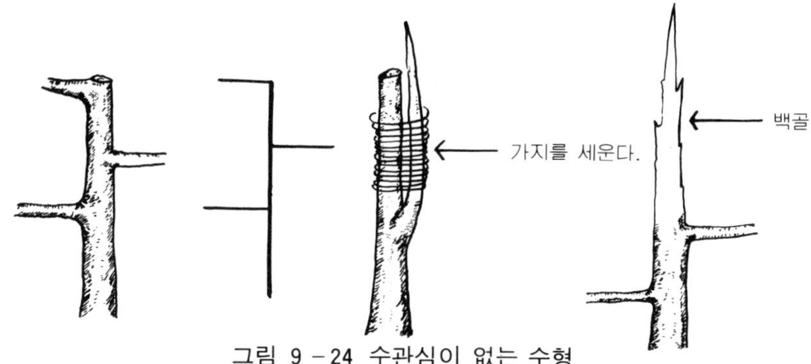

그림 9 - 24 수관심이 없는 수형

⒁ **파상곡선의 수형** : 줄기나 주지를 철사걸이 해서 파상(波狀) 곡선으로
만들어 놓은 것인데 이러한 굴곡은 불안정하고 미관상 좋지 못한 느낌
을 준다. 철사걸이할 때 각별히 주의해야 한다.

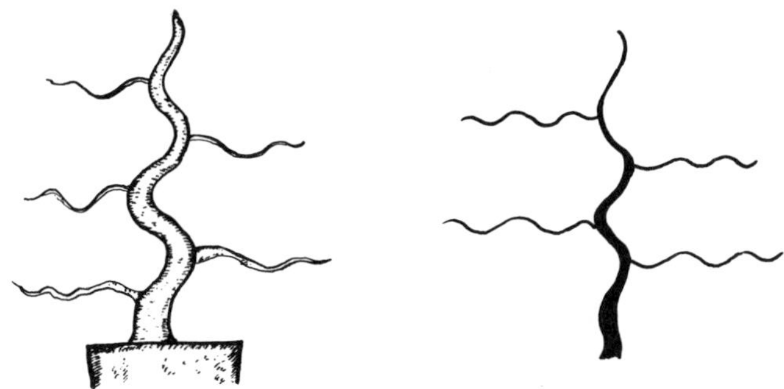

그림 9 - 25 파상곡선의 수형

⒂ **우수간 (偶数幹)** : 총생간이나 군식할 때 줄기의 수가 짝수일 때는 자연
스러움이 없고 미관상 좋지 않다. 조경에
서도 자연경관식재를 할때는 부등변 삼각
형의 정점에 심는다. 분재도 이와 마찬가
지로 10 개 이상의 수간이 있을 경우는 상
관이 없지만 9 개 이하의 경우는 홀수가
되도록 하는 것이 좋다.

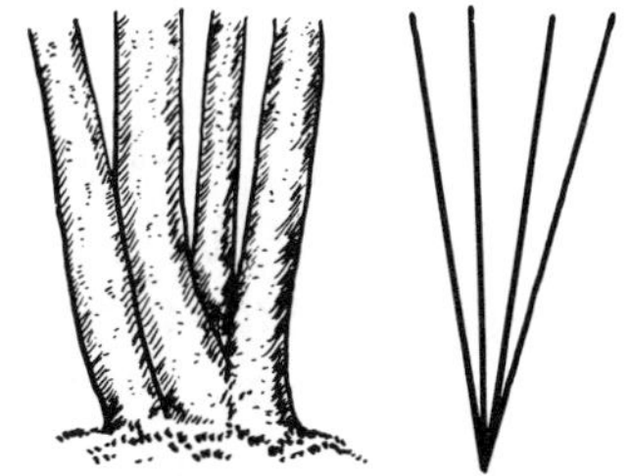

그림 9 - 26 우수간

⒃ **일방근 (一方根)** : 한쪽으로 굵은 큰뿌리가 뻗어있는 수형이다. 사간이나
현애수형에 있어서는 오히려 좋은 뿌리뻗음이 될 수 있으나 직간, 곡간,

쌍간등 수간이 비교적 수직에 가까운 수형에서는 한쪽으로 넘어질 듯한
불안정한 느낌을 주므로 좋지 못하다.

그림 9 - 27 일방근

⒄ **수곡이 앞으로 튀어나온 수형** : 일반적으로 분수의 정면을 정할 때 수
곡 내측(樹曲內側)이라고 하여 수간의 첫번째 굴곡은 안으로 굽어야하고
정면을 향해 튀어나와서는 미관상 좋지못하다. 간혹 이러한 수형의 분
재를 볼 수 있는데 가지의 뻗음이나 수관의 모양이 그 쪽을 정면으로 하
는 것이 좋게 보이므로 정면을 그렇게 하고 있다. 이것은 꼭 시정해서
새로 수형을 가꾸어나가야 한다.

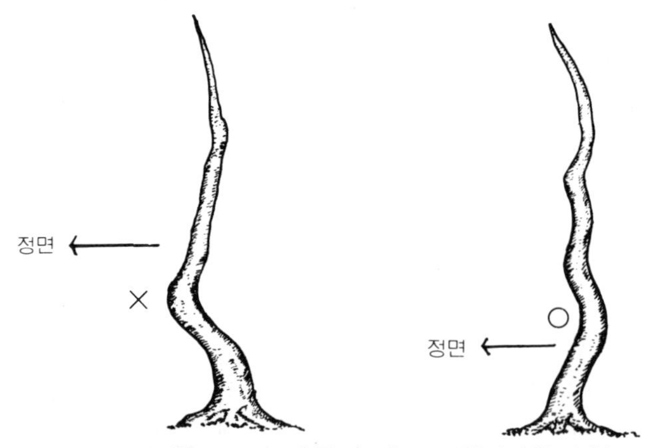

그림 9 - 28 수곡이 앞으로 튀어나온 수형

⒅ **배가지** : 철사걸이를 하여 수형을 교정하다 보면 마음대로 잘 안되는데
특히 굵은 줄기는 굴곡을 넣기가 무척 힘든 경우가 많다. 이러한 분재에
서 허다하게 발견할 수 있는 것이 줄기에서 뻗는 가지가 곡의 등에 위치
하지 않고 굽은 안쪽 즉 배에 위치한 것이다. 식물생리상에도 맞지않고
미관상에도 좋지 못하다. 배에서 나온 가지는 제거하거나 줄기의 굴곡
을 교정해야 한다.

그림 9 - 29 배가지

③ 수목의 생장과 정지(整枝)

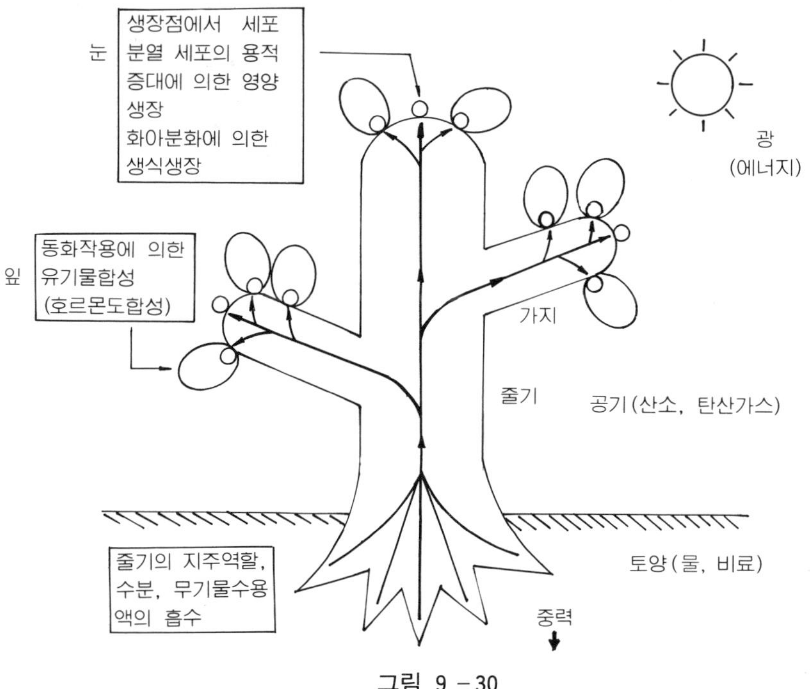

그림 9 - 30

(1) **나무의 생장과 습성** (習性)

① 눈의 강약 : 동일한 가지의 눈이라도 정아(頂芽)가 가장 강하고 아래로 내려갈수록 차츰 약해지며 하부의 눈은 휴면상태로 발아하지 않는다. 이것은 정아가 생장을 억제하는 호르몬을 만들어 아래로 보내기 때문이다. (그림 9 –32 참조)

② 가지의 강약 : 가지도 수직으로 뻗은 것이 가장 강하며 각도가 수평에 가까울수록 차츰 약해진다. (그림 9 –33 참조)

(2) **정지의 목적** : 분수를 순치기, 가지치기 등 정지를 하지 않고 그대로 방치해 두면, 세력이 강한 윗가지만 강하게 신장하고 아랫가지는 쇠약해서 말라죽게 되어 수형이 볼품 없는 형태로 변화하고 만다.

그러므로 분재에 있어서는 세력이 강한 가지는 순치기 가지치기 등으로 억제하고 반면에 약한 아랫가지에는 세력을 붙여 전체가지들의 세력을 균등화하고, 잔가지를 많게 하여 10년생의 나무라도 수십년생처럼 가꿀 수 있는 것이다.

그림 9 – 31 수관부로 갈수록 가지는 도장하고 아래쪽의 가지는 아주 약해져 있다. (애기사과)

4 전정(剪定)의 의의

(1) **전정과 왜화현상**

① 물리적 왜화 : 줄기나 가지를 자르면 자른것 만큼 수형이 물리적으로 축소되는데, 분재에 있어서의 전정은 이 물리적인 수형의 축소만이 목적이 아니다.

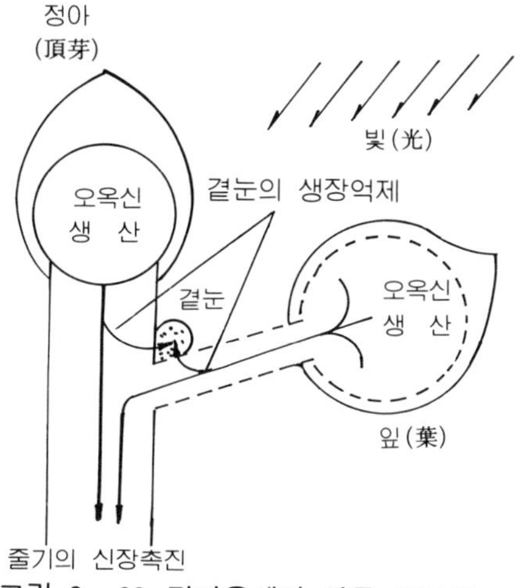

그림 9 - 32 정아우세와 식물 호르몬

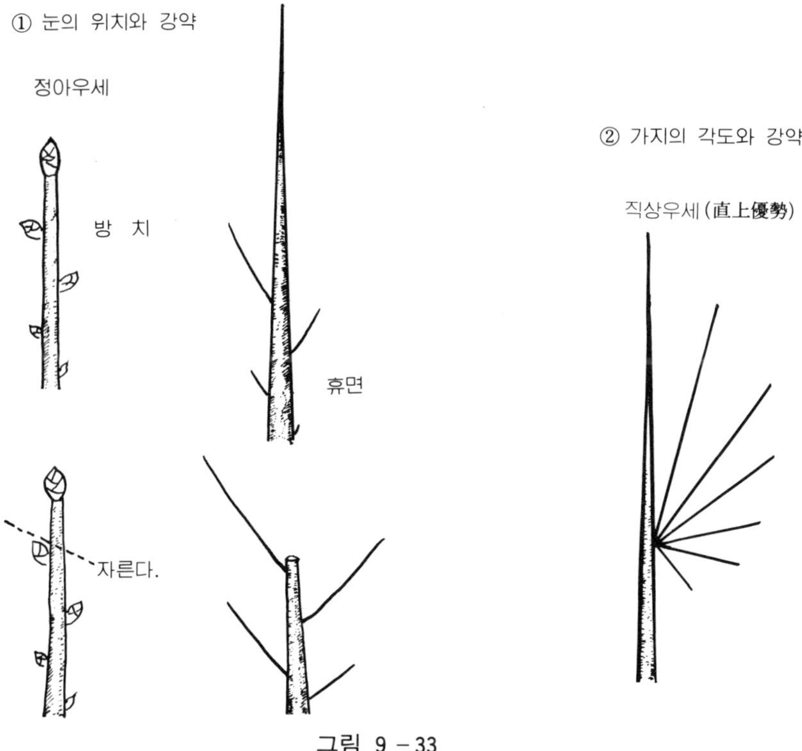

그림 9 - 33

그림 9 – 34 잔가지의 형성과 축소를 위해 자른 가지와 줄기를 굵게하기위해
도장시킨 가지의 비교

② 생리적 왜화 : 가지를 자르면 그 만큼 광합성 활동에 의해 생산되는
탄수화물의 양이 줄어지고, 또 새 가지가 많이 나오게 되므로 영양의
소모와 분산에 의해 생장이 자연히 억제되는 생리적 왜화현상이 나타
난다.
(2) **가지의 분기**(分岐) : 정지를 하므로 해서 수형을 축소시키는 목적 보다
더 큰 의의는 가지의 분기이다. 잔가지를 많이 발생시켜야 영양이 분산
되어 도장하는 것도 방지되고 노목의 수형으로 접근하게 되는 것이다.
가지를 전정하였을 때 잔가지가 불어나지 않고 한 가지만 2차지로 나
오면 이것은 손실만 입는 셈이 된다.
가지치기의 위치가 잘못되었거나 가지의 세력이 약하거나 할때 이런 현
상이 나타난다.

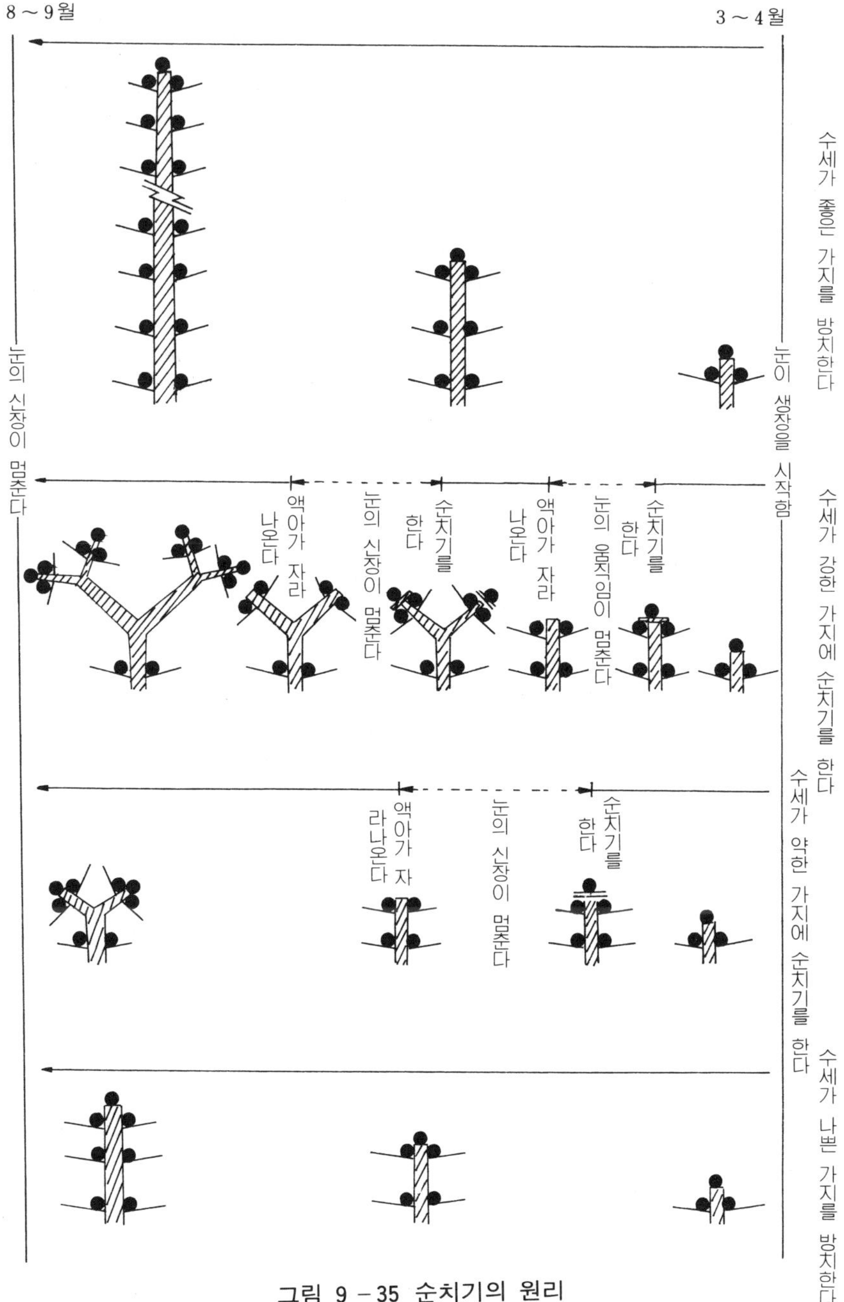

그림 9 - 35 순치기의 원리

(3) **가지의 곡과 방향** : 가지치기할 때 남는 가지의 끝눈이 2차지의 방향이
되므로 눈의 방향에 따라 자연스럽고 아름다운 굴곡을 만들 수 있다. 그
해에 자라나온 긴 가지를 철사걸이하여 굴곡을 만든 분재를 많이 볼 수
있는데 이것은 잘못이다. 아무리 굴곡이 있더라도 굵기가 비슷한 긴 가
지는 고목의 풍치가 없으며 그 곡은 자연스럽지 못하고 운치가 없다.
가지는 1차지에서 2차지, 2차지에서 3차지로 갈수록 가늘어져 가면
서 자연스러운 굴곡을 이루어야 한다.

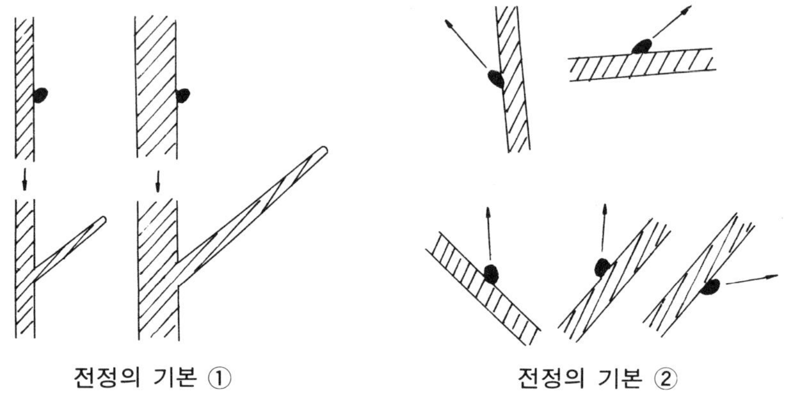

전정의 기본 ①

가는 줄기에서 나오는 가지는 가늘고 짧다.
굵은 줄기에서 나오는 가지는 굵고 길다.

전정의 기본 ②

눈의 방향과 같은 방향으로 가지가 자란다.

그림 9 - 36

⑤ 전정의 실제

(1) **눈따기** : 육성중인 어린소재나 배양중인 산채목은 비교적 강전정을 하는
경우가 많으므로 부정아의 발생이 많다. 이러한 눈은 도장하기 쉬우며 종
내 수형을 흐트러지게 하므로 이러한 불필요한 눈은 발생 초기에 따버
려야 한다.
특히 매화나무는 가지의 기부에서 부정아가 잘나오는데 이것을 그대로
방치해 두면 도장하게 되고 본래의 가지는 고사하거나 생장이 아주 나
빠지므로 매화나무의 겨드랑눈은 자라기 전에 제거해 준다.
또 느티나무, 참느릅나무도 겨드랑눈이 많이 나와 수형을 흐트리는 경
우가 많으므로 일찍 따준다.
소사나무와 같은 산채목의 배양시에는 줄기 밑둥에서 부정아가 많이 발

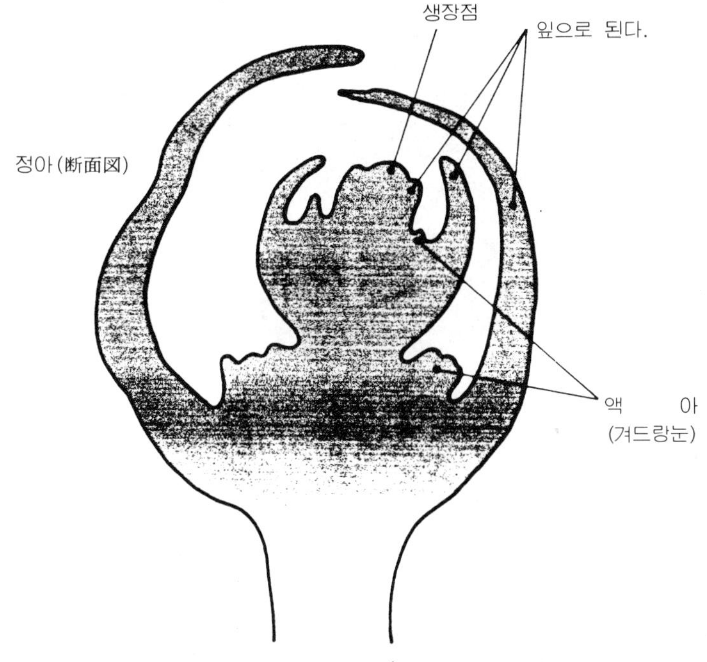

그림 9 - 37 눈의 구조

생하므로 이러한 불필요한 눈은 수시로 관찰하여 발견되는 데로 따버려야 한다. 너무 늦게 제거하면 그 부위가 혹처럼 보기 흉하고 아름다운 수피를 망가뜨리는 경우가 생긴다.

(2) **순따기** : 새순이 돋아나서 목질부가 생기기 전에 손끝이나 핀셋트로 순을 따는 작업이다. 해송, 소나무, 섬잣나무는 새순의 잎이 1 ~ 2 mm 정도 나올듯 말듯할 때 순따기를 하는데, 강한 순은 $\frac{1}{3}$을, 중간 것은 $\frac{1}{2}$을, 약한 것은 $\frac{2}{3}$를 남기고 아주 약한 것은 그대로 둔다. 이와같이 순따기는 분수 전체의 새순의 세력이 평균화되도록 해주는 것이다.

노간주나무, 가문비 등은 새순의 잎이 완전히 펴지기 전에 해송과 같이 강약에 따라 조절하여 순따기를 한다. (그림 9 - 39 참조)

그리고 단풍나무, 너도밤나무의 완성수는 잎이 벌어지기기전에 핀셋트로 한마디만 두고 따버린다.

그림 9 - 38 진백의 순따기

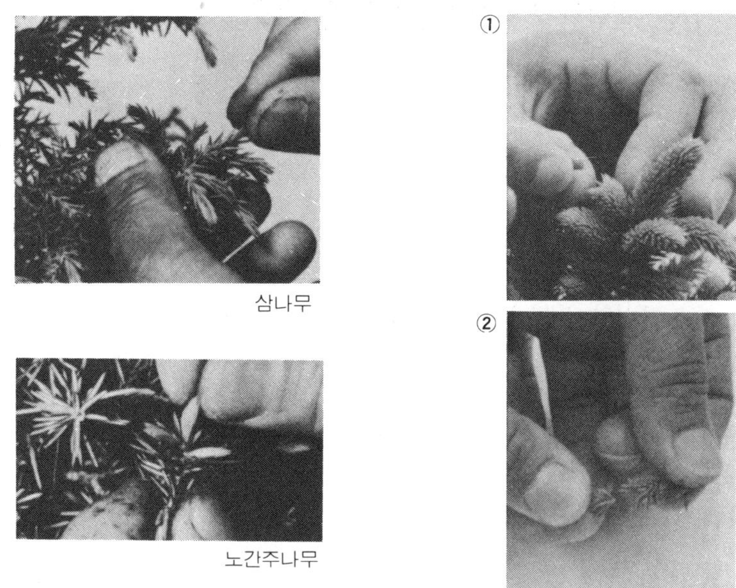

삼나무

① ②

노간주나무

가문비나무

그림 9 - 39 순따기

(3) **순집기** : 주로 매화나무의 가지가 너무 길게 자랄 때 신장을 억제하고
　　화아분화를 조장하기 위해 순의 끝을 손끝으로 압력을 가해 끝순의 생
　　장점을 문질러 파괴하는 작업이다. 이 때 순을 자르게 되면 2차순이 나
　　오기 때문에 화아분화가 안된다.

⑷ **순치기, 가지치기** : 햇가지가 아직 굳어지기 전에 즉 새순이 신장을 계속하고 있을 때 자르는 것을 순치기라 하고 생장이 끝난 후는 가지치기라고 한다.

이 작업은 가지를 짧게 하고 잔가지의 분기(分岐)를 많이 시키며 잎을 작게하는 분재의 정자(整姿)를 위한 가장 중요한 작업이다. 나무마다 작업의 시기, 요령이 다르므로 이에 맞도록 작업을 해야한다.

그림 9 - 40 순치기

순치기전

순치기후

그림 9 - 41 해송의 순치기 (6월중순 ~ 7월중순)

(5) **잎따기** : 잎따기는 순치기와 같이 잔가지를 많이 나오게 하고, 잎을 작게 하며, 가을 단풍을 아름답게 들게한다.

주로 상엽분재에서 행하며, 느티나무, 참느릅나무, 당단풍, 산단풍, 소사나무, 너도밤나무 등 재생력이 강한 수종에 실시한다.

잎따기의 시기는 6월중순 잎이 조금 충실해졌을 때 하는 것이 좋다.

그림 9 - 42 잎따기

☆ **잎따기할 때 유의할 점**

① 수세가 약한 나무나 분갈이 직후에는 잎따기를 하지 않는다.

② 눈을 보호하기 위해 잎자루(葉柄)를 조금 남겨두고 자른다.

③ 느티나무와 같이 잎자루가 짧은 나무는 잎을 $\frac{1}{5}$ 정도 남겨서 자른다.

④ 고온기에 잎따기를 하면 잎이 고르게 나오지 않으며 잎의 크기도 균
  일하지 않다.

⑤ 잎따기할 분은 4월부터 시비를 하여 수세를 올려준다.

⑥ 잎따기한 나무는 반그늘에 두고 관리하며 관수도 줄인다.

⑦ 잎이 나오기 시작하면 즉시 햇볕에 내다 놓아야 한다.

⑧ 잎따기는 위에서부터 모든 잎을 완전히 제거한다. 일부를 남기면 잎
  이 고르게 나오지 않으므로 실패하기 쉽다.

(6) **가지치기의 방법** : 가지치기할 때의 자르는 요령은 분재를 아름답게 만
들어 나가는데 있어서 대단히 중요한 역할을 한다. 자른 후 그 모양이 아
름답게 또 잘린 부위의 상처가 흉터없이 빨리 아물도록 해야 하며 자른
가지의 끝눈의 순이 잘자라서 의도한 대로 가지가 뻗어 주어야 한다.
줄기에서 나온 가지를 잘라낼 경우는 그림 9 –43과 같이 홈을 파서 상
처가 아물면 평면이 되도록 해야한다. 이와같이 가지치기는 잘린 자리
가 말끔하게 표가 나지 않도록 유합시키는 것이 중요하다.

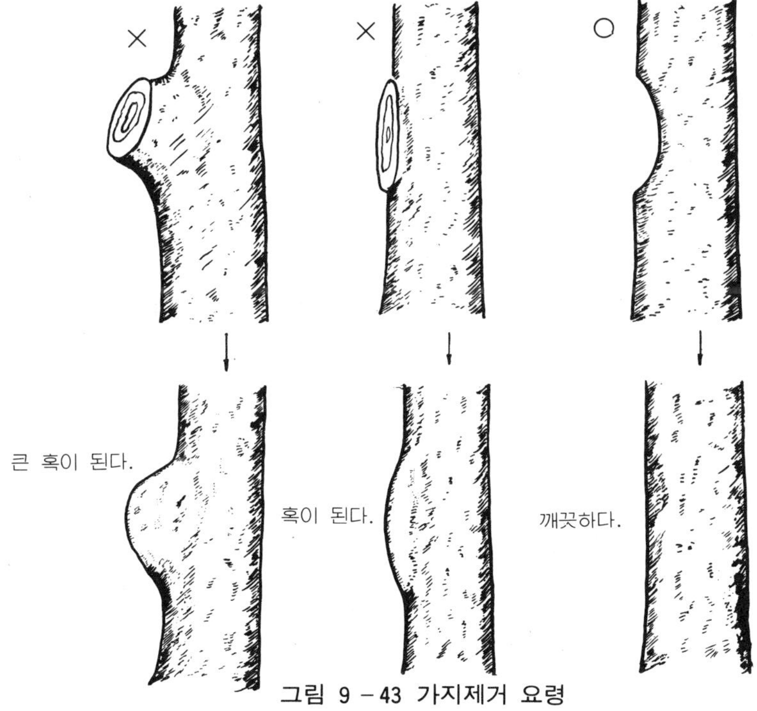

그림 9 - 43 가지제거 요령

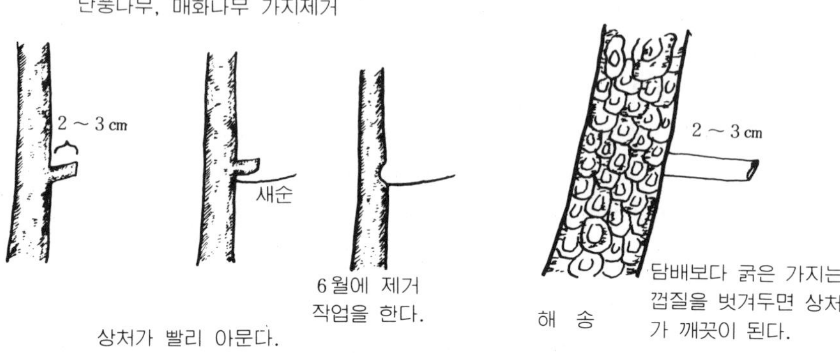

그림 9 - 44

단풍나무류는 굵은 가지를 제거할 경우 가지를 2～3cm 남겨두고 자르
면 이 가지 아래에서 순이 돋아난다. 이 순이 자란다음 6월경에 완전히
제거하면 이 순으로 인해 상처가 빨리 아물게 된다.

해송등 소나무류는 가지를 제거할 때 담배 굵기보다 굵은 가지는 2～3
cm 정도 남겨두고 자른 뒤 껍질을 깨끗이 벗겨두면 2～3년 안으로 이
가지는 떨어져 나가고 상처는 별로 표도없이 깨끗이 된다.

가지치기할 때는 아래를 향한 눈을 남겨두고 자르는데 그림 9 - 45와 같
이 눈위 2mm 정도의 위치에서 45°로 자른다. 그리고 자른 단면이 정면
에서 보이지 않도록 자르면 작업 후에 보기가 나쁘지 않다.

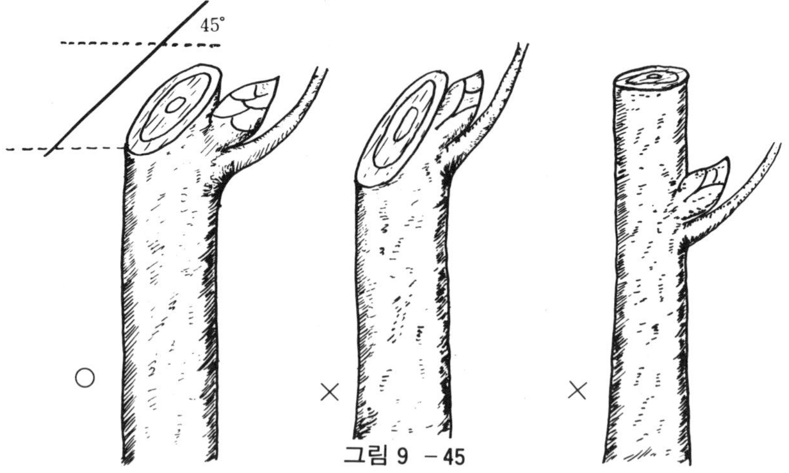

그림 9 - 45

◇ 순치기 (가지치기)의 시기와 방법 일람표 ◇

수 종 명	시 기	순치기 (가지치기) 요령	참 고 사 항
해 송	6중~7중	신소를 전부 잘라준다.	길게 할 가지, 짧게할 가지는 7하~9초 사이에 자른다.
금 송	6중~7중	수세가 강한 어린나무만 해송과 같다.	일반적으로 수세가 약하므로 9중~하 사이에 행한다.
섬 잣 나 무	어린나무 4중~5상	10m정도 자랐을 때 2개만 남기고 $\frac{1}{2}$로 줄인다.	신장시킬 때는 신소가 굳어진 시기에 새잎을 4~5매 남기고 자르면 남은 잎에서 새순이 나온다.
	완성목 4하~5상	두개만 남기되 짧은 것은 그대로 두고 긴 것은 $\frac{1}{2}$~$\frac{1}{5}$로 줄인다.	
소 나 무	6상~7중	여러개 있는 신소중 중간치 2개를 잎 4~5매 남기고 자르고 다른 신소는 완전제거 한다.	가을에 늦게한 것은 다음해 봄에 새순이 나온다.
삼 나 무	4 ~8 4 ~9	새순끝이 둥글게 되면 따버린다. 가지치기	새순은 가위질 않는다.
두 송	4 ~8	새순끝이 둥글게 되면 뽑아 내듯이 딴다.	자주 따낼수록 잔가지 많아진다.
진 백	5 ~6 9 ~10	새순을 1주간마다 끝을 뽑듯이 따낸다.	자주 따낼수록 잔가지 많아진다.
단 풍 류	4중~ 하	새순을 가급적 빨리 1마디에서 따낸다.	2차지는 잎따기 한다.
느 티 나 무	5 ~8	신소의 잎이 7~8매 자랐을 때 2~3잎 남기고 자른다.	도장지는 일찍자른다.
은 행 나 무	6하~8상	새순의 잎이 5~6매 자랐을 때 2~3매 남기고 자른다. 이 작업은 계속 실시	잔가지의 분기가 어렵다.
소 사 나 무	6중~8상	새순이 7~8잎 자랐을 때 2~3매 남기고 자른다. 1~2회만 실시한다.	

수 종 명	시 기	순치기 (가지치기) 요령	참 고 사 항
위 성 류	5상~8상	10 ~ 15 cm 정도 자라면 2마디 남기고 순치기 한다.	6 중순에 잎따기 하면 소엽이 나온다.
사쯔기철쭉	5상~7중	4 ~ 5개 나온 신소중 2개만 남기고 나머지는 제거하며남긴 것은 2잎만 남기고 자른다.	7 중까지 작업을 완료하지않으면 화아가 분화되지 않는다.
매 화	2 5상	2 ~ 3절 남기고 가지치기한다. (작년지) 신소가 5 cm정도 때 2 ~ 3잎 남기고 자른다.	그후 순치기하면 화아분화않는다.
목 백 일 홍	어린나무 6 ~ 7상 완성목 6하~7상	가지 분기를 위해 15 cm정도 자라면 2 ~ 3잎 남기고 순치기 한다. 긴가지는 2 ~ 3절 남기고 가지치기 한다.	2 차지에서 짧게 개화한다.
해 당 애 기 사 과	어린나무 5상~6하 7상	2 ~ 3절 남기고 순치기 한다. 1 ~ 2회 실시 도장지 2 ~ 3마디 남기고 가지치기 한다.	화아분화 안된다. 단지끝 꽃눈이 갈색으로 변한후 실시
낙 상 홍	3 5하	2 ~ 3마디 남기고 가지치기 한다. (작년지) 꽃눈이 없는 가지만 2 ~ 3절 남기고 순치기 한다.	
감 나 무 석 류	5중~6상	꽃봉오리가 없는 가지는 2 ~ 3절 남기고 가지치기 한다.	7 하~8상 화아분화 한다.
홍 자 단	5상~7하	도장지 및 불필요한 가지는 계속 2 ~ 3절 남기고 자른다. 필요한 가지는 장단을 조절하여 순치기 한다.	〃

매화나무, 동백나무, 단풍나무, 벚나무 등은 자른 자리가 2 ~ 3 mm 말라드는 경우가 있으므로 끝눈을 보호하기 위해 눈위 4 ~ 5 mm에서 자르는 것이 안전하다.

⑺ **뿌리자르기** (뿌리뻗음만들기) : 뿌리는 식물에 있어서 가장 중요한 부분이며 분재의 감상면에서도 안정감을 결정짓는 중요한 요소이다.

분재계에서는 분토 표면에 노출된 굵은 뿌리를 뿌리뻗음이라고 한다.

대지를 움켜쥐고 있듯이 사방으로 힘차게 뻗어 있는 뿌리뻗음을 팔방(八方) 뿌리뻗음이라 하며 대단히 중요하게 여긴다.

자연에서의 어린나무는 뿌리뻗음이 없으며 노목이 되면서 점차 나타난다. 즉 뿌리뻗음은 나무의 오래된 연륜을 나타내는 표적이 된다. 고색(古色)을 숭상하는 분재에 있어서는 이 시대를 표현하는 뿌리뻗음을 더욱 중요시 않을 수 없다.

그림 9 - 46 자연에서의 수목이 뿌리를 잘 뻗고 있어 오래된 연륜을 나타낸다.

그러므로 정형, 정자 중 좋은 뿌리뻗음을 빨리 만드는 작업이 중요한 일이라는 것을 깨달아야 한다.

좋은 뿌리뻗음을 만들려면 묘목을 배양할 때부터이다. 심는 구덩이의 가운데를 높게 하여 뿌리를 사방으로 고루펴서 심고, 분올림, 분갈이할 때마다 뿌리를 교정하여 좋은 뿌리뻗음을 만들어 나가도록 노력해야 한다.

먼저 뿌리뻗음을 잘 가꾸어야 수형 즉, 줄기, 가지의 배양도 잘되고 좋은 분재를 만들 수 있다는 것을 확실히 인식해 둘 필요가 있다.

그림 9 - 47 자연상태의 직근모습

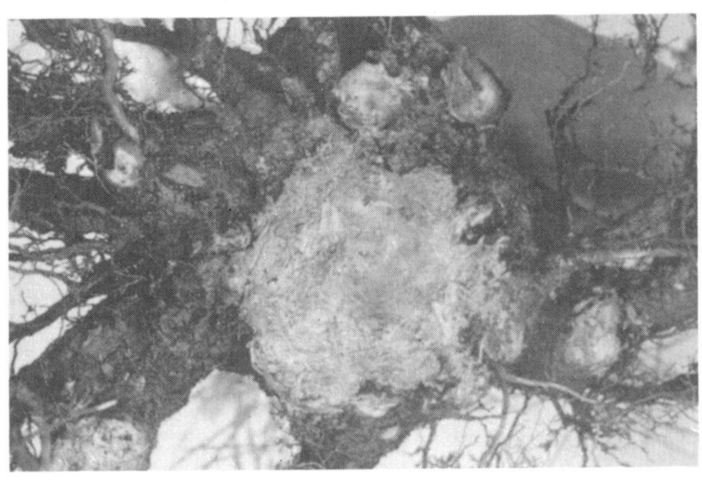

그림 9 - 48 직근을 잘라낸 후의 모습

〔**뿌리의 손질 요령**〕

① 직근(直根)은 짧게 자르고 측근(側根)의 발육에 힘쓴다.

② 뿌리뻗음을 만드는 굵은 뿌리는 분에 심을 수 있도록 알맞게 잘라서 배양하며, 다른 측근과 잔뿌리의 배양에도 힘쓴다.

③ 뿌리의 기부가 동일 평면이 되도록 위에서 난 뿌리는 따내고 아래 뿌리는 짧게 잘라서 뿌리의 층을 얇게 배양해 나간다.

④ 굽은 뿌리, 다른 뿌리를 감고 있는 뿌리는 철사걸이를 하여 교정한다.

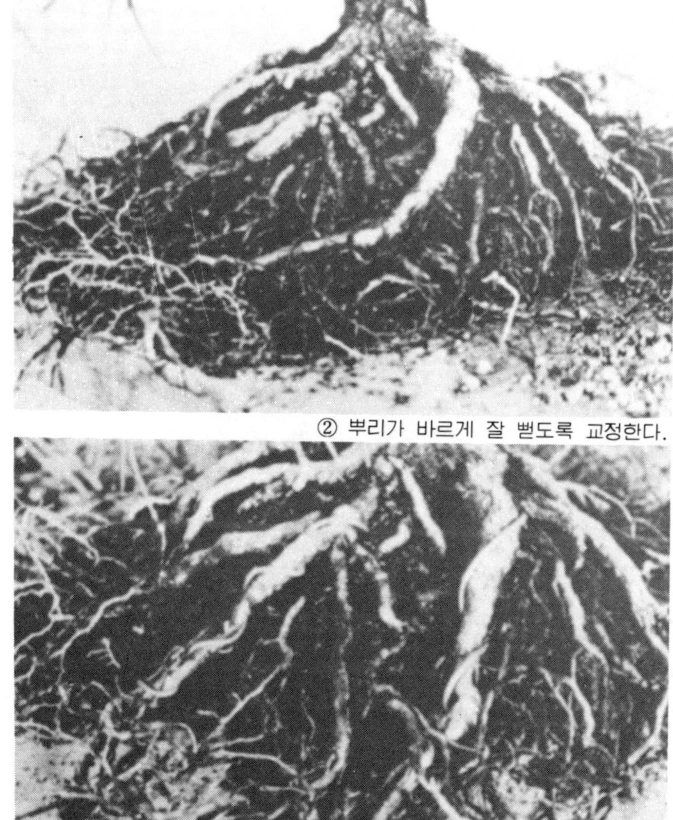

그림 9 - 49 철사걸이에 의한 뿌리의 교정

⑤ 다른 뿌리에 비해 굵은 뿌리는 반으로 나누어서 두개의 뿌리로 배양
  한다.

⑥ 좋은 뿌리뻗음을 만들기 위해서는 뿌리접을 하여 교정하는 경우도 있
  고, 취목을 실시하여 팔방뿌리를 배양하기도 한다.
  당단풍, 참느릅나무, 소사나무, 사쯔기철쭉등은 취목을 하여 좋은 뿌
  리뻗음을 만들기가 용이하다.

① 정리전

② 굵은 뿌리를 잘라낸다.

③ 잘라낸 후

④ 높은 위치에 있는 뿌리를 따낸다.

⑤ 뿌리의 층을 얇게하기 위해
뿌리의 밑을 정리한다.

⑥ 뿌리의 정리 후

그림 9 - 50 뿌리의 전정

6 철사걸이

철사걸이는 수형을 교정하여 보다 아름다운 수형을 창출하는 가장 좋은 방법의 하나이다. 철사걸이는 기술적인 요령을 익혀야 하는 것이므로 적어도 대소(大小) 분재 20분(盆) 쯤 걸어보아야 어느정도 요령을 습득하게 된다.

철사걸이전   철사걸이를 해서 수형을 바꾼 모습

그림 9 - 51

(1) 철사걸이의 장단점

① 가위로 정자하면 섬세하고 자연스러운데 비해 철사로 교정하면, 인공적이며 부자연스럽게 되는 경우가 있다.

② 한번의 철사걸이로 끝나는 것이 아니고 생장함에 따라 계속 철사걸이를 해야한다.

③ 비교적 단기간에 구상한 수형을 창출할 수 있다.

④ 무리한 교정이나 기술의 부족으로 인해 가지나 줄기를 부러뜨리는 경우가 있다.

⑤ 방향을 180°까지 비틀어 놓을 수 있으나 잘 못하면 비틀린 자리가 혹이 되는 수가 있다.

⑥ 가지의 기부에서 찢겨져 가지를 고사케하는 경우가 있다.

⑦ 수피를 상하게 하는 경우가 있다.

⑧ 작업이 서툴고 조잡하면 철사가 수피를 파고들게 되어 흉터가 생기고,

또 철사 풀기를 게을리하여 오래 두면 수피에 철사가 파고들어 흉터가 생기는데, 이 흉터는 잘 아물지 않고 오래 남아 있으므로 보기에 흉하다.

그림 9 - 52 자연상태에서 덩굴이 수피를 파고 들어간 모습

(2) **철사의 종류와 굵기** : 송백류에는 동선(銅線)을 사용하는 것이 좋고, 낙엽수, 철쭉류에는 알루미늄철사를 사용하는 것이 알맞다. 또 철사는 불에 구워서 연하게 된 것이라야 사용하기가 수월하며, 알루미늄철사를 구워서 착색한 것이 시판되고 있다.

그리고 철사의 굵기는 교정해야 할 곳의 굵기에 따라 다르며, 일반적인 표준은 다음 표와 같다. 경험을 쌓게되면 가지만 휘어 봐도 철사의 굵기를 결정할 수 있게 된다.

감은 철사가 약해서 잘 휘어지지 않을 경우에는 같은 굵기의 철사를 한번 더 감아서 휘도록 한다.

◇ 철사의 굵기 ◇

가 지 굵 기	알루미늄선(호수)	(굵 기)	동선(호수)	(굵 기)
3 cm	6	5. 0 mm	8	4. 0 mm
2 cm	8	4. 0 mm	10	3. 2 mm
1 cm	10	3. 2 mm	12	2. 6 mm
0. 8 cm	12	2. 6 mm	14	2. 0 mm
0. 5 cm	14	2. 0 mm	16	1. 6 mm
0. 3 cm	16	1. 6 mm	18	1. 2 mm
0. 2 cm	18 ～ 20	1. 2 ～ 0. 9 mm	20	0. 9 mm

그림 9 - 53 철사걸이 전의 모습

그림 9 - 54 무리하지 않고 자연스럽게 교정한 모습

(3) 철사걸이의 요령

① 수형구상 : 먼저 수형을 구상하고 구상한 수형대로 단번에 교정한다. 수형의 구상도 없이 여러번 휘게되면 가지에 보기 흉한 혹이 생기거나 심하면 가지가 고사하게 된다.

② 종이 한장의 간격 : 너무 강하게 나무와 틈이 없이 감으면 철사가 수피를 쉽게 파고 들어가 흉터가 생기며, 잘 휘지 않는다. 또 너무 느슨하게 감으면 효과가 없다. 그러므로 철사를 휘어서 나무에 붙혀놓는 듯한 기분으로 철사걸이를 하는데 철사와 수피 사이에 종이 한장의 간격이 되도록 하는 것이 바른 철사걸이이다.

③ 좌우감기 : 틀어서 휠 경우, 오른쪽으로 휠 때는 오른쪽으로 감고, 왼쪽으로 휠 때는 왼쪽으로 감는다. 반대쪽으로 감은 것은 풀려서 효과가 없다.

④ 작업공정의 분리

제 1 단계…………수간 철사걸이

굵은 철사를 사용한다.

제 2 단계………… 주지 (主枝) 철사걸이

조금 가는 철사를 사용한다.

제 3 단계……………잔가지 철사걸이

아주 가는 철사를 사용한다.

굵은 가지와 잔가지를 여러 단계로 나누고 이에 따라 철사의 굵기도 달리하여 사용해야 미관상도 좋고 효과적이다.

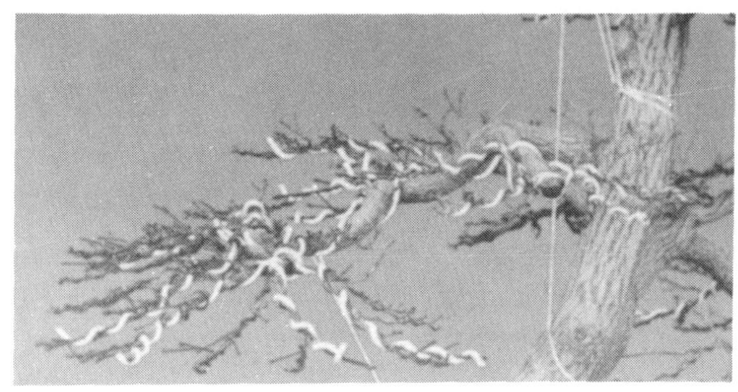

그림 9 - 55 가지의 굵기에 따라 철사의 굵기도 달라진다.

⑤ 수간 철사걸이의 요령 : 수간의 후면에 뿌리가 상하지 않도록 철사의 끝이 분바닥에 닿게 깊이 꽂고 처음 한바퀴는 조금 단단하게 감아 고정시킨뒤, 철사의 방향이 45°가 되도록 감아올라간다.

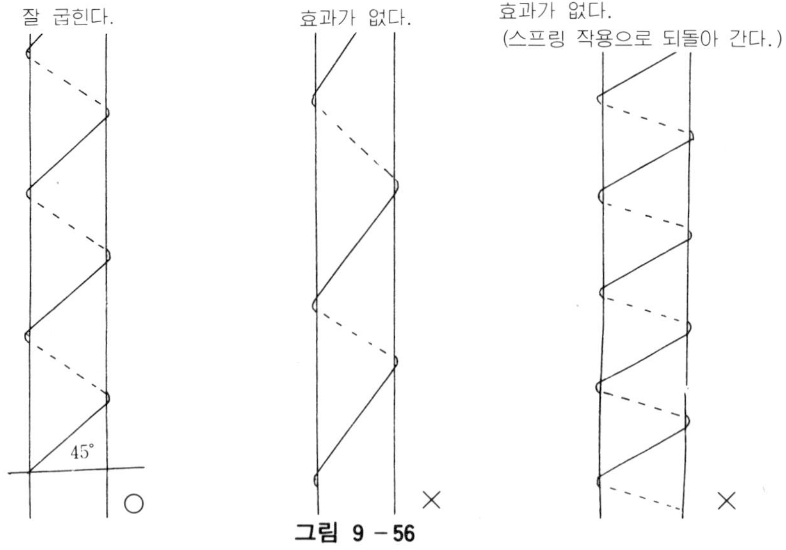

그림 9 - 56

⑥ 주지(主枝)의 철사걸이 요령

　㉠ 줄기에서 주지로 감아 나간다.

　㉡ 주지에서 윗줄기로 감아 나간다.

　㉢ 주지에서 줄기를 한바퀴 이상 감고 다른 주지로 감아 나간다.

　㉣ 줄기를 한바퀴 감고 주지로 감아 나간다.

줄기에서 주지로 옮아갈 때 주지의 윗쪽으로 감는 경우와 아랫쪽으로 해서 감는 경우는 전혀 다르므로 그림 9-57과 같이 철사를 감을 때 유의해야 한다.

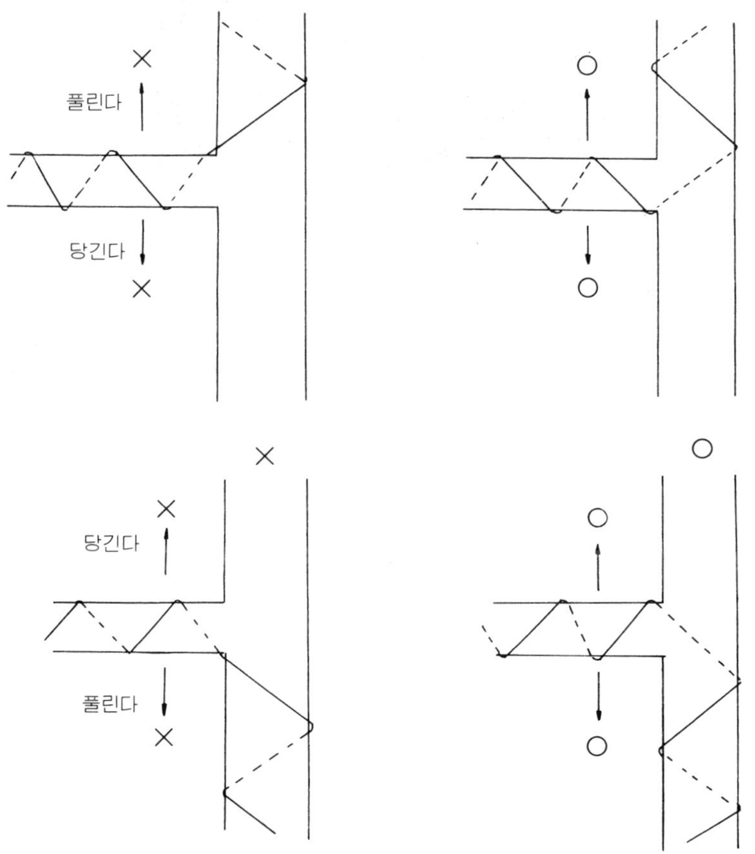

그림 9-57

⑦ 잔가지 철사걸이의 요령:특별한 경우 외는 한 철사로 두 잔가지에 철
  사걸이한다.이 때 이 가지에서 저 가지로 옮아갈 때 꼭 주지를 한바퀴
  이상 감고 넘어가야 한다.

그림 9 - 58 잔가지를 철사걸이 한 모습

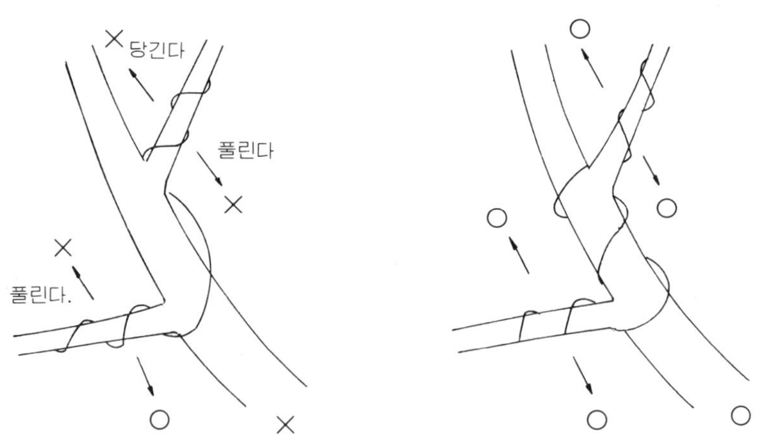

그림 9 - 59 잔가지 철사걸이 요령

⑧ 곡(曲) 넣기의 요령 : 철사를 감은 방향으로 가지를 틀면서 곡을 넣
는데 철사가 꼭 곡의 등에 얹히도록 해야 한다.

작은 곡을 넣을 때는 가는 철사를 2중으로 감는 것이 굵은 철사를 감
는 것보다 작업이 수월하며, 간격을 조금 좁혀서 감는 경우도 있다.

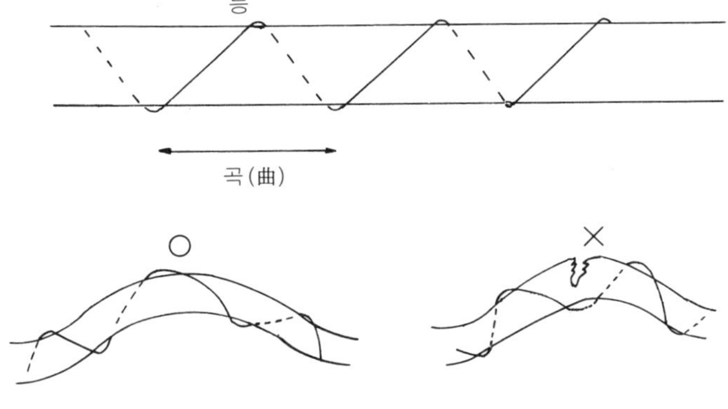

그림 9 - 60 곡(曲)을 넣는 요령

그림 9 - 61 곡을 잘못 넣어 가지가 부러진 상태

⑨ 쟉키, 막대기의 이용과 당겨매기 : 철사걸이로 굽히지 않을 때는 쟉
키를 이용한다. 수형교정용으로 편리하게 되어 있는 쟉키가 대·중·

소 다양하게 있으므로 이것을 이용하면 손쉽게 곡을 넣거나 휜 것 을 바로 잡을 수 있다.

또 휜 줄기나 가지를 바로할 때는 막대기를 이용하면 편리하게 교정할 수 있다. 철사로 당겨매어서 교정하는 방법도 있는데 이러한 방법을 철사걸이와 병용하면 더욱 효과가 있다.

당겨매기를 한 상태

굵은 철사를 줄기에 곁들이면 쉽게 교정 이 가능하다.

쇠막대기를 이용한 교정 방법

그림 9 - 62

◇ 철사걸이의 이론 ◇

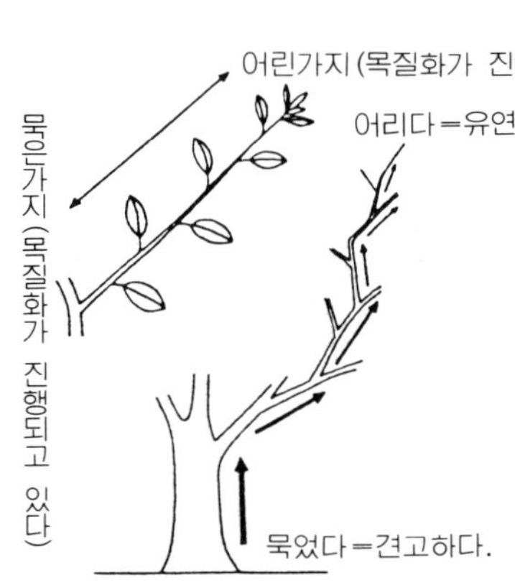

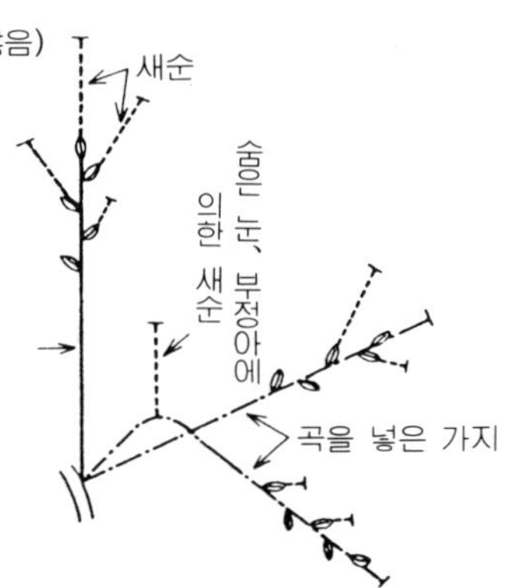

① 어린만큼 유연하므로 잘 휜다.
　(※ 어린 것만은 아니고 굵기에도 관계가
　있다.)

② 눈이 가지끝에 있는 눈일수록, 높은 위
치에 있는 눈일수록, 위를 향한 눈일수록
자라기 쉽다.

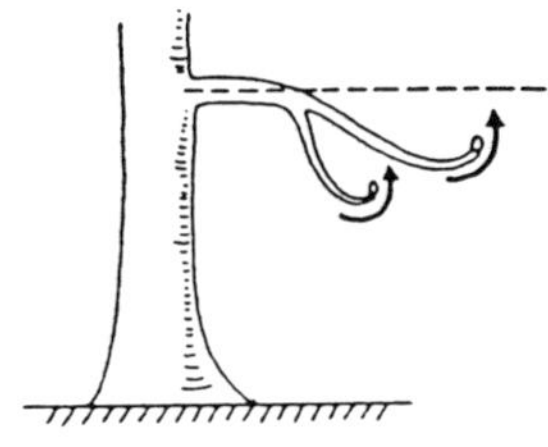

③ 아래로 처지게 하는 가지는 가지의 끝이
위로 향하게 해두면 가지가 약해지지 않
는다.
　(수양성 품종은 별도)

④ 철사를 강하게 감으면 잎에서 만들어진
물질의 흐름이 방해된다.

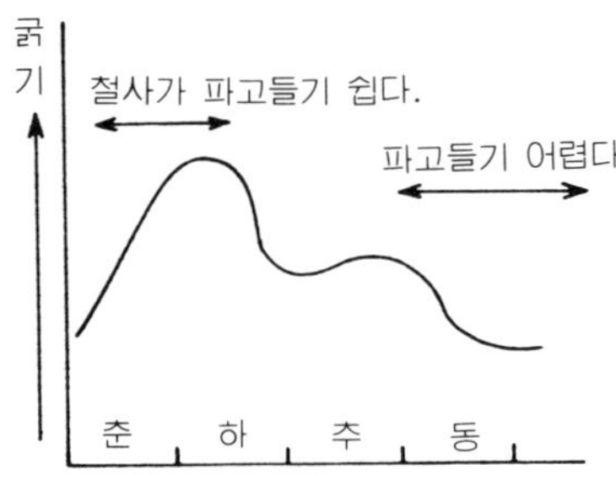

⑤ 가지는 봄부터 여름에 걸쳐 가장 굵어지
며, 한여름은 쉬고 가을에 조금 굵어진다.
겨울에는 굵어지지 않는다.

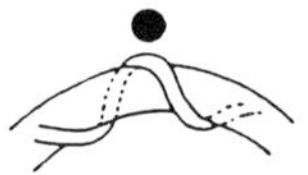 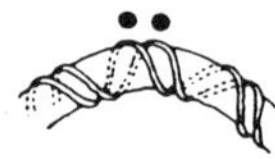

⑥ 1개의 굵은 철사를 사용하지 않고 가는
   철사를 몇개 사용해서 단면적을 크게하면
   좋다.

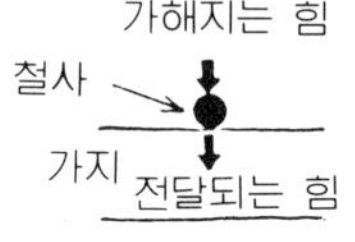 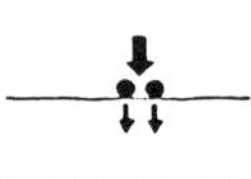 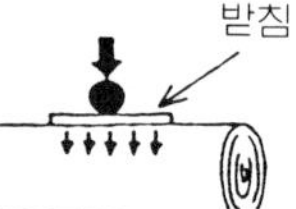

⑦ 가지에 가해지는 힘이 같더라도 가는 철
   사를 많이 사용하거나 받침을 하게 되면
   힘이 전달되는 범위가 넓게되며 국부적으
   로 강한 힘이 가해지지 않는다.
   그 쪽이 식물에 부담을 주지 않으며 철사
   걸이의 효과가 크다.

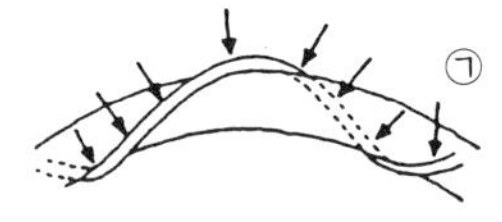

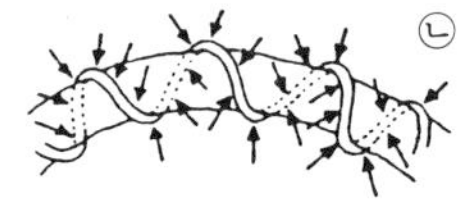

⑧ 철사를 걸면 힘이 분산되어 부러지지 않
   는다.

⑨ ㉠ 너무 드문드문 감으면 별로 효과가 없다.
   ㉡ 45° 각도로 감으면 가장 강하게 작용되
   어 효과가 좋다.
   (• 너무 조밀하게 감으면 스프링 작용이
   되어 오히려 효과가 적다.)

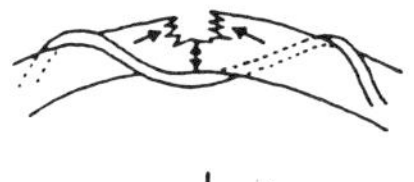
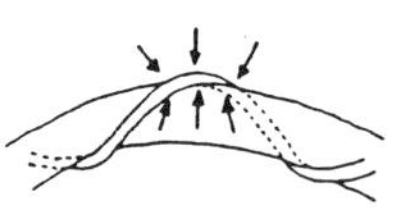

⑩ 철사가 받칠수 있는 위치에 곡을 넣어야 가
   지가 부러질려는 힘에 철사의 힘이 대항해
   서 부러지지 않는다.

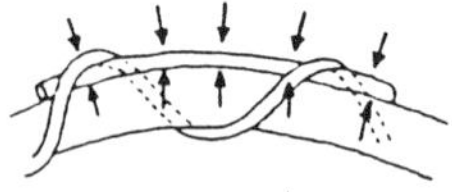

⑪ 받침을 해서 철사걸이를 하면 철사의 힘이
   넓게 분산되고 잘부러지지 않는다.

철사걸이의 8가지 포인트

point 1. 철사의 길이는 철사를 걸어야
할 길이의 1.5배

a (○)

b (×)

point 2.

a : 철사의 끝을 분속에 비스듬히 분바닥의 벽까
지 꽂는다.
b : 낮게 꽂았기 때문에 철사를 감으면 분토가
치솟는다.
c : 철사를 수직이 되게 꽂으면 철사가 돌아가므
로 좋지 못하다.

c (×)

point 3. 철사는 정면을 피한다. (뿌리 뻗음이 잘보이도록 철사는 뒷 쪽에서 분속에 비스듬히 꽂는 다.)

point 4. 곡을 넣는 요령 (철사는 반드시 곡을 넣는 부위의 등에 가 도록 해야 하며 한번 에 곡을 넣는다.)

point 5. 철사걸이는 줄기에서 主枝의 순서로 (철사걸이 순서는 굵은것 부터 걸기 시작해서 가는 것으로)

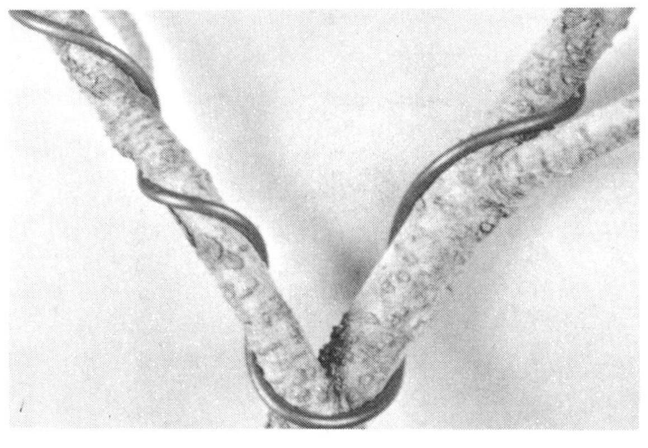

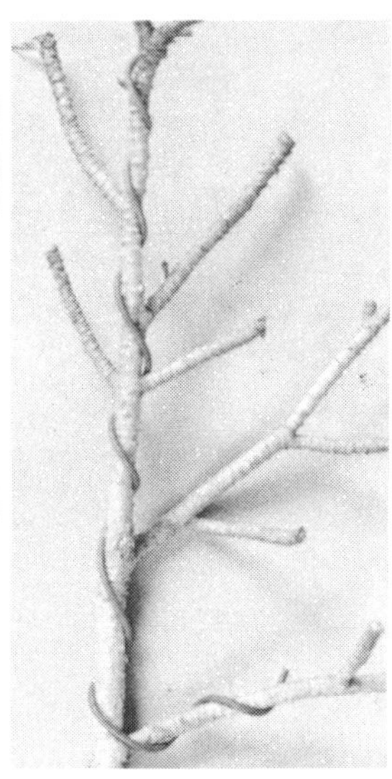

point 6. 하나의 철사로 두개의 가지에 건다.

point 7. 철사의 선단부는 집게
가위로 둥글게 마무리
를 한다.

point 8. 철사걸이를 한 가지의 선단은 위로 향하
도록 한다. (가지의 끝이 아래로 향하면
잎조가 나쁘게 되어 수세가 약해진다.)

그림 9 - 63 막대기를 이용해서 가지 사이를 벌려 놓고 있다.

⑷ 철사걸이 시기

① 송백류 : 줄기나 가지에 탄력이 있어서 상당히 굵은 것도 철사걸이가 가능하다. 또 수피에 상처가 생기더라도 황피성 노화현상에 다소 도움이 되므로 장기적으로 볼 때는 크게 해로울 것이 없다. 1년간 걸어둔다.

소나무류 : 11월에서 다음 해 3월까지가 적기이다. 서울지방에서는 3월에 실시하는 것이 안전하다.

진백, 두송, 삼나무등은 1년중 가능하지만 7월이후와 다음 해 3월이 좋다.

② 낙엽수류와 상록활엽수 : 굵은 줄기나 가지는 불가능하며 주로 새로 자라난 가지에 철사걸이를 하고 무리한 곡은 넣을 수 없다. 수피에 상처가 생기면 반영구적으로 남아서 미관을 해치므로 오히려 철사걸이를 하지 않은 것만 못한 결과를 낳을 수 있다. 철사걸이 기간은 1~ 2개월 정도이며 수시로 관찰하여 철사가 수피에 파고들기 시작하면 즉시 풀어주어야 한다.

6 ~ 7월 : 아주 쉬운 시기이며 1개월 정도만 건다. 풀어준 후 원상태로 돌아가는 경우도 많다.

8 ~ 9월 : 당년지의 성숙기로서 효과가 좋은 시기이다. 굵은 가지도 잘 든다.

10월 : 동면 직전인 이 시기에 걸면 봄까지 둘 수 있다. 그러나 봄에

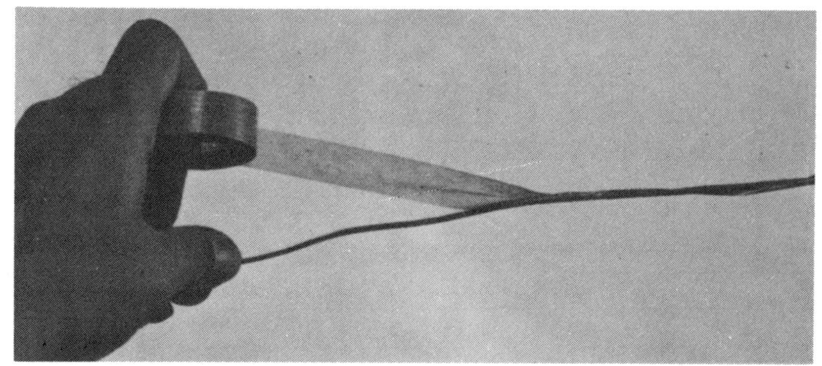

그림 9 - 64 수피가 상하지 않도록 철사에 테이프를 감는다.

눈이 고르게 나오지 않는 경우가 있으므로 한겨울과 한여름, 그리고 새순이 돋아나는 시기는 피해야 한다.

(5) **철사 푸는 시기와 요령** : 수피에 파고들기 전에 풀어주어야 하며 교정이 안되고 원상태로 되돌아가는 경우가 있더라도 풀어주어야 한다. 그리고 다시 철사걸이를 해준다.

풀 때 잘 못하면 잔가지를 상하게 하기 쉬우므로 철사가위로 잘라주는 것이 좋다.

◇ 주요 수종별 철사걸이 적기 일람표 ◇

수 종 명	적 기	비 고
해 송	3상～4상	휴면기이면 좋지만 발아직전이 가장 적기
금 송	3상～4상 성목 7상	나무에 탄력이 있는 생장기 수피가 상하지 않게주의 건조시는 관수 후 실시
섬 잣 나 무	10 2하～3하	 연중가능
소 나 무	3상～4상	될 수 있는 한 가벼운 철사걸이, 자연미를 살린다.
삼 나 무	4중～6중	발아기는 중지 수피가 상하지 않게 피복선 사용
편 백 나 무	3상～4중	수평으로 정지
두 송	4중～6중	가지가 연하여 1년으로는 효과 없다.
진 백	3상～4중	수간은 어릴때 교정해야 한다.
가 문 버	3상～4중	용이함 2～3년에 1회
단풍나무류	5중～6하	신소에 건다. 잎따기 후가 좋다. 물말린 후 실시

느 티 나 무	3상〜4중 신소 6	2년지에 건다.
은 행 나 무	5중〜6하	신소에 실시. 물말려서 시들면 부러지지 않는다.
위 성 류	5중〜6하	〃 낙엽후는 잔가지도 굳어진다.
석 류	5중〜6하	〃
철 쭉 류	3하〜4중 낙 화 후	수피상하기 쉽고 잘 부러진다. 피복선 사용 신소 생육 빠르므로 일찍 철사풀기해야 한다.
매 화	5중〜6하	신소생장이 끝난시기. 물말려 시들게 하고 실시
명 자 나 무	6	신소에 실시. 피복선 사용. 9월철사풀기
목 백 일 홍	4상〜매어당기기 5〜6 -신소	2년지는 잘부러지므로 매어당기기 신소에만 실시
해 당 애 기 사 과	5하	신소에 실시. 낙엽기는 잘부러진다.
벚 꽃 나 무	5하〜6중	신소에 실시 9월에 풀기
낙 상 홍	〃	〃
감 나 무	〃	〃
모 과 나 무	〃	피복선 사용, 굵은 가지는 삼껍질을 감아놓고 실시.

❹ . 관수 (灌水)

그림 9 -65 편리한 관수장치

지구상의 최초의 생명체 (生命體)가 물에서 태어 났듯이 물은 생물 (生物)이 살아가면서 생장 (生長)하는데 없어서는 안되는 중요한 요소이며, 또 세포내의 모든 화학반응은 물을 매개로 하여 일어나고 모든 물질은 물에 의해 생물체 내부로 운반된다.

이와 같이 물이 없으면 식물체내에서 어떤 일도 발생할 수가 없으며, 물은 식물의 생명을 유지하는데 필요한 여러가지 물질중의 단 한가지에 불과 하지만 가장 기본적이면서도 중요한 것이다.

그러므로 작은 분 (盆)에서 식물을 재배하는 분재의 물주기는 중요한 작업중의 하나이며 게을리해서는 안되는 필수적인 작업이다.

관수는 가장 쉬운 작업의 하나이며 또 누구라도 할 수 있는 작업이라고 생각되지만, 흔히 분재계에서 물주기 3년이란 말이 있듯이 실제에 있어서는 가장 기본적이면서도 중요하고 터득하기가 어려운 것이다.

① 물의 역할

(1) **광합성**(光合性)**의 원료** : 식물이 생장하는데 필요한 당(糖)이나 전분 (澱粉) 등의 탄수화물(炭水化物)을 만드는 일을 광합성(photosynthesis) 이라 한다.

광합성이란 화학산업은 뿌리에서 흡수한 수분(H_2O)과 공기중에서 받아 들인 탄산가스(CO_2)를 원료로 하고, 태양에너지를 동력으로 이용하여 잎속의 엽록체(葉綠體, chloroplast)란 제조공장에서 탄수화물(炭水化 物, carbohydrate)이란 제품을 생산하는 것이다.

이 과정에서 수분의 부족상태가 발생하면 광합성은 저하(低下)되고 식물의 발육(発育)은 억제된다.

(2) **식물체 구성물질의 성분** (成分) : 식물세포의 원형체(原形體)를 구성하는 물질인 원형질(原形質, protoplasm)은 생명을 지니고 있으며 세포활동의 본체가 되는데, 원형질 구성물질은 항상 수상(水相) 속에 놓여 있다. 원형질의 수분함량은 많아서 $60 \sim 90\%$를 함유하고 있으며 수생식물(水生植物)과 다육식물(多肉植物)의 경우처럼 98%까지 수분을 차지하고 있는 것도 있다.

이와같이 식물체는 최소 60%에서 98%까지의 수분을 자신의 몸의 구성물질로서 함유하고 있다.

(3) **세포의 팽압** (膨圧) **유지** : 식물체내에 수분이 많으면 모든 세포는 수분을 다량 흡수하여 팽윤(膨潤)이라는 수분이 풍부한 상태로 되어 늘어졌던 줄기도 똑바로 서고 잎도 빳빳해진다.

식물이 뿌리로부터 흡수한 수분보다 더 많은 수분을 증산으로 잃게 되면 물로 충만해 있던 세포가 위축된다. 이렇게 식물의 팽압(turgor p-ressure)이 감소하면 시들게 되는데 이때 뿌리로부터 수분의 공급이 안되면 식물은 점점 시드는 현상이 심해지고 마침내 고사한다.

이와같이 물은 세포의 팽압을 유지시켜 식물체의 각 기관(器官) 및 식물체 전체의 형태를 보지(保持) 한다.

⑷ **양분의 흡수및 운반** : 식물이 생장(生長)하는데 필요한 비료성분 (肥料成分) 즉 질소, 인산, 칼리 삼요소와 칼슘, 규소, 마그네슘, 망간, 알루미늄, 붕소, 철, 등 미량요소(微量要素)는 전부 물에 용해(溶解) 되어 물과 함께 식물체내에 흡수 공급된다. 이렇게 뿌리에 의해 토양속에서 흡수된 무기양분(無機養分)은 물과 함께 뿌리의 도관(導管)으로 이행된 후 줄기를 통해 각 지상부의 조직으로 도달하게 되는 것이다.

분에 수분의 부족상태가 발생하면 새순과 잎이 시들어 식물의 위조현상이 일어나며 식물에게 스트레스(stress)를 주게된다.

그 결과 양수분(養水分)의 흡수량이 저하되면 탄수화물의 생성량도 적어져서 세포(細胞)의 증식이 둔화되고 새순의 신장(伸長)은 정지하며 비대생장(胞大生長)도 악화되는 결과가 된다.

그러므로 식물의 영양생장기(營養生長期)에 있어서의 수분부족은 절대 금물이다.

하지만 분재에서 성목(成木)이 되면 다소의 수분부족 상태를 만들어 식물에 "스트레스"를 가함으로 해서 화아분화(花芽分化)를 촉진시키고 고태(古態), 노화(老化)를 유도하는 수단으로 하는 경우도 있다.

② 물의 성질(**性質**)

분재는 어떻게 굵은 입자(粒子)의 , 분토(盆土)로 심는데도 불구하고 식물이 수분부족을 일으켜 고사하지 않고 생육을 잘하고 있는가 하는 의문을 갖게 된다. 이러한 의문은 몇 가지 물의 성질만 알게되면 쉽게 이해할 수 있을 것이다.

⑴ **표면장력**(表面張力) : 액체 (液體) 내부의 분자 (分子)는 이웃의 분자에 의해 전후좌우 상하방향으로 끌어 당겨지고 있으며 액체 표면(表面) 의 분자는 전후좌우와 아랫쪽으로만 끌어 당겨지기 때문에 표면에 있는 분자는 자연히 액체 내부로 끌어 당겨진다.

유리판 위에 물을 조금 떨어트리면 처음에는 유리위로 퍼졌다가 이내 구형 (球形)으로 되는데 이것은 액체가 표면을 최소면적으로 유지할려고 하는 것이며 이 힘을 표면장력이라고 한다.

부피가 일정한 경우 표면적이 제일 작은 형태가 구형 (球形)이므로 빗방울이나 작은 물방울, 또 잎에 맺혀있는 아침 이슬은 전부 둥글다.

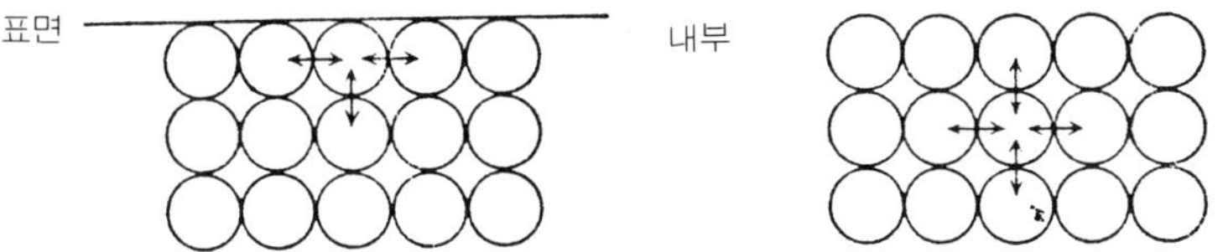

그림 9 - 66 표면에 있는 분자와 내부에 있는 물분자에 작용하는 힘

(2) **모관현상**(毛管現象) : 수건을 드리워 놓고 아래쪽을 물속에 담그면 서서히 물이 스며들어 상승되는 것을 볼 수 있다. 이것은 물이 특별한 물체를 제외하고는 부착(付着)하는 성질이 있으며, 또 미세한 틈새에 개재하는 물은 이 부착력과 물 분자 사이의 인력(引力)에 의해 상승하게 되는데 이 현상을 모관현상(毛管現象)이라고 한다.

또 물에는 항상 중력(重力)이 작용하고 있으며, 모관현상은 중력과의 균형에 의해 이루어지므로 그림 9 -67과 같이 관이 가늘수록 중력의 작용이 작아 더 높이 올라가게 된다.

이와 같은 표면장력과 모관현상에 의해 관수한 물은 분토속에 남아있게 되며, 뿌리에 흡수된 수분은 식물의 각 기관으로 상승되는 것이다.

③ 분내 (盆內)의 수분

(1) **식물에 이용되는 수분** : 식물의 생장 (生長)은 용토(用土) 속에 있는 수분의 절대량(絶對量)에 의한 것이

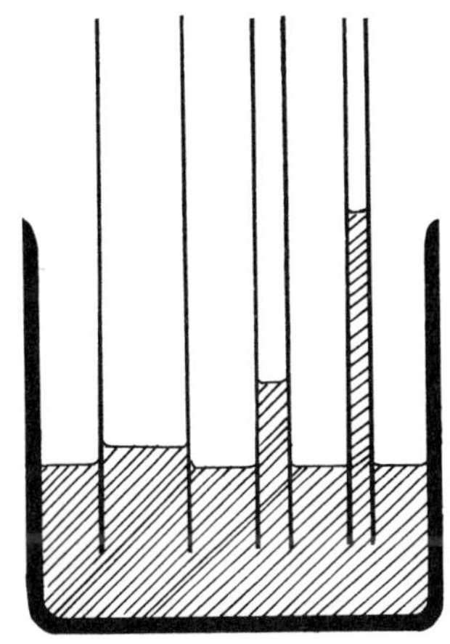

그림 9 - 67 모관현상에 의해 관의 직경이 작을수록 물은 높이 올라간다.

아니고 생육하고 있는 용토중의 수분상태의 여하에 따라 좌우된다.

식물이 이용할 수 있는 수분은 용토내 전체의 수분은 아니며 토양공극 (土壤孔隙 : 토양의 입자와 입자 사이의 공간) 중의 모관수(毛管水)와 중력수(重力水)에 가까운 정체수이다.

용토내의 수분상태는 토양의 구조, 토양의 종류, 토성(土性) 등에 따라 변화되며, 수분의 종류로는 흡착수(吸着水), 모관수(毛管水), 중력수 (重力水)가 있다. (그림 9 - 68 참조)

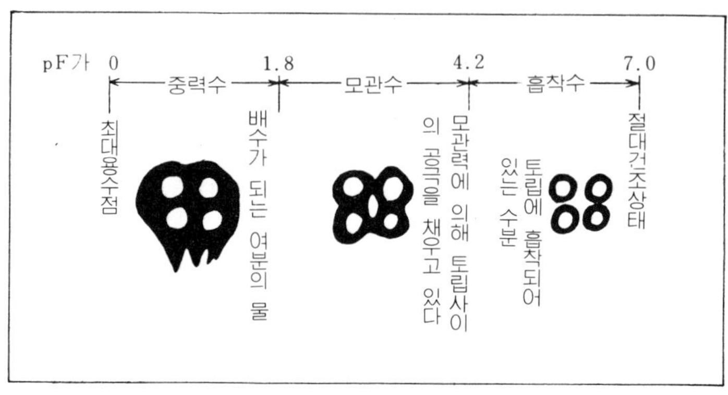

그림 9 - 68 토양의 수분상태와 pF가

① 흡착수(吸着水, hygroscopic water)

토양입자(土壤粒子)에 흡착(吸着)되어 있는 수분으로 입자면(粒子面)에 엷은 피막(皮膜) 형태로 되어 존재하고 있으며 강하게 토양입자와 결합하고 있기 때문에 뿌리에 의한 흡수(吸收)가 불가능하므로 식물에는 이용되지 않는다.

② 모관수(毛管水, capillary water)

물분자의 응집력(凝集力)과 표면장력, 부착력(付着力)에 의해 중력(重力)을 저항(抵抗)해서 토양입자 사이에 보지(保持)되고 있는 수분으로 토양입자의 작은 공극(孔隙)을 채우고 있다. 이 모관수가 뿌리에 흡수되며, 식물에 이용되는 수분의 대부분은 모관수이다.

③ 중력수(重力水 : gravitational water)

분(盆)에 관수를 하면 배수구멍을 통해 물이 빠져 나오는데 이 수분은 물 자신이 중력의 작용에 의해 토양입자의 큰 공극(孔隙)을 통하여 이동되는 수분으로 중력수(重力水)라고 한다.

분(盆)에서는 이 중력수가 완전히 빠져나가는 것이 아니고 일부는 분 밑 배수층에 남아 있는데 이것은 물의 성질인 부착력과 표면장력이 중력과의 균형에 의하여 남아있는 것으로 볼 수 있다.

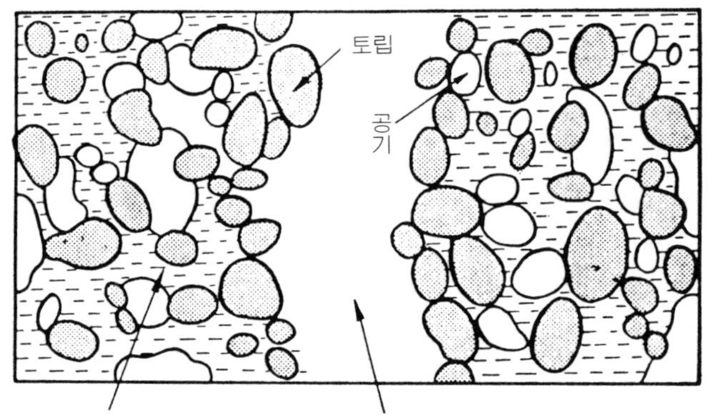

그림 9 - 69 토양의 확대도

분내(盆內)의 정체수의 존재 여부는 쉽게 알 수 있다. 분에 물을 충분히 주고나서 배수가 끝난 뒤에 분을 조금 기울여 보면 다시 여분의 물이 흘러나오는 것을 볼 수 있다. 이것이 바로 아직 분속에 남아 있는 정체수이며 분재(盆栽)에서 식물이 이용하는 수분은 모관수만이 아니고 이 정체수도 흡수한다.

⑵ **분내의 수분 이동과 통로** : 관수를 했을 때 분내에 수분이 고르게 스며드는 것은 분갈이했을 당시이며 시간이 흐를수록 분의 중심으로는 수분이 잘 스며들지 않고 분의 가장자리로 침투하게 된다.

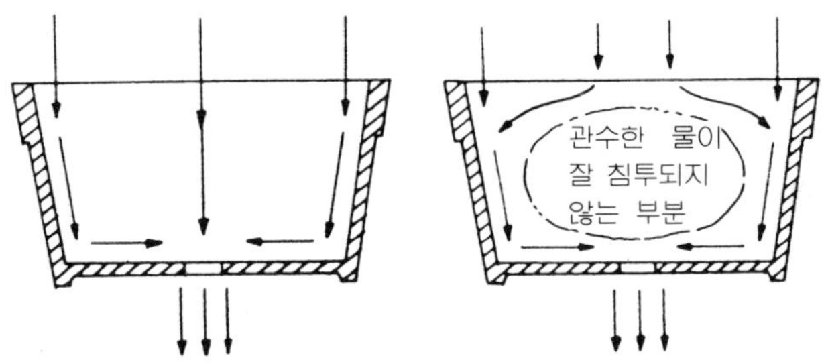

그림 9 - 70 분갈이를 갓 했을때와 1년 정도 지난후 수분이 침투되는 상태

이와같이 수분은 용토와 분의 안벽 사이를 통해 배수구멍으로 유출되며,
수분이 침투되고 나면 신선한 공기가 들어오므로 수분과 공기의 공급이
잘 되는 분(盆) 바닥에 대부분의 흡수근(吸水根)이 집중된다. 그 다음
은 분의 측면에 발달하고 있으며 분의 중심에는 흡수근(吸水根)의 발달
이 미약한 것이 보통이다. (그림 9 - 71, 72 참조)
그리고 중력수가 흘러나간 후의 수분의 이동에는 모관수의 이동이 가장
큰 역할을 하게 된다. 수분의 이동은 습(濕)한 부위에서 건조(乾燥)한
곳으로 일어나지만 그 원인에는 여러 가지가 작용하게 된다.

건전한 뿌리   상한 뿌리
 (수분과 공기의 공급이 잘됨) (수분의 공급은 되지만 공기의 공급이 불량)

그림 9 - 71

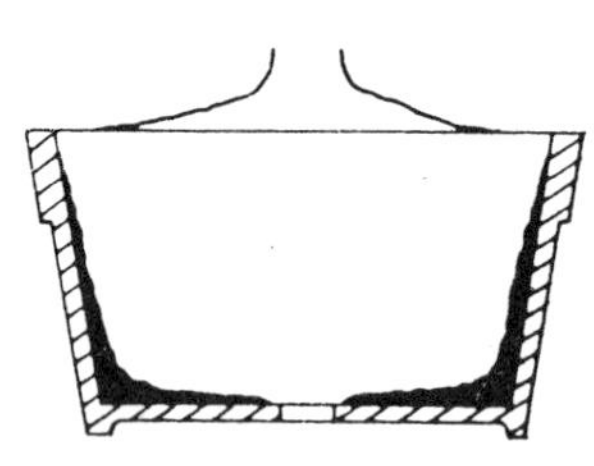

그림 9 - 72 뿌리가 발달되어 있는 부위(분바닥이 가장 발달해 있으며 그 다음이
          이 분의 안벽이다.)

4 수분의 흡수

⑴ **뿌리의 흡수부위** : 뿌리의 역할은 토양속에 뿌리를 뻗어서 지상부(地上部)를 지지(支持)하는 것과 식물의 생육에 필요한 영양분과 수분을 흡수하는 것이다.

최대흡수부위는 뿌리 끝의 통도조직(通道組織)이 충분히 발달해서 성숙한 곳이며 뿌리털(根毛)의 발달도 양호하다.

일반적으로 세근(細根)이 발달해 있으면 근단표면적(根端表面積)이 많아 흡수량도 증가하는 경향이 있다.

⑵ **근모**(根毛)**와 흡수** : 어린 뿌리의 표피세포(表皮細胞)는 세포막(細胞模)이 얇아서 수액(水液)의 통과가 용이하다. 이 표피세포가 발달한 근모(1개의 근모는 1개의 표피세포의 돌기)는 일반적인 표피세포보다 표면적이 크고 세포막도 아주 얇아 흡수작용에 큰 역할을 한다.

근모(root hair)는 토양의 통기(通気)와 습도(濕度)가 양호한 조건하에서 잘 발달되고 통기성이 나쁜 과습조건하에는 제한된다.

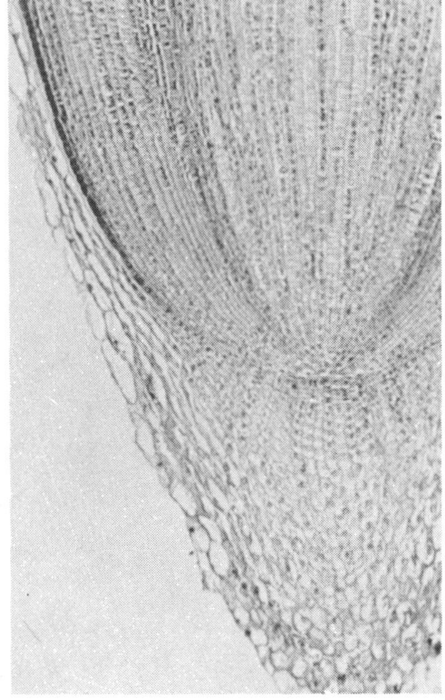

어린뿌리의 잘 발달된 根毛　　　그림 9 − 73　　　어린뿌리의 종단면

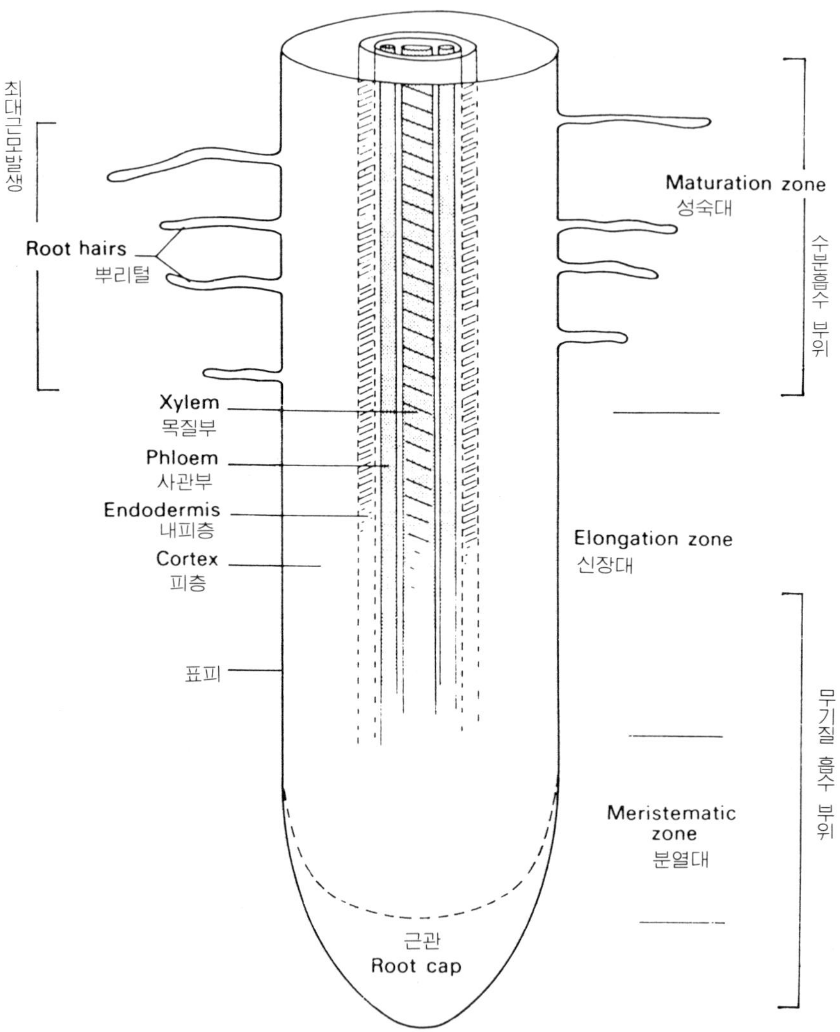

그림 9 - 74 어린 뿌리의 구조와 양분 및 수분흡수 부위

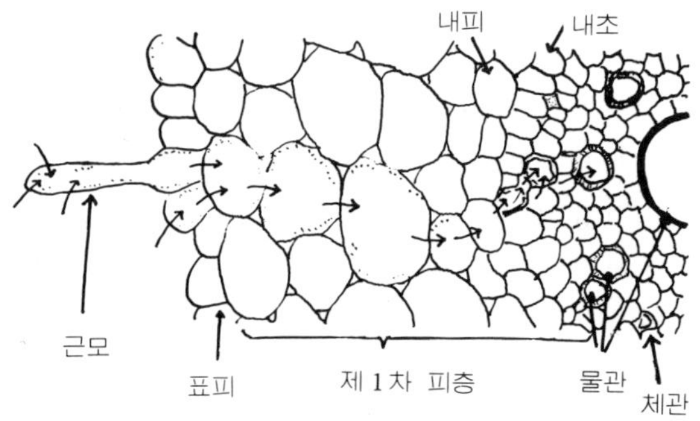

그림 9 - 75 수분이 뿌리털을 통해 물관까지 이동하는 통로

⑶ **흡수에 관계되는 조건** : 뿌리의 흡수는 토양중의 수분상태와 뿌리의 흡수력과의 상호관계에 의해 지배되지만 그외 간접적으로 작용하는 것은 기온, 지온, 토양중의 탄산가스와 산소, 대기의 습도, 일사량(日射量) 등이 있다.

① 기온은 주로 지상부의 증산작용을 통해 흡수에 관계하고 일반적으로 기온이 상승하면 증산이 왕성하게 되므로 뿌리의 흡수가 조장된다.

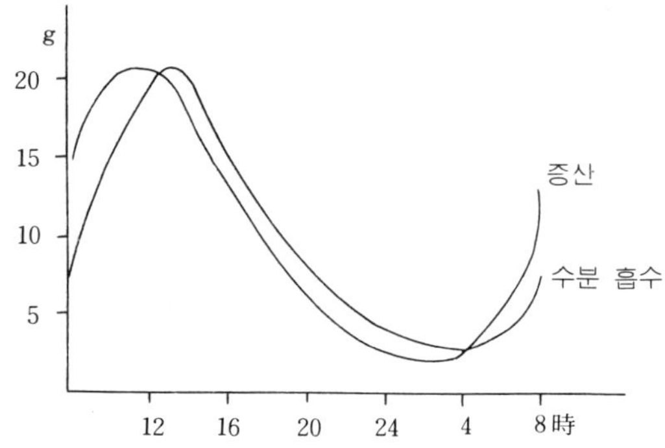

그림 9 - 76 증산과 수분 흡수의 시간의 경과에 따른 변화

② 겨울에서 봄으로 지온(地溫)이 상승하면 뿌리의 흡수량이 증가되므로 지상부의 증산작용도 크게 된다. 이것은 지온의 상승에 따른 뿌리의 흡수가 증가하는 것과 새로운 세근의 발생으로 흡수면적이 증가하는데 있다.

③ 건조한 공기의 강한 흡수력은 큰 나무의 경우 잎으로부터 수십 미터
  나 떨어져 있는 뿌리에서도 물을 흡수하게 하는 원동력이 되므로 대기
  가 건조해서 습도가 낮으면 공기의 흡수력이 강해져 지상부의 각 기
  관에서 증산량이 증가하고 따라서 뿌리의 흡수량도 증가한다.

④ 일조(日照)는 직접 잎의 온도를 높이고 기공(stomata)의 개폐(開閉)
  에 영향을 끼치므로 일사량(日射量)이 많게되면 증산량은 증가한다.

⑤ 바람은 증산작용(transpiration)에 의해 엽면(葉面) 가까이에 머물러
  있는 수증기를 없애므로 엽면에서의 증산량을 많게 하여 흡수를 증가
  시킨다.

⑥ 토양의 통기가 나쁘면 뿌리의 활동이 원할하지 못하므로 토양속에 수
  분과 양분이 충분히 있어도 식물은 이것을 흡수해서 이용할 수 없다.

그림 9 - 77 통기성과 분재의 생육

이 원인은 산소부족으로 인한 뿌리의 호흡이 저해되어 활동이 나빠지
는 것과 뿌리의 호흡, 유기물(有機物)의 분해, 토양미생물의 호흡의
결과로 토양속에 유독가스가 증가하는데에 있다. 이 유해가스는 주로
탄산가스이며, 고농도의 탄산가스가 집적되면 산소결핍보다 급속도로
식물의 위조(萎凋 : wilting)에 강하게 영향을 준다. 이것은 고농도의
탄산가스에 의해 흡수근(吸水根)의 세포의 투과성(透過性)이 급속도로
나빠지기 때문이다.

⑦ 산소(酸素)는 뿌리의 선단조직(先端組織)의 대사(代謝)에 관계하여
  흡수 에너지원을 발생시킨다. 근단세포(根端細胞)에서 산소호흡(酸素

呼吸)의 저해(阻害)가 일어나면 세포의 대사기능이 매우 나빠져 세포의 투과성이 떨어지기 때문에 흡수저해(吸收阻害)가 일어난다.

5 분의 종류와 수분 증발

분에서의 수분증발은 분(盆)의 형태(용토의 표면에서의 수분증발)와 재질(분의 측면에서의 증발)에 따라 증발량이 다르며, 이러한 수분증발은분토중의 수분량에 많은 영향을 미친다.

분을 재질(材質)에 따라 대별하면 토분, 도기분, 화공분, 유약분, 자기분, 플라스틱분 등이 있다. 배양분으로 사용되는 토분(土盆)의 벽면을 전자현미경으로 살펴보면 점토입자의 간극과 빈틈이 종횡으로 있어서 물과 공기가 통하기 쉽게 된다. 이처럼 연속기포구조로 된 다공질(多孔質)의 분 표면에서는 수분이 증발할 때 많은 기화열을 빼앗기 때문에 분의 온도가 내려가고 분의 과습을 방지하므로 뿌리의 생육에 좋은 조건이 된다.

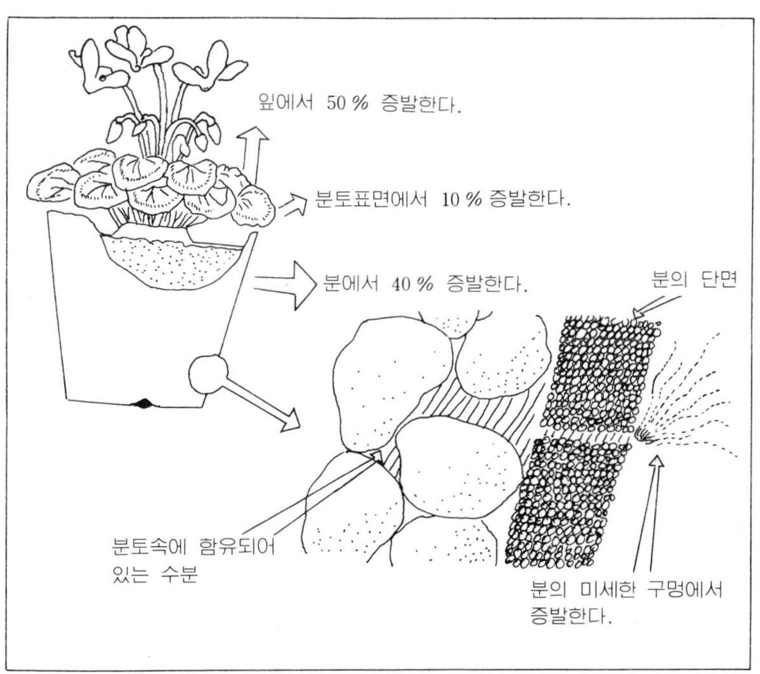

그림 9 - 78 시클라맨의 수분증발비율(개화주)

어떤 분이나 1000°C 이상의 높은 온도에서 구우면 이 간극(間隙)은 구상(球狀)으로 되어서 상호간의 연락이 끊어져 독립기포로 되므로 분표면에서의 수분증발은 잘 일어나지 않는다.

고온에서 구운 도기분이나 유약분, 화공분, 자기분 등은 플라스틱분에 가깝게 분표면에서의 수분증발이 없기 때문에 분토의 건조가 느리게 된다.

토분은 분벽이 수분을 증발시키는 펌프의 역할을 하므로 깊은 분인 경우에 상당히 투수성(透水性)이 나쁜 용토를 사용하거나 뿌리가 분에 꽉차지 않는 한 뿌리의 질식사(窒息死)에 기인하여 뿌리썩음을 일으키는 예는 적다.

분의 표면에 연속기포가 없는 깊은 분은 용토의 투수성과 관수에 주의를 하지 않으면 뿌리의 호흡을 곤란하게 하고 탄산가스의 집적에 의한 피해를 일으키게 된다.

낮은 분의 경우에는 용토가 직접 대기와 접하는 면적이 크므로 용토의 표면에서 수분증발과 가스교환이 꽤 활발하게 일어나므로 특히 한여름이나 바람이 많이 불 때는 관수에 주의를 기울여야 한다.

6 관수의 횟수(양)를 좌우하는 요인

분에 식물을 심어놓고 매일 1회의 관수만 하면 생육(生育)의 양부(良否)는 별도로 치고 대부분의 경우 식물이 고사하는 일 없이 생명을 유지하고 있으며 또 생육도 가능한 것이다.

그러나 훌륭한 작품을 만들고 좋은 생육을 조장하기 위해서는 합리적이며 적절한 관수가 필요하다. 이 합리적인 관수란 단순히 매일 1회의 물만 주는 것이 아니고 전술(前述)한 내용과 식물의 종류, 생육단계, 놓여진 환경의 작용에 대해서도 충분히 인식을 한 뒤에 이루어져야 할 것이다.

◇ 토양수분에 대한 수종별 적응성 ◇

습한데에 견디는 것	팽나무, 버드나무류, 위성류
건조에 약한 것	철쭉류, 삼나무, 낙상홍, 너도밤나무, 자귀나무, 화백나무, 편백나무.
건조에 강하며 비교적 저항력이 있는것	소나무, 해송, 가문비나무, 매화, 피라칸사, 노간주나무 진백, 낙엽송.

(1) **식물의 종류** : 배양(培養)하는 식물의 자생지(自生地)를 아는 것은 수분의 요구도(要求度)를 판단하는데 중요한 자료가 된다.

일반적으로 깊은 삼림(森林)의 초본식물(草本植物)과 계곡의 북쪽 경사지가 자생지인 것은 수분의 요구도가 다소 높은 편이고, 탁 트인 평원(平原)과 계곡의 남쪽 경사지 등 햇빛이 잘드는 좋은 장소에 살고 있는 종류는 수분의 소비량(消費量)이 많은 반면에 비교적 건조(乾燥)에 순화되어 있으므로 수분의 결핍에 대한 적응력(適應力)이 강한 성질을 갖고 있다.

또 식물의 형태에 따라 즉 잎이 큰 식물이나 잎이 많은 식물은 수분의 증산이 많으므로 그것만으로도 수분요구량이 큰 식물로 된다.

	관 수 적 게	관 수 보 통	관 수 많 이
송 백 류	섬잣나무, 진백	해송, 소나무, 두송, 가문비	삼나무, 주목, 갸라목, 편백, 화백,
상 화 류		매화, 해당, 치자 동백, 개나리	벚꽃나무, 영춘화, 명자나무, 목백일홍, 자귀나무, 철쭉류
상 과 류	대추나무, 감나무	피라칸사	밤나무, 마취목, 으름덩굴, 멀꿀, 낙상홍, 애기사과 홍자단, 석류, 당보리수
상 엽 류		단풍류, 노각나무 은행나무	버드나무, 담쟁이덩굴, 참느릅나무, 소사나무, 느티나무, 팽나무, 너도밤나무, 위성류

(2) **식물의 생육단계** : 식물이 수분을 가장 많이 필요로 하는 시기는 새잎과 새순이 힘차게 자라는 영양생장기(營養生長期)이다.

다음으로 중요한 시기는 개화기(開花期)에서 유과기(幼果期), 과실비대기인데 이 시기에 수분부족상태가 발생하면 열매의 생장비대가 건전하지 못하여 제대로 크지 못하고 조기 낙과하는 결과가 되기도 한다.

그리고 개화중에 수분이 부족하게 되면 꽃은 생기를 잃고 꽃의 색깔이 퇴색되므로 아름다움은 반감되며 감상기간도 단축된다.

(3) **환경** :「수분의 흡수」에서 전술한 바와같이 기온이 높거나 바람이 부는 경우와 공중습도가 낮을 때에는 식물의 증산이 왕성하게 되고 수분의 흡수가 많아지므로 관수횟수를 증가시켜야 한다.

그러므로 한여름 낙엽수류(단풍나무류, 애기사과류, 명자나무류, 애기노각나무등)는 수분부족상태가 발생하기 쉬우므로 관수에 각별한 주의를 기울여야 한다.

(4) **그외의 요인** : 분의 대소에 따라서도 수분요구도가 달라지는데 특히 소품분재는 6월 ~ 9월 사이의 관수에 주의를 기울여야 하며 관수횟수를 늘려야 할 것이다.

가을이 되면 건조한 계절풍이 항시 불기 때문에 분토가 의외로 잘 마르게 된다. 또 겨울철의 경우 분토의 동결에 의한 피해를 겁내거나, 겨울이면 식물이 전혀 활동을 하지 못하므로 수분이 별로 필요없다는 생각에서 너무 관수를 극도로 감소시켜 건해(乾害)로 실패하는 수가 많다.

7 관수방법

(1) **수질(水質)** : 관수로서 식물에 주는 물은 먼저 식물한테 유해한 물질을 함유하고 있지 않은 것인지를 알아 볼 필요가 있다. 예를 들어 철분(Fe)이나 염분(塩分)이 많은 물과 알카리성이나 산성이 강한 물은 식물의 생장에 나쁜 영향을 미치게 된다.

그리고 수질(水質)에는 경수(硬水), 연수(軟水)가 있는데 식물은 경수에서는 생장이 나쁘며 연수에서 잘 자란다. 연수의 대표적인 것으로는 빗물이 있지만 이 빗물은 직접 이용하기가 곤란하므로 지하수나 강물에 나쁜 물질이 없으면 적합한 물이다.

그러나 현대생활의 구조상 대부분이 수도물을 이용하고 있으며, 염소가 들어있는 수도물은 특유한 냄새가 나기 때문에 염려하는 사람이 많은 것 같은데 인체에 영향이 없는 양이 들어 있으므로 식물에도 거의 무해하다.

(2) **수온** (水温) : 뿌리의 비대신장 (肥大伸長)을 촉진하는데는 기온 (気温) ,
지온 (地温 : 분토의 온도), 수온 (水温)이 상호 관계해서 큰 역할을 한다.

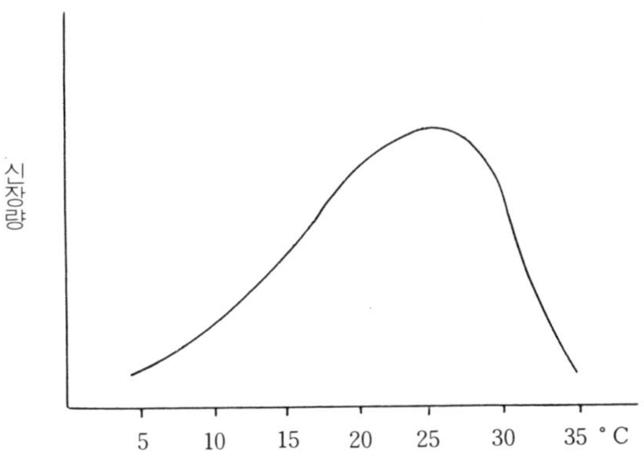

그림 9 - 79 지온과 뿌리와의 신장관계

그중 지온은 뿌리를 신장시키는데 최대의 역할을 하며 이 지온은 기온
에 의해 좌우되는 것이지만 관수하는 물의 수온과 관수방법에 의해서도
인위적으로 어느 정도의 조작이 가능하다.

뿌리의 비대신장을 촉진케하는 급소는 이른 봄에서 여름에 이르기까지와
늦 여름에서 가을까지의 뿌리의 활동기간에 어떻게 지온을 높게, 오랫
동안 지속시켜 줄 수 있는가 하는 것이다. 이것에 수온이 중대한 역할
을 하게 된다.

노지에서 측정한 것으로 지온이 15°C일 때 수온이 13°C인 물을 주면 원
래의 지온으로 돌아오는데는 5∼6시간이나 걸린다. 분재와 같이 분
토의 양이 적은 경우는 더욱 온도가 내려가고 시간이 많이 걸릴 것이다.
그러므로 지하수나 수도물을 직접 분토에 주면 분토의 온도가 내려가므
로 받아 놓은 물을 주는 것이 가장 좋다.

겨울철은 뿌리가 활동은 하지 않지만 생존해있기 위해서 최소한도의 수
분은 흡수하고 있으며 이 때의 수온은 문제가 되지 않는다.

(3) **관수량과 관수횟수** : 관수횟수는 관수의 간격을 말하며, 관수량은 일회
의 관수시에 하나의 분에 주는 물의 양이다. 물을 주는 이상은 흡수근
(吸水根)이 있는 분바닥까지 물이 스며들도록 해야 하며, 소량 (小量) 을
여러번 주면 분토의 상층부만 습 (濕)하고 깊은 곳의 뿌리는 수분부족으

그림 9 - 80 분의 바닥 주위에 발달되어 있는 흡수근

로 인하여 활동을 못하므로 그러한 상황이 계속되면 고사(枯死)하게 된다.

그리고 분의 배수구멍에서 중력수가 흘러나올 때까지 관수를 하더라도 물은 분내(盆內)의 특정한 통로(분의 가장자리)로 해서 유출(流出)되는 경우가 많으므로 이상적인 관수는 수분이 빠져나간 뒤 조금 후에 물을 1~2번 더 주어 완전관수를 해주는 것이다.

토양입자 사이의 간격이 큰 공극(孔隙)의 물은 중력에 의해 흘러나오는데 이때 생기는 부압(負壓)에 의해 분토 표면에서 신선한 공기가 들어온다.

이와같이 관수를 한다는 것은 단순히 식물에 필요한 수분만 공급하는 것이 목적이 아니며, 뿌리의 호흡으로 발생되는 탄산가스 등과 같은 유해가스를 중력수가 흘러나오면서 배출시키고 신선한 공기를 공급해주는 것이다.

한편 작은 공극에서는 수분이 모관수로서 보지(保持)되는데 뿌리에 흡수되며 또 분토의 표면에서 증발되기도 한다.

수분은 함수량(含水量)이 높은 곳에서 증발로 인해 상대적으로 건조해진 곳으로 확산되므로 분토의 표면에서 증발한 수분은 후에 모관현상에 의해 심부(深部)의 수분이 보급(補給)된다. 그러나 토양중의 수분이 더욱 감소되면 모관수의 상승에 따른 수분의 이동이 정지되고, 토층중의 수분은 수증기의 형태로 분토의 표면을 향해 이동되어 표면에서 공중으로 증발한다.

이와같은 현상으로 표층토가 건조하기 시작할 단계에는 이미 분의 하층 토(下層土)는 어느 정도 건조되었다고 판단할 수 있으므로 표토(表土)가 50% 정도 하얗게 말랐을 때가 관수할 적기라고 본다.

관수의 횟수는 전술한 바와 같이 여러가지 요인에 의해 결정되므로 정확한 횟수를 규정할 수 없지만 계절별로 대별하면 다음과 같다.

◇ 계절별 관수의 횟수와 시각 ◇

	1일 횟수	오전 7~8	오전 9~10	오후 2~3	오후 4~5	참고
봄	1		○			새 잎의 생육기로서 수분의 요구도가 점차로 높아지므로 생육중인 것은 관수를 더하고 완성수는 보통으로 한다
늦 봄	2	○		○		
여 름	3	○	○		○	장마때 분말리는 경우가 많으므로 유의해서 관수한다.
늦여름	3	○	○		○	장마가 지나면 고온 건조기에 들어가므로 관수 충분히 하고 늦은 오후 엽수주는 것이 좋다.
가 을	2	○		○		점차로 관수를 줄여서 월동력을 기르도록 한다.
늦가을	1		○			
겨 울	3, 4일에 1 회		○			건조한 계절풍을 맞으면 피해를 보는 경우가 있으므로 유의하고 겨울 분을 말리지 않도록 주의한다.

〔**봄(3~5월)**〕

기온이 올라감과 동시에 식물의 활동이 시작되는 시기이므로 수분의 요구도는 점차 높아져 간다.

4~5월경은 새순과 새잎의 생육기로서 수분이 많이 요구되고, 바람이 자주 부는 계절이므로 의외로 분이 잘 건조하게 된다. 보통 하루에 한

번 정도 관수하고 경우에 따라 한번 더 관수해 준다.

또 상화분재나 상과분재는 관수시 꽃에 물이 가지 않도록 해야 아름다운 꽃을 오래 볼 수 있으며 열매를 맺게 할 수 있다. 비가 오면 비에 맞지 않도록 가려 주어야 한다.

〔**여름**(6 ∼ 8 월)〕

장마철에 비가 계속되면 과습이 되는 분이 발생하는데 분의 한쪽에 나무조각 등으로 받쳐 비스듬하게 해주면 여분의 물은 흘러나오게 되어 습해를 받지 않는다. (그림 9 -81 참조)

그림 9 -81 분을 받침대로 이용하여 과습의 피해를 막는다.

장마때 가지와 잎이 무성한 분은 비만으로는 분토의 심부까지 수분이 도달하지 못하는 경우도 있으므로 비가 왔다고 안심하고 있으면 때로는 수분부족으로 인한 피해를 입기도 한다.

장마가 끝나고 고온건조기(高溫乾燥期)가 되면 잎에서의 증산과 분토의 표면에서의 증발이 심하게 일어난다.

그러므로 소품분재는 물관리에 각별한 신경을 써야하고 단풍나무류, 낙상홍, 목백일홍, 너도밤나무, 노각나무, 등과 같이 수분부족으로 잎 끝이 잘 타는 수종은 오후의 햇빛을 가려주거나 반그늘이 되는 곳으로 배양장소를 옮기는 것이 좋다. 보통 하루에 2 ∼ 3번 관수한다.

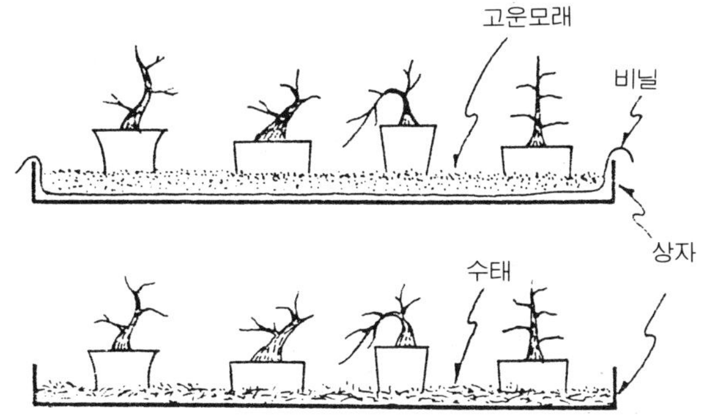

그림 9 –82 소품분재의 한여름 관리방법

〔**가을** (9~11월)〕

 9월은 다시 식물의 왕성한 생육이 시작되므로 8월에 준하지만, 10월, 11월이 되면서 기온도 내려가고 낙엽도 져서 수분의 흡수량이 감소하므로 분토의 건조를 보아서 하루에 한번 정도 관수를 한다.

〔**겨울**(12월~2월)〕

식물이 휴면기에 들어 가므로 수분을 아주 필요로 하지 않는 것처럼 보이지만 생존해 있기 위해서는 적은 양이지만 수분이 요구된다.

그러므로 겨울철에도 건조의 상태를 보아 관수를 해야 하며 기온이 높아지는 오전 중에 한다.

⑷ **관수의 시각** : 해가 뜨고 기온이 높아지면 증산작용이 활발해져 수동적 흡수(受動的吸水)에 의한 양이 많아지므로 보통 아침에 관수를 하는 것이 좋다.

해가 지면서 식물의 활동도 서서히 중지되고 기온의 하강에 따라 수분의 증산도 감소되므로 오후 늦게 관수를 하면 물이 오랫동안 분속에 정체해서 뿌리의 활동에 나쁜 영향을 주기 때문에 삼가한다.

한 여름은 대개 하루에 두번 정도는 관수를 하게 되는데 낮에 분의 온도가 너무 높을 때 관수하면 지온(地溫)을 낮추는 효과도 있다.

겨울철은 저녁에 관수하거나 과습한 상태로 밤을 맞이하면 새벽의 최저 기온시에 줄기 밑둥의 수피속이 동결팽창해서 수피(樹皮)가 파열되고 봄이되면 박피가 되어 고사하는 경우가 있으므로 서울 등 추운지방에서는 관수의 시각에 유의해야 한다.

(5) **관수요령** : 물뿌리개, 호스 등에 의한 관수는 표층토(表層土)를 단단하
게 하는 결점이 있으므로 물줄기가 가늘고 부드러운 물뿌리개를 쓰도록
하고 분토의 표면 가까운 곳에서 될 수 있으면 수압(水圧)이 낮도록 해
서 준다.

그림 9 − 83 물뿌리개에 의한 관수

그리고 뿌리가 꽉차서 배수가 잘 안되는 분은 적기(適期)이면 분갈이를
하고 그렇지 못하면 살며시 뽑아서 큰 분에 그대로 심어서 관리하는 방
법이 있다. 또 대꼬챙이로 분바닥까지 여러 곳을 뚫어서 투수성을 꾀하
는 방법도 있다.

흔히 관수의 양과 횟수를 혼동하는 경우가 많은데 식물의 성질이 물을
좋아하고 싫어하는 것과는 관계없이 관수하는 횟수를 많이 하느냐 적게
하느냐 하는 것이지 한번 관수하는 양은 충분한 관수 즉 완전관수를 해
야한다.

완전관수의 한 방법으로 요수법(腰水法)이 있다. 한 여름 분이 잘 건조
되는 시기는 1주일에 한번정도 넓은 용기에 물을 받아놓고 분채로 5
분가량 담구어 두었다가 꺼내는 방법이다.

분갈이를 한지 오래되어 분의 중심에 수분의 침투가 잘 안되는 분과 소
품분재에 효과적이다. (그림 9 −84 참조)

그림 9 - 84 요수법

⑹ **관수기구 (灌水器具) 및 설비 (設備)** : 식물의 종류, 재배방법, 재배본수,
생산방식 등에 따라 여러 가지 형 (型)의 관수기구를 사용할 수 있으나,
분재의 특수성에 의해 자동관수시설은 제한이 많이 받아 주로 수동식 관
수를 하고 있다.

① 물뿌리개 (syringe) : 취미나
소규모 재배에 이용된다. 플
라스틱 물뿌리개는 물줄기가
굵으므로 분토에 압력을 줄
뿐만아니라 분토를 흐트려 놓
기 때문에 구멍이 많고 물이
부드럽게 나오는 것이 좋으며
요즈음 스텐레스 제품이 시판
되고 있다.

그림 9 - 85 물뿌리개와 호스에 연결
하는 노즐

② 호스 (hose) : 호스 끝에 노즐 (nozzle)을 끼워서 사용하며, 대부분의
분재 재배에서는 이 호스 관수에 의존한다.

그림 9 - 86 호스에 의한 관수

③ 하향살수장치(下向撒水裝置) :
대규모의 소재생산에서 자동관수
장치(自動灌水裝置)로서 사용한
다. 플라스틱이나 수도관의 곳곳
에 노즐을 부착시켜 관수하는 것
이다. 잎이 무성한 식물은 수분
공급을 제대로 받을 수 없으며,
또 분마다 일정하게 수분 공급이
되지 못하는 불합리한 점이 많다.

④ 점적관수(點滴灌水 : spot irri-
gation) : PVC 파이프에 전선(電
線)과 같은 미세한 관(管)을 연
결시키고 관수관 끝에 연괴(鉛塊)
를 달아 분마다 개별적으로 관수
하는 장치이다.

그림 9 - 87 하향식 살수장치
(노즐부착)

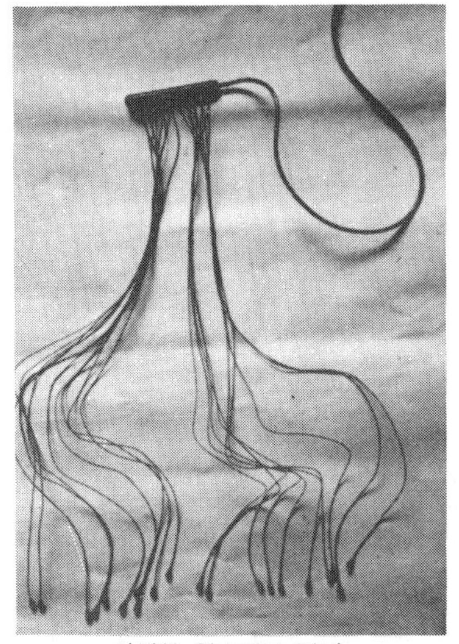

미세한 관수관과 연괴

관수 상태

그림 9 - 88 점적 관수

관수의 필요정도에 따라 분에 놓
는 연괴의 수(数)를 증감(增減)
한다. 큰 분과 수분을 많이 요구
하는 수종에는 연괴의 수를 증가
시켜도 좋다.

그림 9 - 89 자동산수장치에 의한 관수
(타이머를 부착해서 일정한
시간에 관수 가능)

(7) **엽수(葉水)의 효과** : 관수시 분에만 물을 주는 것이 아니고 잎도 같이
물을 뿌려 주거나, 분갈이를 해서 뿌리가 회복되지 않는 것과, 수세(樹
勢)가 나쁜 식물의 응급조치법으로서 잎에 분무(噴霧)하는 것을 엽수라
하며 여러 가지 효과를 나타낸다.

특히 송백류(松柏類), 만병초, 사쯔기 철쭉 등은 엽수가 매우 효과적이
지만 느티나무와 당단풍 등의 낙엽수에서는 엽수를 많이 주면 잔가지가
신장(伸長)해서 잎이 커지므로 자주 해주는 것은 좋지 않다.

☆ 엽수의 효과

① 식물은 잎에서도 수분을 흡수하므로 수분의 공급을 받을 수 있다.

② 여름 고온시에 엽수를 해주므로 해서 잎의 온도를 낮추고 일시적이지만 증산을 억제하여 과도한 증산을 막을 수 있다.

③ 식물이 시들었을 때 엽수를 하면 잎에서의 수분흡수량이 많아져 회복을 촉진시킬 수 있으므로 잎의 표면 뿐만아니라 잎 뒷면에도 분무를 해야 효과가 크다.

④ 잎을 깨끗이 씻어 주므로 해서 광합성의 효과를 높여 주는 역할을 한다.

⑤ 뿌리의 흡수기능이 나쁠 때 엽수겸 엽면시비를 하면 비료의 공급이 가능하다.

⑥ 고온 건조기에 발생하기 쉬운 응애를 예방하는 효과도 있으며, 그리고 이슬을 맞지 못하는 곳에 둔 식물을 저녁에 분무하면 밤이슬을 대신하는 효과를 얻는다.

⑧ **엽소현상 (葉燒現象) :** 한여름 강한 햇빛 하에서 잎에 엽수를 하면 잎에 묻은 물방울이 렌즈의 집열현상(集熱 現象)을 야기시켜 엽소 현상이 발생하므로 관수시 잎에 물이 닿지 않도록 해야 한다는 설이 있으나 이것은 전혀 사실과 다르다.

물방울이 렌즈작용을 한다는 이유는 초점거리를 생각해보더라도 근거가 없으며, 실제의 재배에서도 이러한 경험을 가진 사람은 없을 것이다.

엽소현상은 다음과 같은 경우에 발생된다.

그림 9 - 90 엽소현상

① 관수의 부족으로 분토가 건조한 상태로 계속되면 분토의 비료농도가 상승하여 뿌리를 상하게 하고 또 수분흡수가 잘 안되어 수분공급이 결여된 상태

② 용토는 습(濕)하더라도 분, 분토의 이상 고온에 의하여 뿌리의 기능장해

③ 분토가 건조하여 수분공급이 안되고 있는데 잎에만 엽수를 하여 잎에 닿은 물이 강한 햇빛에 의해 급속히 증발할 때 잎속의 수분까지도 함께 증발하는 경우

④ 배수가 불량한 분과 비료를 과다하게 주어 농도장해(濃度障害)를 일으킨 것은 수분의 흡수불량으로 발생된다.

🖪. 시비 (施肥)

동물은 육류와 풀 등의 유기물(有機物)을 먹고 자라지만 식물은 뿌리에서 흡수한 물과 공기중의 CO_2를 사용해서 광합성을 하여 탄수화물(炭水化物)을 만들어서 생육한다. 잎에서 만들어진 탄수화물은 식물체를 구성하는 기본이며 다음에 어떤 생리활동을 하기위한 에너지원으로, 또 다음 세대의 자손을 번식시키기 위한 원료가 된다.

그리고 식물체 중에서 탄수화물과 함께 중요한 단백질은 잎에서 만들어진 탄수화물과 뿌리에서 흡수된 질소(N)가 결합해서 합성된다. 이때 칼리(K)와 인산(P)의 도움이 없으면 그 과정은 잘 진척되지 않는다.

이와같이 식물의 생리활동 중에서 토양으로 부터 흡수되는 무기류는 여러 가지 면에서 중요한 역할을 한다.

이러한 무기물은 일반적으로 토양속에 함유되어 있지만 특히 질소, 인산, 칼리는 다른 여러 가지 성분에 비해 다량으로 식물이 필요로 한다.

더구나 분재는 한정된 분토속에서 생육해야 하며 순치기, 가지치기 등 여러 가지 작업을 견뎌내야 하고, 보다 활력있게, 보다 아름다운 꽃·열매를 맺게하기 위해서는 부족되기 쉬운 N, P, K를 비료로서 보급해야 한다.

그림 9 - 91 깻묵덩이 거름

1 비료의 생리작용

(1) **질소**(Nitrogen) : 질소(窒素)는 생명활동을 하고 있는 원형질(原形質)의 주성분인 단백질(蛋白質)과 식물조직(植物組織) 및 주요한 생활작용을 하는 물질의 구성성분이며, 식물이 생장한다는 것은 곧 원형질(原形質)의 양(量)이 증대하는 것이다.

이와같이 질소는 식물체의 지엽(枝葉)을 크게 자라게 하는 역할을 하므로 식물의 생육 초기 즉 지엽이 한껏 자랄 때 없어서는 안되는 중요한 성분이며, 「엽비(葉肥)」라고도 한다.

식물의 엽록소(葉緑素)도 질소가 주요 구성성분으로 되어 있으므로 부족하게 되면 엽록소의 형성이 안되기 때문에 잎의 녹색이 엷어져 황백화 현상(chlorosis)이 일어나며, 늙은 잎의 단백질이 분해되면서 나오는 질소가 생장중인 어린 잎으로 운반되어 이용된다.

그러므로 질소의 부족은 식물의 생장이 억제되며 잎이 작은 그대로, 수(數)도 증가되지 않아 빈약한 모습을 하게 된다.

질소는 식물이 제한없이 흡수하는 성질이 있으므로 과다하게 시비할 경우에는 여러가지 장해(障害)가 발생하게 된다.

질소의 과잉은

① 화아분화(花芽分化) 즉 꽃눈의 형성이 잘 안된다.

② 꽃피는 것이 늦어지며 꽃색도 엷게되고 열매를 잘 맺지 못한다.

③ 열매를 맺더라도 생리적낙과 (生理的落果)가 많이 발생한다.

④ 식물의 성숙 (成熟)이 늦어진다.

⑤ 질소가 식물체내에 많이 흡수되면 바로 탄수화물과 결합해서 단백질만을 합성하기 때문에 도장하듯이 형체만 크게 자라므로 병해충및 동상해 (凍霜害)에 대한 저항력이 약해진다.

⑥ 상구 (傷口)가 잘 아물지 않으므로 병균의 침입을 용이하게 해준다.

이와같은 여러가지 질소의 악영향이 있지만 질소는 많은 비료성분 중에서도 가장 중요한 요소이며 식물의 생장량은 질소의 양으로 결정된다해도 지나친 표현은 아니다.

(2) **인산** (Phosphate) : 원형질의 주요한 구성요소인 핵산 (核酸), 핵단백질 (核蛋白質), 인지질 (燐脂質, phospholipid) 등은 인산 (燐酸)을 함유하고 있으므로 세포의 생장, 증식 (增殖)에 꼭 필요한 원소이다.

그러므로 식물체를 분석해 보면 줄기와 뿌리의 선단부 즉 가장 왕성하게 생육하고 있는 부분과 세포분열도 왕성한 곳에 인산이 많이 보인다. 이것은 인산이 세포의 구성성분이며, 단백질의 합성이 순조롭게 진행되도록 윤활유와 같은 역할을 하기 때문에 인산이 없으면 세포의 증식이 되지 않으며 생육이 멈추게 된다.

인산은 「꽃과 열매의 비료」라고 불리고 있다. 이것은 인산이 생식생장 (生殖生長)을 좋게 하고, 꽃의 색과 과즙의 성질 등에 관계하여 품질향상에 중요한 역할을 하므로 꽃과 열매를 관상하는 재배에는 이 인산비료를 꼭 주어야 한다.

사실 인산이 부족하면 꽃눈의 형성이 안되어 꽃을 잘 피울 수 없으며 성숙기가 늦게되고 병해에도 걸리기 쉽게 된다.

인산은 질소와 칼리에 비하면 토립 (土粒)과 토양속의 다른 원소와 결합하기가 쉽기 때문에 식물이 이용하기 어려운 성질이 있다. 또 인산은 질소와 칼리를 뿌리가 흡수하는 경우보다 에너지를 많이 필요로하므로 뿌리에 힘이 없으면 흡수가 곤란하다. 어린 뿌리는 힘이 왕성하므로 인산의 흡수는 새로운 뿌리의 선단 (先端)의 한정된 부분에서만 행해지고 있다고 하며, 항상 새로운 뿌리가 나오지 않는 상태로 되면 인산은 충분히 흡수되지 않는다.

인산을 효과있게 하는 급소는 뿌리가 잘 발달될 수 있도록 좋은 용토를 사용하는 것과 식물이 필요로 하는 양보다도 좀더 여분있게 주는 것이다.

더구나 인산은 흡수량에 한계가 있으므로 질소와 같이 과다장해를 일으키지 않으며, 여분이 있더라도 식물에게 나쁜 영향을 주지않고 오히려 좋은 효과를 나타낸다.

(3) **칼리**(Potassium) : 칼리(K)는 자신이 세포를 구성하는 성분은 아니지만, 식물체내의 신진대사(metabolism) 과정에 참여하여 촉매작용(catalyst)을 함으로서 여러가지 생리작용(生理作用)이 순조롭게 진행되도록 해준다.

예를 들면 탄수화물의 생성과 이동, 단백질의 합성, 세포의 분열 등에 관여한다.

또 칼리는 새 뿌리의 발육을 도와서 뿌리뻗음을 좋게하는 효과가 있으므로 생육초기의 새 뿌리가 발달할 때 가장 필요한 비료성분이다. 옛부터 묘를 기르는 묘상과 이식을 할 때에 양질(良質)의 칼리 비료인 재를 주는 것도 새뿌리의 발육을 좋게 하기위한 것이다.

이 외에 칼리는 추위, 더위 등의 외부로부터의 악영향에 대한 저항력과 내병성(耐病性), 내충성(耐蟲性)을 강하게 한다.

2 비료의 종류

비료(肥料)는 화학비료 즉 무기질비료(inorganic fertilizer)와 퇴비, 계분, 깻묵 등 유기질비료(organic fertilizer)로 대별한다.

화학비료(化學肥料)는 그대로 물에 용해(溶解)되어 물과 함께 식물에 흡수되므로 속효성비료(速效性肥料)라 하여 주로 밭에서 배양중인 것에 사용한다.

분재에는 주로 유기질비료(有機質肥料)를 사용하며, 유기질비료는 토양미생물(土壤微生物)에 의해 무기질(無機質)로 된 다음 물에 용해되어 식물에 흡수된다. 질소는 대략 15일 이상, 골분은 50일정도 소요되므로 유기질비료를 지효성비료(遲效性肥料)라고 한다.

분재에 사용되고 있는 유기질 비료에는 깻묵덩이 거름, 액비(깻묵으로 만든 것), 골분 등이 있으며 무기질 비료(화학비료)에는 마감프K, 나르겐(Nalgen), 하이포넥스(Hyponex), 비왕(肥王), 북살(Wuxal), 캄프샬 등이 있다.

◇ 각종 유기질 비료와 그 성분(%) ◇

종류＼성분	질　소	인　산	칼　리
증　제　골　분	3.7	32.0	——
탈　교　골　분	1.0	28.0	——
깻　　　　묵	5.0	2.5	1.3
미　　　　강	2.1	4.1	1.4
낙　　　　엽	——	15.0	50.0
짚　　　　재	——	8.0	50.0

(1) 깻묵덩이 거름 제조법：주로 유채박이나 참깨, 들깨의 깻묵으로 만든다. 수종(樹種)에 따라 제조법을 다르게 하는 것이 배양에 있어서 좋은 효과를 나타내므로 상화·상과 분재는 깻묵에 골분 20％ 미강 10％ 정도를 송백류·상엽분재는 깻묵에 미강만 20％ 정도를 혼입한다.

상화·상과분재는 인산(P)이 많이 들어있는 골분(骨粉)을 혼입하므로 해서 화아분화(花芽分化)를 보다 좋게 할 수 있다.

송백·상엽분재에 골분이 혼입된 것을 사용하더라도 해(害)는 없지만 느티나무와 단풍나무는 가지끝이 현저하게 굵어지고, 송백류도 가지가 다소 굵어지는 경향이 있으므로 깻묵 단용으로 만든 것을 사용하는 것이 좋은 효과를 나타낸다.

깻묵가루를 적당한 용기에 넣고 물로 반죽을 하는데 끈기있게 반죽을 잘한 다음 바람이 닿지않고 될 수 있는대로 온도가 높은 장소에서 발효를 시킨다. 대개 10일내지 15일정도면 깻묵의 표면에 흰곰팡이가 생기며 이것을 손바닥으로 하나씩 둥글게 만드는데, 보통분재용은 직경이 3.5 ～4㎝정도, 소분재용으로는 2㎝정도의 덩이로 한다.

건조를 시키면 약 2할정도 크기가 작아지므로 미리 크게 만들어야 한다. 처음 10일 동안은 반드시 그늘에서 말려야 하며, 처음부터 햇볕에서 말리면 덩이의 내부와 외부가 균일하게 건조되지 않고 외부부터 급속히 건조되어 수축되므로 균열이 생겨 좋지 못하다. 그리고 밤에는 이슬을 맞지 않도록 해주면서 약 20일에서 30일간 햇빛하에서 돌덩이처럼 단단하게 말린 다음 습기가 없는 곳에 보관하였다가 사용한다.

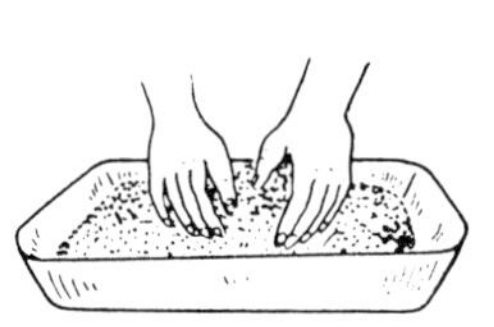

1. 깻묵가루에 물을 부어 반
죽을 한다.

2. 찰떡 정도의 말랑한 상태
로 반죽을 하여 발효시킨다
(흰곰팡이가 나온다.)

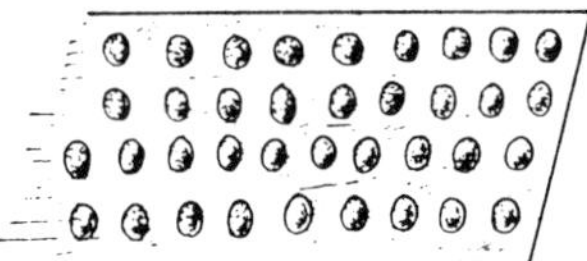

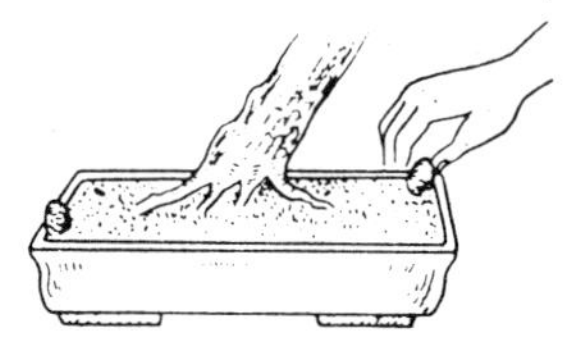

3. 발효된 후 3.5~ 4 cm 정도
의 덩이를 만들어 그늘에서
말린다. 다시 햇빛에서 20~
30 일 건조시킨후 사용한다.

4. 분의 가장자리에 올려 놓
는다.

그림 9 - 92 깻묵덩이 거름 제조법

(2) **액비(液肥)의 제조법** : 액비는 깻묵 1에 대하여 물 10의 비율로 해서
뚜껑이 있는 용기에 넣어 만드는데 여기에 골분이나 어분, 생선내장 등
을 혼입하면 더욱 좋다.

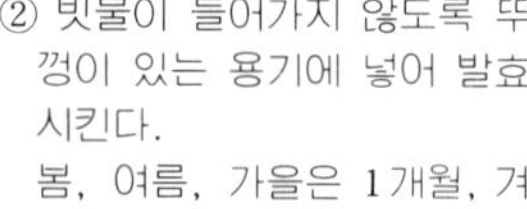

① 10배의 물에 담근다.

② 빗물이 들어가지 않도록 뚜
껑이 있는 용기에 넣어 발효
시킨다.
봄, 여름, 가을은 1개월, 겨
울은 3개월정도 걸린다.
주 : 봄, 여름, 가을에 만든
것은 냄새가 많이 나므로 겨
울에 만드는 것이 좋다.

③ 위쪽 맑은 물을 떠서 20 배
로 희석하여 사용한다.

그림 9 - 93 액비 제조법

용기는 양지바른 곳에 두며 여름에는 1개월정도 지나면 사용할 수 있고 겨울에는 2개월이상 지나야 한다. 그런데 여름에 만들면 악취가 심하게 나므로 적합한 시기는 11월에 만들었다가 다음 해 봄에 사용하면 악취가 덜나며, 1년쯤 묵혔다가 사용하는 것이 가장 냄새가 적다.

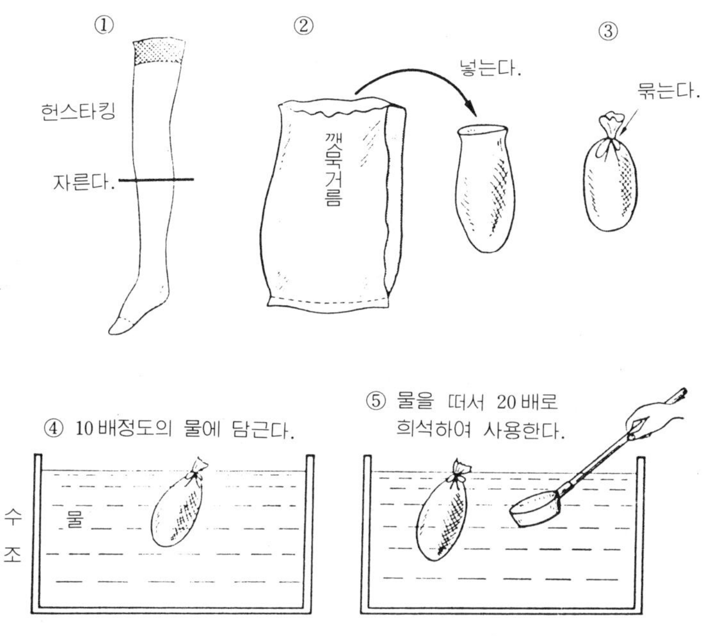

그림 9 - 94 헌 스타킹을 이용한 액비 만들기

③ 시비시기 (施肥時期)

겨울잠에 푹 빠져있던 식물들이 봄이 되어 기온이 상승되면서 활동을 하기 시작해서 6월까지 신장생장을 왕성하게 계속한다. 7월중순이 되어 한여름으로 접어들면서 신장생장은 둔화되고 거의 정지상태가 되었다가 8월하순경부터 9월에 걸쳐서 성숙기의 왕성한 생장활동이 시작되므로 비료는 식물의 생장기에 맞추어서 주도록 한다.

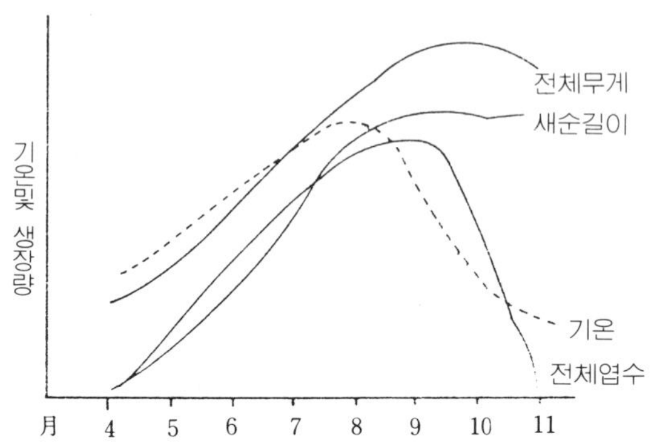

그림 9 - 95 기온의 계절적 변화와 낙엽수의 생장

분재는 유기질비료인 깻묵덩이 거름을 주체로 사용하며, 유기질 비료는 기온이 10°C 정도 되어야 분해를 시작하므로 하루 평균기온이 10°C 정도 될 때 첫 시비를 한다. 한여름은 일시적으로 식물의 생장이 멈추므로 깻묵덩이 거름을 전부 걷어 내었다가 8월하순부터 다시 주도록 한다. 10월 이 되면 기온이 내려가 비료의 분해가 잘 되지 않으므로 10°C이하가 되면 걷어낸다. 비료의 효과가 없는데도 제거하지 않으면 깻묵덩이 거름의 가루가 소량이더라도 용토속으로 들어가서 해(害)만 입히는 결과를 초래한다.

☆ 시비하면 안되는 시기

① 장마철에는 증산작용이 감소되므로 양수분의 흡수가 둔화되고, 깻묵 덩이가 늘 습(濕)하여 잘 허물어지기 때문에 걷어낸다.

② 상과분재는 개화기에서 열매가 어느 정도 커질 때까지 시비하지 않 는다. 시비를 하게되면 식물의 생장이 왕성해져 낙과(落果)가 많이 발생한다.

③ 분올림, 분갈이한 분은 뿌리가 활착할 때까지 1개월간은 시비를 삼 가한다.

④ 잎따기 작업을 한 것은 새잎이 돋아나올 때까지 시비를 않는다.

4 시비방법(施肥方法)

적기(適期)에 적량(適量)의 시비를 하는 것이 시비의 효과를 충분히 발 휘시킬 수 있으며, 한번에 대량을 주게 되면 농도가 높아져 뿌리가 상하 므로 조금씩 횟수를 많게 한다.

⑴ **깻묵덩이 거름** : 지효성 비료이므로 목적으로 하는 날보다 10일~20일 일찍 10 cm²에 한 알 정도 분의 가장자리에 살짝 올려 놓는다.

깻묵덩이 거름의 비효(肥效) 는 70 ~ 80일정도이고, 덩이 표면의 비료분은 40 ~ 50일 이상 되지만 대개 30 ~ 40일 지나면 부서지므로 교체한다.

부서진 가루가 분토 속으로 들어가면 그 곳에서 재발효를 하여 열(熱)과 유해가스를 발생시켜 뿌리를 상하게 한다.

⑵ **액비** (液肥) : 액비는 완숙된 거름이므로 속효성이며, 월 2회 정도 깻묵거름과 병용해서 사용

그림 9 - 96 깻묵덩이 거름을 분 가장 자리에 올려놓고 있다.

한다. 사용할 때는 용기에서 윗부분의 맑은 물을 떠내어 20배로 희석해서 사용한다. 액비는 관수 1시간 후에 사용해야 습기가 있는 분토 전체에 골고루 잘 스며들게 되며 또 가장 피해가 없고 효과적인 시비 방법이다.

그리고 시판되고 있는 하이포넥스 등과 같은 화학비료는 1,000배 정도로 희석하여 사용한다.

⑶ **엽면시비**(葉面施肥, foliar application fertilizer) : 분갈이·분올림한 나무, 뿌리의 기능이 약해졌을 때, 적기가 아닌 시기에 분갈이 했을 때, 해송의 순치기후, 묘목을 이식했을 때에 비료의 3요소 및 미량원소를 액비로 하여 잎에 살포하는 것을 엽면시비라 한다.

살포한 비료는 뿌리에서보다 빨리 흡수되며 주로 잎의 세포간극(細胞間隙), 기공(気孔), 세포막(細胞膜) 등을 통해 흡수된다.

질소의 경우 요소(腰素, 0.8 % 液 : 물 18 ℓ에 75 g 정도)를 이용하여 한 달에 1 ~ 2번 정도 살포하면 효과적이다.

시중에 판매되고 있는 종합비료인 하이포넥스, 북살, 캄프샬, 비왕, 나
르겐 등은 대개 주(週) 1회 정도 살포하며, 진백(眞柏)의 경우 나르겐
의 엽면시비는 응애 예방과 함께 현저한 효과를 나타낸다. 이때 전착제
(展着劑, 0.1% 내외)를 첨가하면 더욱 흡수를 잘되게 한다.

⑷ **부엽토**(腐葉土) : 부엽토는 질소·인산·칼리가 함유되어 있지만 극히
미소하게 있으므로 비료의 효과보다는 토양개량과 분토의 조정이라는 물
리적 효과가 크다.

입자가 커서 통기·배수·보수성을 좋게하며, 유기물로서 토양 중의 미
생물의 번식을 조장시켜 주고, 미량요소의 보급원이 된다.

적합한 부엽토는 잎의 형을 확실히 알 수 없을 정도로 부서져 부식되어
있으며 색이 검고 가지 등이 혼합되어 있지 않은 것이라야 한다.

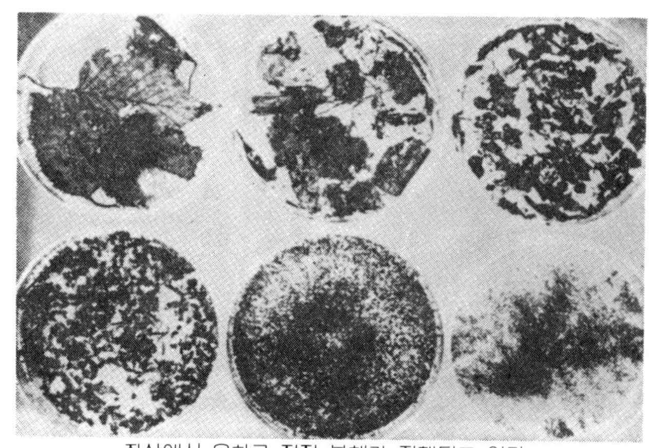

좌상에서 우하로 점점 분해가 진행되고 있다.

그림 9 - 97 낙엽이 분해되는 과정

대개 포트(pot)나 플라스틱분에서 소재를 재배할 때 20~30% 정도 섞
어 쓰며, 상엽분재나 상화·상과분재에서 사용하기도 한다.

⑸ **골분**(骨粉) : 인산질 비료의 중요한 공급원이며, 깻묵덩이 거름 제조때
혼입하여 이용하는 것 보다는 직접 분토속에 넣어 주는 것이 효과적이다.
쇠뼈나 닭뼈를 모아두었다가 잘쪄서 기름기를 완전히 제거한 뒤에 3~
5mm의 크기로 빻아서 가루는 체로 쳐내고 사용한다.

상화·상과분재의 분갈이시 굵은 분토를 넣고 그 위에 2호토를 살짝 깐
다음 골분을 분 가장자리 주위에 넣는다. (그림 9 - 98 참조)

그림 9 - 98 골분

⑯. 병충해 방제

　분재의 대부분은 야생수를 그대로 이용하고 있어 기후풍토에 적응이 잘
되기 때문에 본질적으로 아주 강건한 편이다. 그러나 근년 분재생산이 대
량적이며 집약적으로 행해짐에 따라 병해충의 발생이 다양해졌고, 특히
분재는 관상을 주 목적으로 하기 때문에 피해를 입게 되면 관상가치가 격
감되므로 적극적인 방제대책을 강구해야 한다.

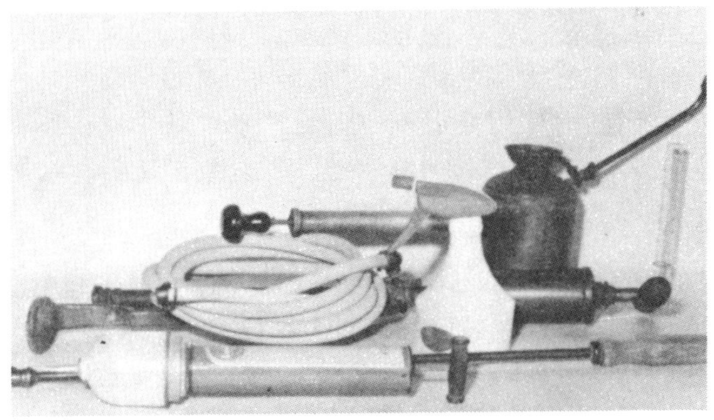

그림 9 - 99 여러 가지 약제살포기

1 병해충의 방제대책

(1) **환경의 정비** : 분재는 대부분 야생수(野生樹)이므로 환경만 적합하면 병
해충의 발생이 적기때문에 방제 이전에 발생하기 어려운 환경을 만들어
주는 관리가 제일 중요한 조건이다..

그러므로 배양장소의 환경이 일조(日照)와 통풍이 나쁘거나, 고온, 건
조, 다습이 되면 병해충에 걸리기 쉽다.

(2) **일상관리가 대단히 중요하다.**

정지, 전정, 시비 등의 적절한 손질을 하게되면 병해충을 미연에 방지
할 수 있다.

특히 정지(整枝), 전정(剪整)은 수형(樹形)을 아름답게 하는 것만이 아
니고 수관내부에 통풍과 채광(採光)을 좋게하므로 병해충의 예방 효과
가 매우 크다.

(3) **발생의 원인을 조사해서 적절한 약제를 살포(撒布) 한다.**

이상이 발견되면(항상 관수시, 전정·전지시 등 일상관리시에 주의 깊
게 살펴보아야 한다) 곧 그 원인을 조사해서 빨리 적절한 조치를 한다.
병해(病害)에 살충제를 사용한다든지 역으로 해충(害虫)에 살균제를 살
포하면 아무 의미가 없다. 그리고 한번 살포해서 구제할 수 있는 것과
일정한 간격을 두고 두세번 살포하지 않으면 효과가 나지 않는 것이 있
으므로 병해충에 대한 지식을 알아야 한다.

(4) **약제는 정확히 선택하여 적량을 사용한다.**

병해충의 발생이 심하다고 해서 설명서의 농도보다 강한 희석율로 약제
를 살포하는 경우를 볼 수 있는데 이와같은 사용방법은 백해(百害)는 있
어도 일리(一利)는 없다. 농도가 진하면 확실히 효과는 있지만 그것 이
상으로 약해(藥害)의 영향이 커서 나무를 죽게 한다든지 봉오리를 떨어
뜨리기도 하므로 약제는 정확한 용량을 사용해야 한다.

2 생리병

생리병(phisological disease)은 병해충과 같은 기생성 병충(寄生性病
蟲)에 의한 것이 아니고 비기생성요인(非寄生性要因) 즉 재배조건 및 환
경이 부적당하여 나타나는 병이다.

이 생리병(生理病)은 전염은 되지 않지만 분재와 같이 무리한 작업과 한
정된 용기속에서 생육되면 의외로 많이 발생되므로 중요성을 띠게 되었다.

예를 들면, 해송과 같이 일조시간이 긴 곳에서 자라는 양수(陽樹)가 채광이 좋지 못한 곳에서는 잎이 강직하지 못하고 길어지며 낙엽이 잘 된다. 특히 실내에 오랫동안 두면 이런 현상이 더욱 심하게 발생한다.

그리고 매화나무와 명자나무를 겨울철 실내에서 관리하면 보통 1 ~ 3월에 꽃이 피게 되는데 실내는 채광조건이 나빠 꽃의 색깔이 선명하지 못하고 바랜듯이 핀다. 자외선이 부족하면 이러한 현상이 일어나므로 실내의 햇빛이 가장 잘 들어오는 창가에서 관리해야 한다.

토양의 수분과다(관수과다로 인하여)로 분토가 항상 차가워져서 뿌리의 발육이 방해를 받거나, 뿌리가 산소호흡을 할 수 없게 되어 통증을 일으키면 발생되는 병으로 해송의 어린나무에 잘 발생되며 잎이 희게 변해 말라 죽는다. 발생할 경우 시기가 맞으면 즉각 분갈이를 하고 적기가 아니면 큰 분에 옮겨 심은 뒤 엽면시비를 자주해 준다.

토양온도가 낮으면 수분흡수 장해가 발생하여 수세(樹勢)가 떨어지고 심하면 고사하기도 하는데 노간주나무에 발생이 많다. 분갈이를 일찍하면 이런 현상이 잘 나타나므로 다른 식물에 비해 늦게(4월말~5월초) 해준다.

온도, 특히 한여름의 고온장해에 의해 뿌리가 수분흡수를 제대로 못해 잎이 타는 현상이 발생하는데, 금로매(Potentilla), 너도밤나무와 같이 냉량한 기후에서 자라는 식물에 나타나므로 조금 깊은 분에 심어서 배양하거나 차광을 해준다.

대기오염에 의해서도 근래에 많이 발생되고 있다. 소나무의 경우 공해가 심하면 낙엽이 잘 되어 수세가 떨어지며 단풍나무, 라일락 등은 오존(O_3, ozon)에 민감하다.

그 외 식물의 양분부족에 의해서도 생리병의 발생이 많다. 이와같이 식물의 재배조건, 환경(광선·온도·수분·습도 등)이 불합리하면 여러 가지 생리병이 단독 또는 복합적으로 발생된다.

③ 주요 충해

우리 주위에는 많은 종류의 해충이 있어서 직접 또는 간접으로 피해를 주고 있으며, 대부분이 곤충류이지만 응애와 같이 거미류에 속하는 것도 있다.

◇ 해충의 가해 형태 ◇

가 해 형 태	해　　　　　충　　　　　명
1 . 식　　　　　해	가지,잎,— 송충이, 애벌레, 모충 줄기,가지 — 하늘소 유충 지하부 —　풍뎅이 유충
2 . 즙 액 흡 수	진딧물, 깍지벌레, 응애, 군배충
3 . 산란에 의한 해	하늘소
4 . 뿌리혹 형태	뿌리혹 선충, 벚나무혹 진딧물

그리고 시설재배로 인하여 발생하는 빈도도 많아졌으며, 해충의 발육상태에 따라 가해 상황도 달라진다.

(1) **진딧물** (aphid) : 그 종류는 수십종류가 되며, 모든 식물의 새순이나 어린 잎 뒷면에 붙어 즙액을 흡수하여 가해한다. 바이러스 (virus) 를 매개 전염을 하고 폐액당분에서 그을음병을 기생 (奇生) 시킨다.

매우 약한 벌레이지만 대량 발생하여 가해한다. 날개가 있는 것과 없는 것이 있는데, 봄에서 여름에 걸쳐 바로 새끼를 낳아 무성번식 (無性繁殖)

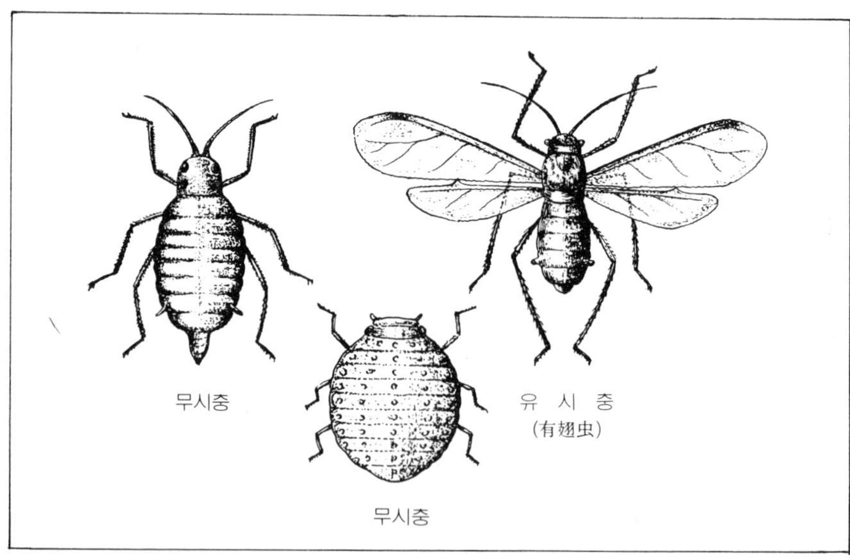

그림 9 - 100 진딧물

그림 9 - 101 섬잣나무에 발생한 진딧물
(검은 색을 띠고 있다)

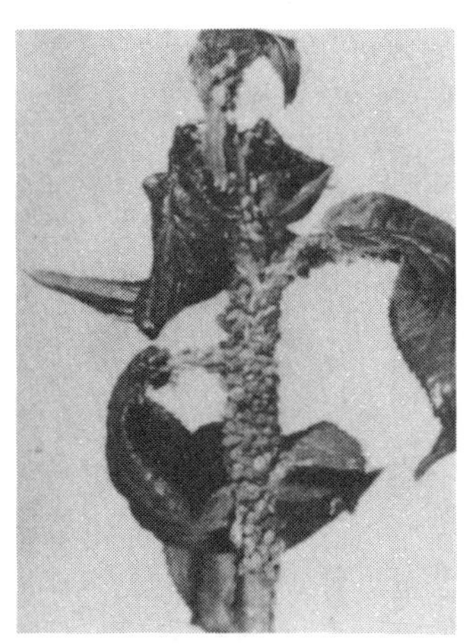

그림 9 - 102 매화의 새순에
발생한 진딧물

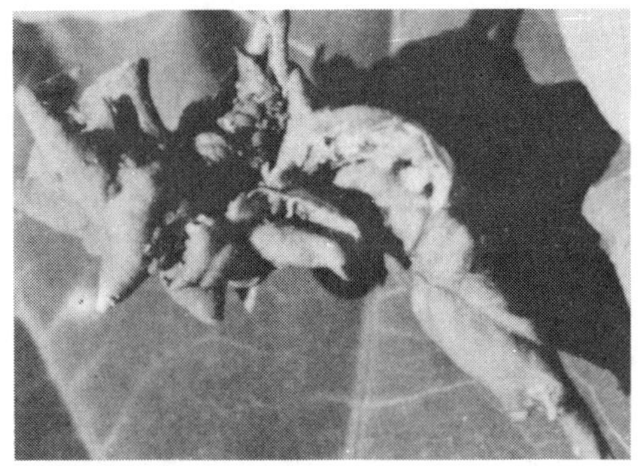

그림 9 - 103 진딧물이 발생하여 잎이 말린 모습

을 하며 1주일이 되면 어미가 되므로 그 번식력은 무서울 정도로 대단하다.

가을에는 수컷이 나와 유성번식(有性繁殖)을 하여 알의 형태로 월동한다. 진딧물은 잎 뒷면에 발생하므로 잘 발견하지 못할 때가 있으며, 개미가 나무를 오르내리면 꼭 진딧물이 발생해 있다. 이것은 개미가 진딧물을 이동시켜주고 폐액당분을 얻어먹는 공생생활(共生生活)을 하기 때문이다.

☆ 방제법

진딧물은 흡수구를 사용하므로 접촉제를 사용하면 용이하게 방제된다.

그러나 잎 뒷면이나 말린 잎 속에 들어있기 때문에 약제가 닿지 않는 경우도 있으므로 이런 경우는 침투성 살충제나 이행성(移行性) 약제인 다이지스톤(디설폰입제)을 뿌려주면 된다.

약제로는 메타시스톡스(Metasystox), 피리모수화제, 오트란, 다이지스톤 등이 있다.

(2) **깍지벌레**(개각충) : 가장 구제하기 힘든 해충이며 성충이 되면 전신을 조개껍질 같은 것이나 납질물(蠟質物)로 몸을 덮고 밀착해 있으므로 일반 살충제로는 전혀 효과가 없다. 침투성농약인 「수프라사이드(Spracide)」로 구제해야 한다. 매화나무, 해당, 당단풍, 명자나무등에 잘 발생하고 소나무류의 잎사이에 솜같이 붙는 것도 개각충의 일종이며 솜개각충이라고 한다. 특히 5 ~ 6월, 8 ~ 9월의 유충발생기는 구제가 잘 되므로 이 시기의 방제에 힘쓰도록 한다.

12월에서 2월 사이에 낙엽수는 「기계유유제」를 살포하는 것이 아주 효과가 크다.

그림 9 - 104 치자나무에 발생한 깍지벌레

그림 9 - 105 벚나무에
발생한 깍지벌레

(3) **응애**(mite) : 늦은 봄부터 가을까지 고온건조기에 대발생을 한다. 소나무는 물론 모든 나무의 잎에 붙어 수액을 흡수하므로 나무 잎이 말라서 생기를 잃은 것과 같은 증상이 되며 향나무에 특히 심하다. 향나무의 잎

이 밝은 초록색이 아니고 먼지가 뿌옇게 앉은 것과 같은 상태가 발견되었을 때 밑에 흰종이를 깔고 잎을 털어보면 검은 먼지 같은 것이 떨어진다. 조금 지나면 이 먼지가 움직이기 시작하는데 이것이 바로 응애이다. 다른 나무도 잎에 생기가 없으면 이와같은 방법으로 조사를 하면 응애의 발생 여부를 확인할 수 있다.

그림 9 - 106 응애의 피해를 입은 가지 (상)와 건전한 가지 (하) (삼나무)

그림 9 - 107 응애 성충

☆ **방제법** : 응애는 한가지 약만 사용하면 면역이 생겨서 약효가 없으므로 약을 바꾸어 가면서 사용해야 하며, 한번 살포로 완전히 구제가 안되므로 3 ~ 4일 간격으로 두세번 살포해야 한다.

고온 건조기가 되면 엽수(葉水)를 자주해서 예방을 할 수 있다.

약제로는 켈센(kelthane)이 효과적이며 그외 마이캇트, 트리치온 등이 있다.

(4) **군배충**(軍配虫 : 방패벌레) : 주로 철쭉류의 잎 뒷면에 발생해서 수액을 흡수 가해하는데 잎이 뿌옇게 된다. 스미치온이나 마라치온이 잘 듣는다.

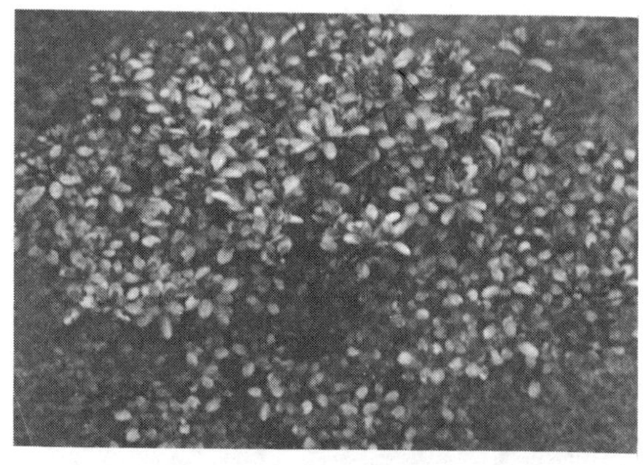

그림 9 - 108 철쭉류의 군배충 피해 상황(잎이 백색으로 변해 있다)

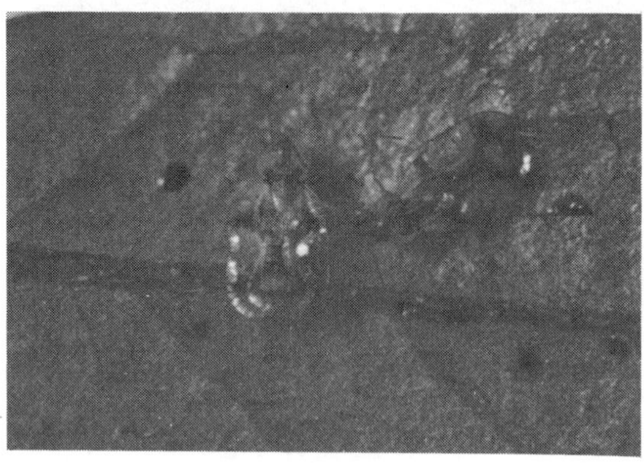

그림 9 - 109 성충

⑸ **하늘소** : 그 종류는 아주 많다. 성충은 수피부를 식해하고 유충은 수피하(樹皮下)나 목질부에 파고들어가 형성층을 식해(食害)하며, 산란시에도 목질부에 파고들어가 그 속에서 산란한다.

수액의 유동이 안되게 되고 수세가 떨어져서 고사하는 경우도 많으며, 주로 완성목에 발생한다. 항상 분을 청결히 유지하며 톱밥같은 것이 발견되면 이 하늘소가 침입한 것이므로 침입한 구멍을 찾아 주사기로 살충제를 구멍에 주입하고 껌이나 유합제로 밀봉해두면 구제된다.

주로 4월, 7~8월에 정기적으로 살충제를 살포해 주는 것이 효과가 좋다.

그림 9 - 110 수피를 파고 든 하늘소의 유충

⑹ **나방**(나비벌레)**의 유충** : 심식나방, 굴나방, 쐐기나방, 흰불나방 등의 송충이, 애벌레 등으로 그 종류는 대단히 많다.

새순이나 어린잎과 과일에 식해를 가하기도 하고 수피하에 파고들어 식해를 가하는 수도 있다. 새순의 생장을 저해할 뿐아니라 심지어는 고사케하는 경우도 있다. 흰불나방의 유충은 특히 그 식해의 피해가 심하다. 대개 4월~5월과 7월~8월 년 2회 발생한다.

(그림 9 - 111, 9 - 112, 9 - 113 참조)

☆ **방제법** : DDVP나 마라치온, 다이아톤, 파마치온 등을 살포하여 구제한다.

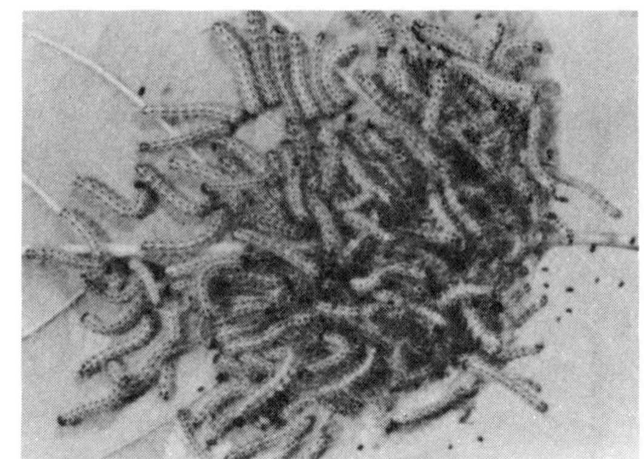

그림 9 - 111 흰불나방

그림 9 - 112 쐐기

그림 9 - 113 송충이

4 주요 병해

　식물의 병은 복잡하여 병명의 호칭도 병원체의 이름을 사용하거나 병원체와 병징(病徵)을 병용하는 경우도 있고, 병징을 호칭하는 경우도 있다.

　식물의 병은 곰팡이(眞菌 : fungi)에 의한 것이 가장 많고 그 다음이 세균(bacteria)에 의해서다. 그외 바이러스(virus)나 선충(nematode)에 의한 것 등 각양각색의 원인에 의해 병이 발생한다.

(1) **흰가루병**(白粉病) : 주로 엽면(葉面)에 발생하지만, 새순과 어린가지, 꽃봉오리 꽃대 등에도 보인다. 처음에는 백색의 곰팡이가 핀 것처럼 되었다가 흰가루를 뿌려놓은 듯한 상태로 된다. 종류도 많으며, 특히 당단풍류, 목백일홍, 구기자나무, 장미 등에 발생이 잘되는 병이다.

　병균에 감염되더라도 식물이 곧 죽는 일은 없지만, 식물체의 표면에 퍼져있는 균사(菌絲)에서 흡기(吸器)라고 하는 양분을 흡수하는 기관을 식물세포 속에 넣어서 영양을 섭취하므로 식물이 생기를 잃게되며, 균이 침입한 부

그림 9 - 114 흰가루병 (목백일홍)

분이 움푹 들어간다. 또 새순과 가지가 굽어서 비틀려 기형(畸形)으로 되므로 현저하게 미관(美觀)이 손상된다.

　비교적 냉량(冷涼)한 계절에 발생이 많은 병으로 이른 봄부터 발생을 시작해서 기온이 15 ~ 20℃정도 되면 급격히 만연된다. 한여름에는 별로 발생이 없지만 가을이 되면 다시 피해가 나타난다. 일반적으로 공기중의 습도가 높을 때 발병(發病)이 조장(助長)되므로 통풍이 잘 안되고 일조가 나쁘면 발생하기 쉽다.

☆ **방제법** : 병에 걸린 낙엽은 소각하거나 땅속에 묻고, 봄부터 월 2회정도 톱신엠이나 벤레이트를 살포하면 방제된다.

(2) **동고병**(胴枯病) · **지고병**(枝枯病) : 줄기나 가지에 침해하여 그것이 일주(一周)하면 그위는 말라죽게 된다. 줄기에 발생하면 동고병이라하고 가

지에 발생하면 지고병이라 한다.

그 원인은 여러 가지이며, 병징도 수종에 따라 다소 차이가 있으나 일반적으로 환부의 표면이 상어의 껍질처럼 거칠어지고 작은 돌기가 생기며 다습할 때는 점액이 번져나온다.

수세가 강하면 유합조직이 형성되어 회복하는 경우가 많지만 노목이나 작은 가지는 환부의 위가 고사하게 된다.

그림 9 - 115 당단풍의 지고병(枝枯病)

그림 9 - 116 동고병의 이병 부위

☆ **방제법**

① 질소의 과다나 비료부족에서 나무가 쇠약하면 한해(寒害)를 받기 쉽게 되고 따라서 간접적으로 동고병의 발생을 증가시킨다.

② 분을 말려서 뿌리가 상하거나, 배수가 잘 안되어 뿌리에 손상이 발생하면 이 동고병이 잘 발생하므로 뿌리를 건건하게 배양해야 한다.

③ 가지치기한 상처에 발병하는 경우도 있고, 한해(寒害) 또는 강한 햇볕으로 인한 소피(燒皮) 현상에서 발생을 초래하는 경우도 있다.

그러므로 이러한 제 장해를 발생시키지 않도록 배양관리를 잘 해야한다.

(3) **반점병**(班点病)·**탄저병**(炭疽病)·**녹병**(銹病) : 모두 활엽수의 잎에 발생하는 병으로 각각 수종에 따라 다소 증상이 다르다.

① 반점병 : 처음엔 잎에 암갈색의 작고 둥근 반점이 발생하여 점차 퍼져 다갈색이 되고 불규칙한 형이 된다. 병반(病班)이 원형이나 타원형의 경우도 있다.

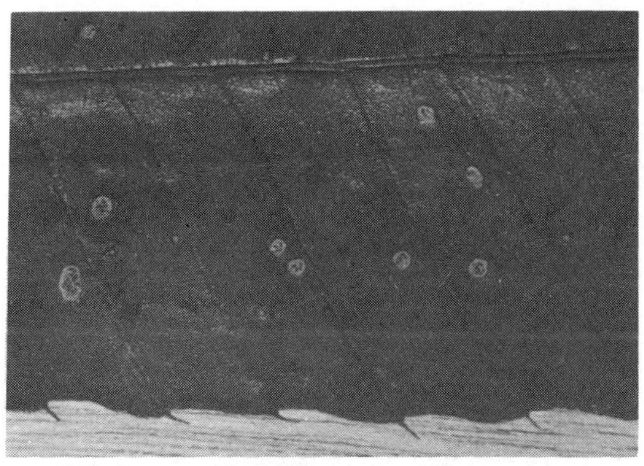

그림 9 - 117 회갈색의 작은 병반(중심부에 흑점이 있다)

② 탄저병 : 잎에 황색의 반점이 발생하며 차츰 이 작은 반점들이 서로 융합되어 불규칙한 큰 병반이 된다. 표면에 동심윤문(同心輪紋)이 나타나며, 병반의 크기는 일정하지 않고 때로는 잎 전체에 번지는 경우도 있다.(그림 9 - 118 참조)

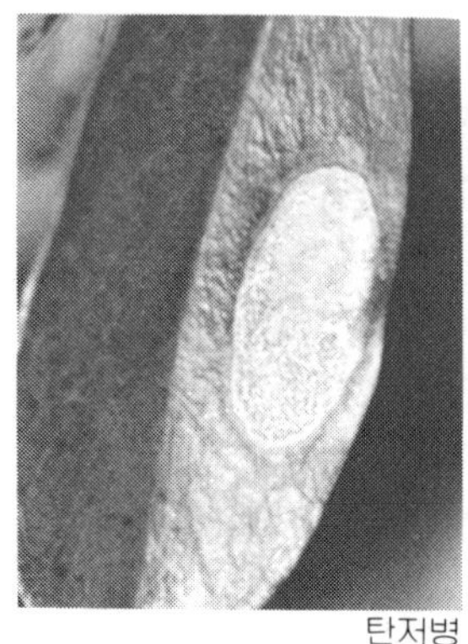

그림 9 - 118 소립의 검은 점이 보인다.　　　그림 9 - 119 철쭉에 발생한 녹병

　③ 녹병 : 잎의 뒷면에 가장자리가 처음에는 황색의 작고 불규칙한 거치
　상 (鋸齒狀)의 병반이 발생하며 작은 돌기의 소균체 (小菌體)를 형성하
　여 황분(黃粉 : 표자)을 비산 (飛散)한다. (그림 9 - 119 참조)

☆ **방제법**

　4 - 4식석회보르도액 (Bordeaux mixture : 물 1ℓ 에 유산동 4g, 석
　회 4g)을 발생기간인 5월에서 9월사이에 여러번 살포하든지, 다이센
　(Dithane) 엠 -45의 500 ～ 600배액을 수시 살포하면　방제할 수 있다.

⑷ **적성병** (赤星病) : 배나무, 모과나무, 애기사과 잎에 잘 발생하는데 처음

그림 9 - 120 적성병에 만연된 배나무

에 등색 점으로 나타나고, 잎 뒤에 있는 이 반점은 점점 커져 뿔같이 튀어나온다. 이것이 가을포자(銹胞子)인데 공중에 떠돌다가 향나무류의 나무에 기생한다. 그리고 다음 해 봄에 공중에 떠돌다가 다시 배나무나 모과나무 잎에 침해한다.

☆ **방제법** : Bayereton 분제를(1,000배) 전착제와 함께 2~3회 살포하면 용이하게 방제가 된다.

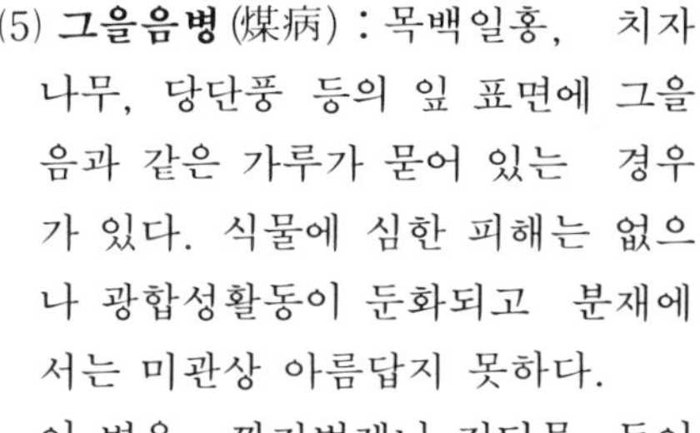

그림 9-121 발생조기의 잎에 나타난 병반(배나무)

그림 9-122 잎의 뒷면에 방상(房狀)의 균체(菌体)가 보인다.

(5) **그을음병**(煤病) : 목백일홍, 치자나무, 당단풍 등의 잎 표면에 그을음과 같은 가루가 묻어 있는 경우가 있다. 식물에 심한 피해는 없으나 광합성활동이 둔화되고 분재에서는 미관상 아름답지 못하다.

이 병은 깍지벌레나 진딧물 등이 분비한 폐액당분에서 곰팡이가 번식하여 발생한다.

☆ **방제법** : 먼저 깍지벌레나 진딧물을 구제해야 한다. 석회유황합제(30배)나 Dithane을 살포해서 방제한다.

그림 9-123 그을음병

⑹ **뿌리혹병, 근두암종병**(根頭癌腫病) :
주로 명자나무나 애기사과류에 발생하
기 쉬운데 뿌리와 가까운 줄기나 뿌리
에 혹이 생기는 병인데, 병원세균(病原
細菌)이 분비하는 화학물질에 자극되
어 세포가 이상증식(異常增殖)을 하여
암조직이 생성되는 것이다.
이병부(罹病部)는 생활력이 저하되므로
수세는 약해지고 심할 때는 고사하게
된다. 커다랗게 생성된 암종은 종내
부패하여 흩어져서 병원세균을 다른
조직에 전이(転移) 한다.

그림 9 - 124 근두암종병

☆ **방제법**

① 이병(罹病)한 나무는 구입하지 않도록 한다.

② 발병한 나무는 암종부를 완전히 제거하고 석회유황합제(2 ~ 5배)를
　발라 소독한다.

③ 이 암종병은 주로 고온기에 발생하므로 봄에 분올림, 분갈이, 또는
　이식작업을 하지 않는다. 가을 (10월)에 분갈이 분올림을 하고, 이식
　할 것도 모두 가을에 뿌리손질을 하여 가식해두었다가 봄에 심도록한
　다. 부득이 봄에 작업을 해야 할 경우는 뿌리를 자르지말고 그대로 심
　도록 한다.

④ 삽목번식도 가을에 하고 봄에는 하지 않는다.

⑤ 발병한 밭에는 병원체가 있으므로 「클로로피크린훈증제」로 토양을 소
　독한 후 다른 작물을 심도록 한다.

⑥ 이 병한 나무를 손질한 흙, 암종등은 소각하거나 소독을 해서 버리
　도록 한다.

⑺ **근후병**(根朽病) : 분재는 가지치기 뿌리자르기등 전정작업을 많이 하므
로 그 부위에서 병원균의 균사(菌系)가 침입하여 버섯이 발생한다. 줄기
의 밑둥 뿌리가 나온 부위에서 발병이 잘되며 환부의 표피 속에 백색 또

는 회백색의 균사가 만연하여 심하면 표면까지 실같은 균사를 감고 가을에는 황색의 버섯이 발생한다.

☆ **방제법** : 조기에 발견하여 환부를 완전히 칼로 깎아서 제거하고 수피부는 유합제를 발라서 유합을 촉진시키며 목질부는 석회유황합제를 발라준다.

❼. 배양장소 (培養場所)

분재를 어떠한 환경 (日照, 通風, 空気濕度 등) 아래에서 배양하는 것이 적절한가 하는 문제는 긴 세월 분재를 가꾸어 나가는데 있어서 확실하게 알아 두어야 할 일이다.

분재에 많은 경험을 가졌거나 또 전문인도 수종 (樹種)에 따른 좋은 배양장소를 스스로 깨우쳐서 택하고 있는지는 모르지만 식물에 대한 기본적 성질을 고찰해서 보다 합리적이고 적합한 배양장소에 대해 연구하는 것은 대단히 중요한 일이다.

그러므로 배양장소를 결정하는데 중요한 역할을 하는 식물에 대한 정확한 지식이 필요하다.

그림 9 - 125 일조가 가장 좋은 위치에 설치한 배양장소 (선유원)

1 배양장소의 제한요소

모든 식물은 정도의 차이는 있지만 질소·인산. 칼리 등 뿌리에서 흡수한 양분(養分)과, 공기 중의 이산화탄소(CO_2), 햇빛, 적당한 온도, 공중 습도 및 토양속의 수분함량 등이 생육하는데 적합한 상태로 유지되어야 한다.

이러한 요소 중 식물의 생육에 가장 큰 영향을 끼치는 요소가 바란스를 잃었을 경우 그 식물은 생육이 쇠퇴하거나 심한 경우는 고사하게 된다.

예를 들면 애기사과에 있어서 토양속의 양분과 환경조건이 생육하는데 호적(好適)한 상태에 있더라도 수분이 부족하여 건조 상태가 되면 잎이타거나 낙과(落果)가 발생하는 등의 결코 좋은 생육은 바랄 수 없다. 이것은 일례에 불과하지만 개개의 식물은 어느 요소에 의해서 가장 생육이 좌우되는가가 결정되어 있다. 즉, 어떤 일정의 요소(한 가지에 국한되는 것은 아니다)만 호적한 상태로 유지되면 다른 요소는 어느 정도 불량한 상태에 있더라도 그 식물은 생존이 가능하게 된다. 이를 반대로 표현하면 다른 여러 가지 요소가 그 식물이 생육하는데 바람직한 상태에 있어도 가장 생육을 제한하는 요소가 적합한 상태에 있지 않으면 그 식물의 생육상태는 좋지 못하게 되는 것이다.

이와같이 그 식물이 생존하기 위한 최저한도의 요소가 충족되었다고 가정하고 그 식물의 생육을 가장 크게 좌우하는 요소를 제한요소라 한다.

여기서는 분재의 배양장소를 결정하는데 있어서의 제한요소를 말하 는 것이므로 양수분(養水分)은 직접적으로 배양하소를 결정하는데 고려할 필요는 없다.

따라서 일조(日照), 통풍(通風), 공중습도(空中濕度), 온도(溫度) 등에 대해서 제한요소의 문제와 관련하여 고찰해 보면 다음과 같다.

(1) **일조**(日照) : 모든 고등식물은 햇빛 아래에서 광합성을 하고 있으며, 이 광합성(光合性) 활동은 식물이

그림 9 - 126 이상적으로 꾸며진
배양장소

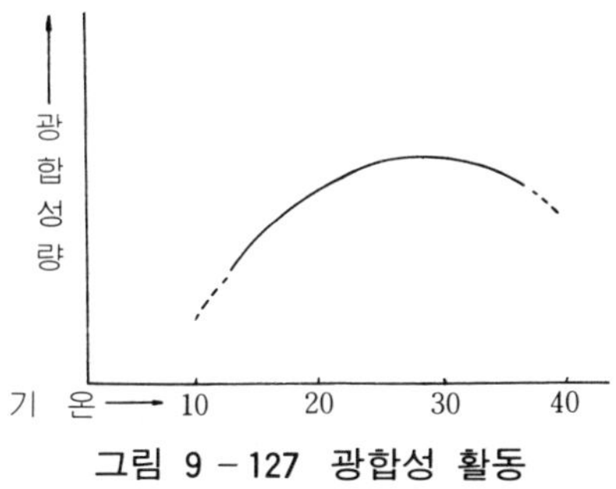

그림 9 - 127 광합성 활동

생육하는데 절대 필요한 생명활동이므로 햇빛이 없는 장소는 식물의 생존이 불가능하게 된다. 그러므로 식물이 생육하고 있는 어떠한 장소에도 정도의 차이는 있지만 필연적으로 햇빛이 존재하고 있다.

수목(樹木)은 종류에 따라 강한 광선 하에서 생육을 잘하는 양수(陽樹 : 直射日光을 좋아하는 樹種)와 음지에서도 잘 견디며 생육하는 음수(陰樹 : 陰地의 散光에도 잘 견디는 樹種)로 대별하며, 그 중간적 성질을 가진 것은 중용수(中庸樹)라 한다.

양수는 일조가 좋은 장소에서만 생존이 가능하고 음지에서는 생명을 유지할 수 없다. 한편 음수는 음지에서도 잘 견디어 생육할 수 있으며 햇빛이 잘드는 곳에서도 생육하는 성질을 갖고 있다. 이 점에서 음수와 양수는 분명히 구별되며, 조경(造景)이나 조림(造林)의 경우는 이 성질을 존중한 식재(植栽)를 하지 않으면 안되지만 분재에서는 음수의 경우 엄격하게 구분해서 배양장소를 결정할 필요는 없다.

중용수(中庸樹)는 양분·수분·온도 등 그 식물에 있어서 호적한 상태에 놓여 있으면 어느 정도의 음지에서도 견디고 생육하지만 앞의 생육조건이 그 식물에 부적당한 상태에 있을 때는 음지에서의 생육은 나쁘고 상당한 양(量)의 일조(日照)를 요구하는 성질을 가지고 있다.

결국 생육이 왕성한 때에는 음지에서도 견디지만 생육이 나쁠 때는 일조가 좋은 곳이 아니면 생육이 나빠지고 심한 경우에는 고사하게 된다.

양수(陽樹)에는 해송, 소나무, 느티나무, 낙엽송 등이 있으며, 음수(陰樹)에는 주목, 꽝꽝나무, 늦동백, 남오미자, 으름덩굴 등이 있고 중용수(中庸樹)에는 섬잣나무, 편백, 화백, 삼나무, 서나무, 개서나무, 소

◇ 양수, 음수, 중용수의 분류 ◇

양 수 (陽　樹)	해송, 소나무, 진백, 두송, 측백, 느티나무, 밤나무, 검양옻나무, 은행나무, 자귀나무, 목백일홍, 풍년화, 산사나무, 매화나무, 감나무, 화살나무, 벚나무류, 낙엽송, 애기사과 등
중 용 수 (中庸樹)	섬잣나무, 편백나무, 화백나무, 위성류, 삼나무, 참느릅나무, 서나무, 개서나무, 소사나무, 당단풍류, 단풍류, 철쭉류, 팽나무, 고부시, 매자나무, 산수유, 낙상홍, 명자나무, 등나무, 단정화, 좀솔송나무, 가문비나무, 홍자단, 영춘화 등
음 수 (陰　樹)	주목, 꽝꽝나무, 백량금, 자금우, 멀꿀나무, 남오미자, 동백나무, 늦동백나무, 으름덩굴, 치자나무, 마취목, 만병초.

사나무, 단풍나무, 당단풍나무류 등이 있다.

같은 고등식물이면서 이러한 양수와 음수가 존재하는 것은 식물의 생명
활동인 광합성의 효율과 깊은 관계가 있다. 광합성은 어느 일정한 한계
까지는 온도가 상승할수록, 빛은 강(強)할 수록 그리고 이산화탄소(CO_2)
의 양은 많을 수록 활발하게 행하여 진다. 온도와 이산화탄소(탄산가스)
의 양을 일정한 수치(数値)에 고정시키면 빛의 강도(強度)가 증대(增大)
함에 따라 광합성도 활발해지고 따라서 탄수화물의 생성량도 증대하게
된다.

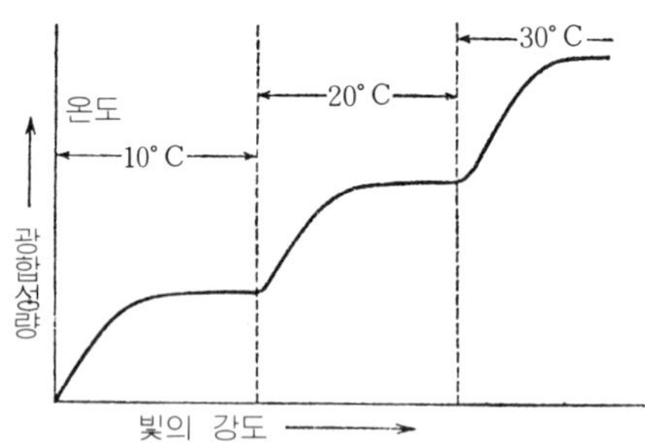

그림 9 - 128 온도와 빛의 강도의 영향

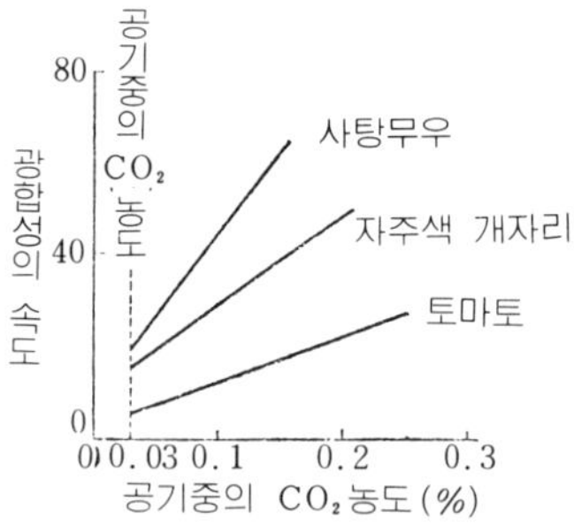

그림 9 - 129 이산화탄소의 양과
광합성

그러나 빛의 강도가 무한히 증대한다고 해서 탄수화물의 동화량(同化量)도 무한히 증대되는 것은 아니며, 어느 일정한 강도에 달하면 그 이상 빛을 강하게 해주더라도 탄수화물의 생성량은 증가하지 않는다. 이와같이 빛의 강도가 일정 한도를 넘으면 광합성이 더 활발해지지 않는데 이때의 빛의 강도를 광포화점(光飽和點, light saturation point) 이라고 한다.

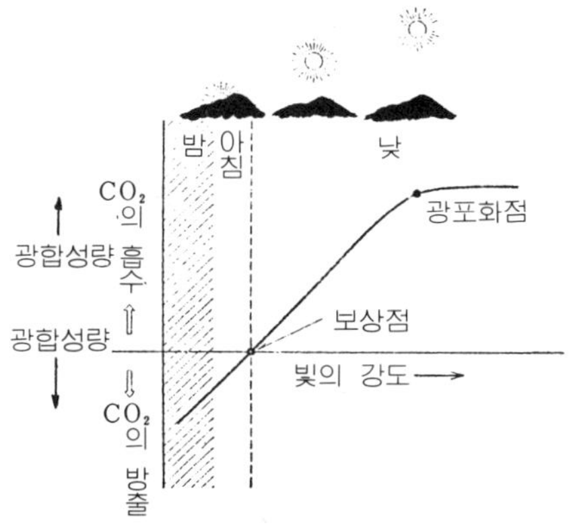

그림 9 – 130 광포화점과 광보상점

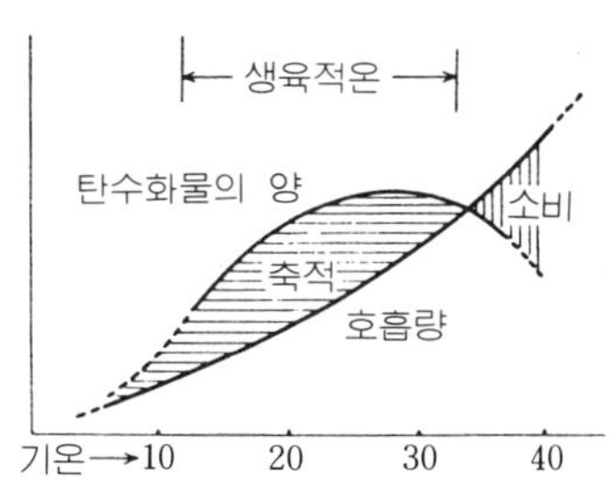

그림 9 – 131 탄수화물의 축적

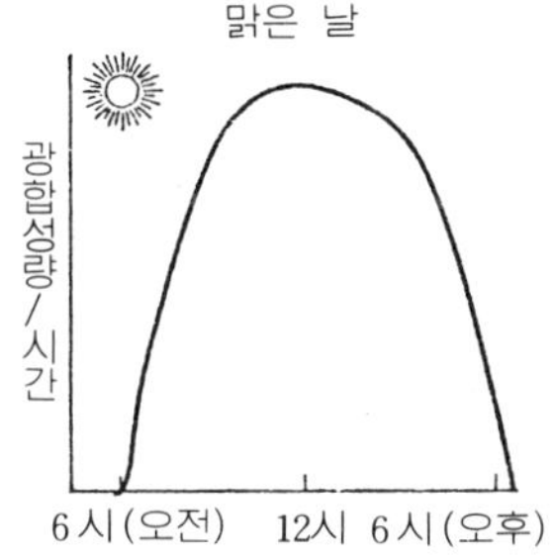

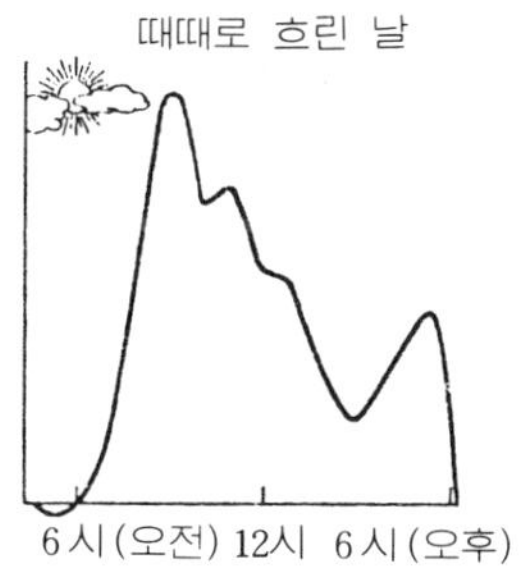

그림 9 – 132 1일중 광합성량의 변화

식물은 낮에 광합성을 하면서 호흡작용(呼吸作用, respiration)을 하여 광합성에 의해 만들어진 탄수화물(炭水化物)을 소모(消耗)한다. 이 호흡활동은 일부의 식물을 제외하고 밝은 환경에 있을수록 그리고 특히 고온(高溫)일 수록 촉진(促進)된다. 즉, 광합성에 의해 생성된 탄수화물 (carbohydrate)이 식물체내에 축적되는 양은 광합성에 의해 동화된 탄수화물의 전량에서 호흡에 의해 소모된 탄수화물의 양을 뺀 것이 된다. 그러므로 빛의 강도는 일정한 양 이하가 되면 광합성에 의한 탄수화물과 호흡에 의해 소모되는 탄수화물의 양이 같은 때가 생긴다. 식물이 이와 같은 상태일 때의 빛의 강도(light intensity)를 광보상점(光補償點, light compensation point)이라고 한다. (그림 9 – 130 참조)

양수는 광보상점이 높기 때문에 따라서 광포화점도 높고, 또 음수는 광보상점이 낮으며 광포화점도 낮다. 그러므로 양수는 빛의 강도가 낮아지면 탄수화물의 생성량이 감소되고 호흡에 의해 소모되는 탄수화물의 양과 접근하여 식물체를 생장시킬 탄수화물을 확보하지 못하고 그 결과 쇠약해진다.

한편 음수는 광포화점이 낮아 햇빛이 강하더라도 그 이상 광합성량이 증가하지 않을 뿐이므로 음수를 일조가 좋은 곳에서 배양하더라도 일반적으로 장해(障害)는 없다.

양수와 음수는 이러한 성질을 갖고 있으므로 양수의 분재는 필히 일조가 좋은 장소에 우선적으로 배치하는데, 음수라고 하여 음지를 배양장소로 택할 필요는 없다.

이와같이 양수에 속하는 나무는 다른 조건이 생육하는데 지장이 없는 범위라고 하면 배양장소를 결정하는데 있어서 빛의 강도가 제한요소가 되는 것이다.

그리고 빛의 강도와 함께 중요한 것은 일조시간(日照時間)이다. 아무리 빛의 강도가 호적한 상태라 하더라도 빛을 받는 시간(일조시간)이 짧으면 광합성을 하는 시간도 짧아 탄수화물의 생성량이 적어지는 반면에 호흡을 하는 시간이 길어져 호흡에 의한 소모량이 증가되므로 식물이 제대로 생육을 못하게 된다.

그러므로 배양장소의 선택에 있어서나 수종의 선택에 있어서도 일조시간은 빛의 강도 못지 않게 중요한 역할을 한다.

그림 9 - 133 공중습도를 높혀주기 위해 수반처럼 만든 진열대(건조하기 쉬운
석부분재에 적합)

(2) **통풍과 공중습도** : 식물은 뿌리에서 흡수한 수분의 일부만 체내에 축적
시키고 그 대부분은 잎이나 지상부에 있는 기관의 표면을 통해 수증기
의 형태로 배출시키는 증산작용(蒸散作用, transpiration)을 영위한다.
이 증산작용이 적당히 행하여져야만 식물의 신진대사(新陳代謝, met-
abolism)를 좋게 할 수 있으며, 정상적인 발육을 하는데 있어서 중요한
조건이 된다.
증산작용은 일조(日照)에 의한 기온의 상승과 통풍(通風)에 의해 촉진
되므로 배양장소는 통풍이 좋아야 한다. 통풍이 나쁘면 증산작용에   의
해 증산된 수증기가 대기 중으로 확산(擴散)되지 못하고 엽면(葉面) 가
까이에 머물러 있으므로 증산작용이 제대로 이루어지지 못하며 병해(病
害)의 발생도 조장하게 된다.
또 식물체가 바람에 의해 물리적 자극(刺戟)을 받으면 식물체내에 에칠
렌(ethylene)이라는 일종의 식물 호르몬(hormon)의 생성이 촉진된다.

◇ Ethylene의 생성에 미치는 바람의 영향 ◇

Wind velocity (m/sec)	Ethylene production (mul/g F. W. /hr)
0	1. 90
2. 5	2. 50
5. 0	3. 77

(日作紀 50 別号 1 . 175~176)

27일간, 매일 30초 Liquidambar stylaciflun 묘목의 줄기를 쥐고 흔들었을 때의 영향

Characteristic	Main leader		Lateral shoots	
	Shaken	Not shaken	Shaken	Not shaken
4 −31 *August*				
Shoot length increase (cm)	4. 3	22. 2**	3. 2	8. 2**
Internode length (cm)	1. 3	3. 4**	1. 5	2. 6**
Nodes (No.)	3. 4	6. 6**	2. 2	3. 2*
Laterals (No.)	1. 0	3. 6**		
Leaders setting terminal buds (%)	75*	0		
4 *August* − 29 *October*				
Trunk diameter increase at 5 cm (mm)	8. 3	6. 8		
29 *October*				
Trunk taper (5 − 55 cm) (mm/cm)	0. 221	0. 219		
Formed during exp. (mm/cm)	0. 400**	0. 157		
Vessel members				
Length (μm)	514	730**		
Diameter (μm)	27. 5	32. 4**		
Wood fibers				
Length (μm)	680	814**		
Diameter (μm)	15. 3	16. 3		

*Greater at the. 05 level of significance.
** Greater at the .01 level of significance.
(Science, 173, 58 ∼ 59)

이 에칠렌은 가지의 분기(分岐)를 촉진하고 지엽 (枝葉)을 왜화 (矮化) 시키는 작용을 하므로 통풍이 적당히 잘 되는 배양장소를 선택한다는 것은 좋은 분재를 가꾸는데 있어 중요한 것이다.
그러나 적당한 통풍에 비해 강한 바람 특히 늦가을의 차갑고 건조한 바

람이 불면 공중습도도 저하되고 잎에서의 수분증산이 많아지는 반면에 낮은 지온(地溫)에 의해 뿌리의 수분 흡수가 제대로 되지 않는다. 그러면 증산과 흡수가 바란스를 잃게 되어 식물의 잎이 푸른 그대로 마르거나 심하면 고사하는 수종이 있으므로 주의해야 한다.

이러한 영향을 받는 수종은 그 대부분이 공중습도가 높게 유지되는 곳 (물과 가까운 곳이나 큰 나무 밑)에 자생하고 있으며, 특히 상록성의 왜철쭉류와 만병초에서 심하게 나타난다.

만병초류는 나무 아래 반음지에 심는 것이 좋다고 말하지만 이것은 강한 햇빛을 가려주는 것보다 공중습도가 유지되는 장소로서 적합하기 때문이며, 우리 나라에서 이 만병초의 재배가 어려운 이유 중의 하나가 겨울의 건조 때문이다.

◇ 수종에 따른 내한성, 내서성, 일조 ◇

수 종 명	과 명	내한성	내서성	일조	수 종 명	과 명	내한성	내서성	일조
섬 잣 나 무	소 나 무 과	◎	◎	◎	느 티 나 무	느 릅 나 무 과	○	○	○
해　　　송	소 나 무 과	○	◎	◎	애기노각나무	차 나 무 과	○	×	△
소 　나 　무	소 나 무 과	◎	◎	◎	해　　　당	장 　미 　과	○	○	◎
낙 　엽 　송	소 나 무 과	◎	○	○	피 라 칸 사	장 　미 　과	◎	◎	◎
가문비나무	소 나 무 과	△	△	△	매　　　화	장 　미 　과	○	◎	○
진　　　백	측백나무과	◎	◎	○	명 자 나 무	장 　미 　과	◎	◎	○
편　　　백	측백나무과	○	◎	○	사 쯔 기 철 쭉	철 　쭉 　과	○	○	△
노간주나무	측백나무과	○	◎	○	등 　나 　무	콩　　　과	◎	◎	◎
좀솔송나무	소 나 무 과	○	○	△	산 　단 　풍	단 풍 나 무 과	◎	○	◎
주　　　목	주 　목 　과	◎	○	×	당 　단 　풍	감 탕 나 무 과	◎	◎	◎
은 행 나 무	은행나무과	◎	◎	○	낙 　상 　홍	감 탕 나 무 과	○	○	○
삼 　나 　무	낙 우 송 과	△	○	△	동　　　백	차 나 무 과	○	○	○
너도밤나무	참 나 무 과	○	×	△	영 　춘 　화	물푸레나무과	◎	◎	○
서 　나 　무	자작나무과	○	○	○	석　　　류	석 류 나 무 과	×	◎	◎

내 한 성	내 서 성	일조(양·음)
◎ 매우 강하다.	매우 강하다.	강한 陽樹
○ 강하다.	강하다.	陽樹
△ 조금 약하다.	조금 약하다.	중용수
× 약하다.	약하다.	陰樹

그리고 여름은 강한 햇빛에 의해 지상부나 분토가 건조하기 쉬우므로 반 그늘에 두던지 엽수를 자주 해주는 관리를 해야 한다.

전술한 바와 같이 상록성의 철쭉류, 사쯔기 철쭉이나 만병초 등에 있어 서는 빛의 조건이 직접 생육을 제한하는 것이 아니고 공중습도가 배양 장소를 결정하는 제한요소가 된다.

② 적합한 배양장소

배양장소는 전술한 것과 같이 식물이 생활하기에 적합한 곳임과 동시에, 매일 관수를 해야 하며 또 관상하는 곳이기도 하다.

물론 이와같은 조건을 만족시킬 수 있는 배양장소가 이상적이지만 이러 한 배양장소를 마련한다는 것은 어려운 일이다. 가능하면 그와 유사한 배 양장소를 갖추어야 하며 그렇지 않으면 주어진 환경에 맞는 수종을 선택해 야 할 것이다. 그러면 적합한 배양장소는 어떠한 조건을 만족시켜야 하는 지 알아보자.

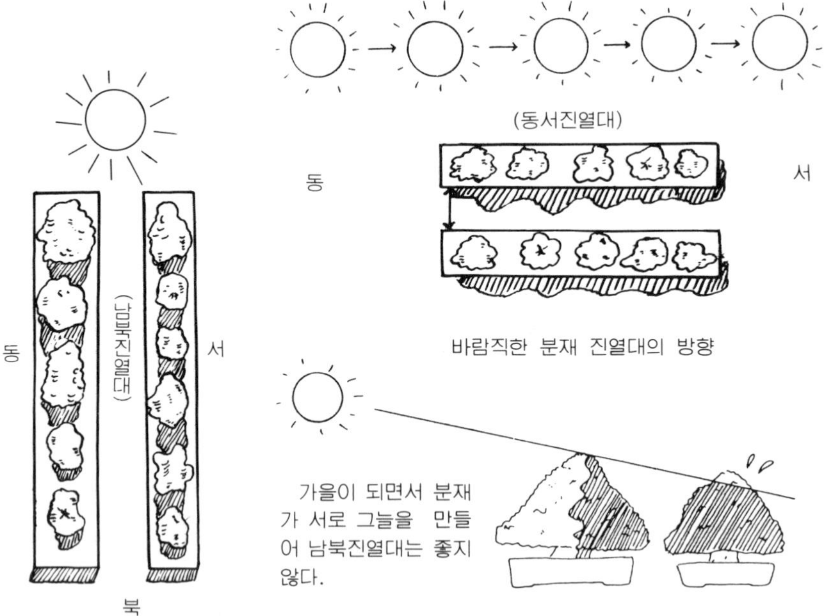

그림 9 - 134

◇ 수종에 따른 배양장소의 차이 ◇

섬 　 잣 　 나 　 무	사 　 쯔 　 기 　 철 　 쭉
1. 충분한 일조를 받을수 있는 곳	1. 일조의 1/3 이상이면 좋다.
2. 밤이슬이 내리는곳	2. 엽수를 좋아한다.
3. 통풍이 좋은 곳	3. 늦가을의 건조한 바람은 극도로 싫
• 위의 조건이라면 **寒暑**는 관계 없 다.	어한다.
	4. 습도가 충분하면 저온에도 상당히
• 옥상과 같은 장소이면 가장 좋은 배양장소이다.	강하다.
	• 옥상은 좋지 않다.

(1) 배양장소의 조건

① 해가 떠서 질때까지 일조가 좋은 곳

일조(日照)는 배양장소를 결정짓는 제일 중요한 요소이다.

② 통풍이 잘되는 곳

③ 매일 관수를 해야 하므로 편리한 곳이라야 한다.

④ 평소에도 항상 감상할 수 있는 위치가 좋고 주위를 미화한 곳이면 더욱 좋다.

(2) **여러 가지 배양장소** : 생산농장 이나 분재원의 배양장소는 다른 배양장소에 비해 비교적 넓은 면적을 차지하고 있어 여기서는 구태여 언급할 필요가 없으므로 정원, 옥상, 베란다(veranda)에 대해 알아보자.

① 정원 : 일조가 충분하면 좋은 배양장소가 된다. 주위에 있는 정원수와 자연스럽게, 또 수 종(樹種)의 특성에 따라 배치 가 가능하며, 강한 바람도 배 제할 수 있고, 적당한 그늘과 공중습도, 그리고 관상하기에

그림 9 - 135 정원의 배양장소

좋은 장소이다.

② 옥상 : 버려진 공간을 녹색공간(綠色空間)으로 효과있게 활용할 수 있으며 또 배양 장소 중에서 가장 일조를 충분히 받을 수 있는 곳이므로 양수(陽樹)의 재배에 최적합한 장소이다.

그러나 옥상은 복사열이 강하고 건조하기 쉬운 단점이 있으므로 양수 중에서도 내서성(耐暑性)이 강한 수종(송백류)은 배양상 문제가 없겠지만 냉량한 기후가 원산인 식물은 고온장해(高溫障害)를 받기 쉽다.

반드시 진열대를 설치해서 그 위에서 배양해야 한다.

③ 베란다 : 베란다를 배양장소로 사용한다는 것은 아주 유효한 공간 이용의 한 방법이다.

단순히 좁은 공간을 살린다는 이용의 측면에서 뿐만아니라 정원보다 시각적으로 실내와 가장 가까운 곳이므로 미관상의 중요한 포인트가 될 수 있다.

하지만 베란다는 부적당한 환경(일조, 강풍, 건조 등)이 될 수 있는 소지가 있으므로 배양장소로서의 선택과 수종(樹種)의 선택에 신중을 기해야 한다.

그림 9 - 136 베란다의 배양장소

③ 진열대

분재를 땅에 직접 두면 빗물이나 관수에 의해 더러워지며, 관상하기가 나쁘고, 통풍과 분의 건조가 안되어 병해충의 침입이 용이해져서 식물의 생리상 좋지 않은 결과를 초래한다.

그러므로 분재는 반드시 진열대를 만들어 그 위에서 배양해야 한다.

진열대는 평면식으로 하는 것이 제일 좋으며, 보통 높이는 70 cm 정도가 감상면과 관수관리에도 가장 알맞다. 두터운 나무 판자로 폭이 30 cm 인 것을 세개 나란히 하여 진열대 전체의 폭이 1 m 가 되도록 하는 것이 적합하다.

그림 9 – 137 인조목을 이용한 진열대(분재전문 생산농장 선유원)

그림 9 – 138 시멘트 담장과 블록을 이용한 진열대(선유원)

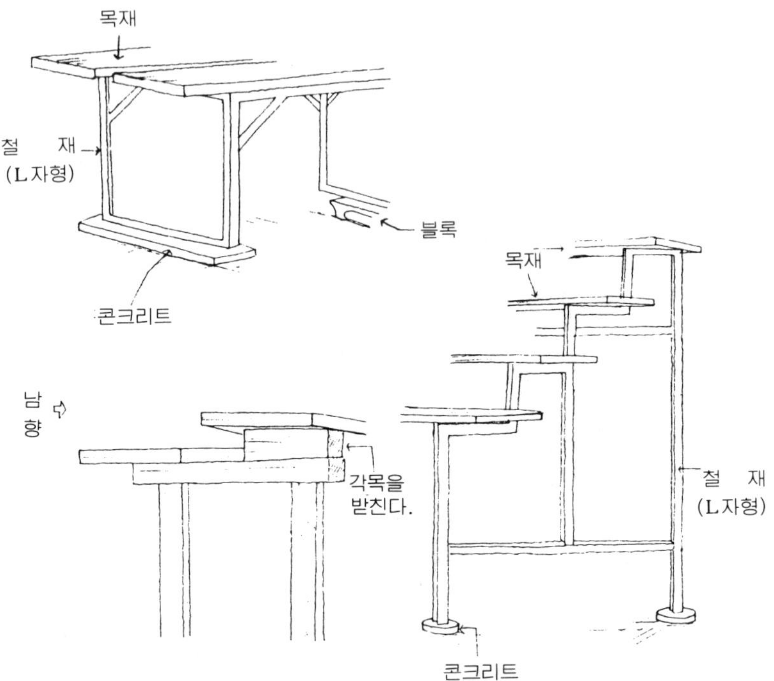

그림 9 - 139 목재를 이용한 진열대

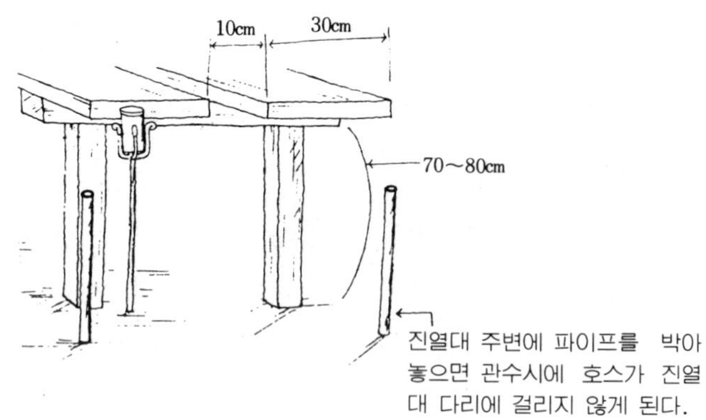

그림 9 - 140 이상적인 진열대

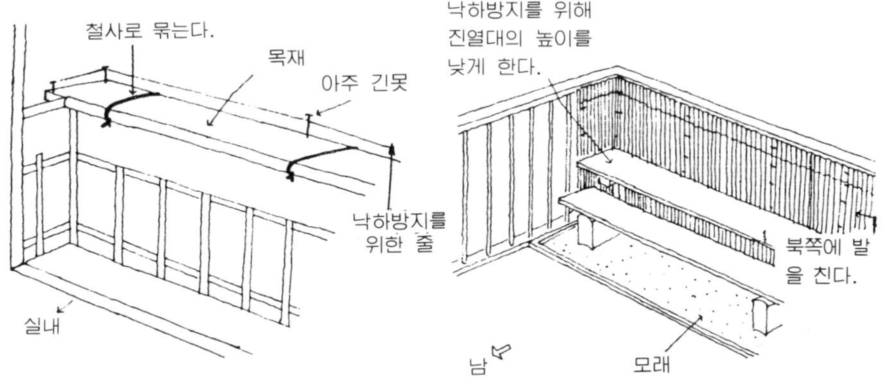

그림 9 - 141   베란다의 진열대

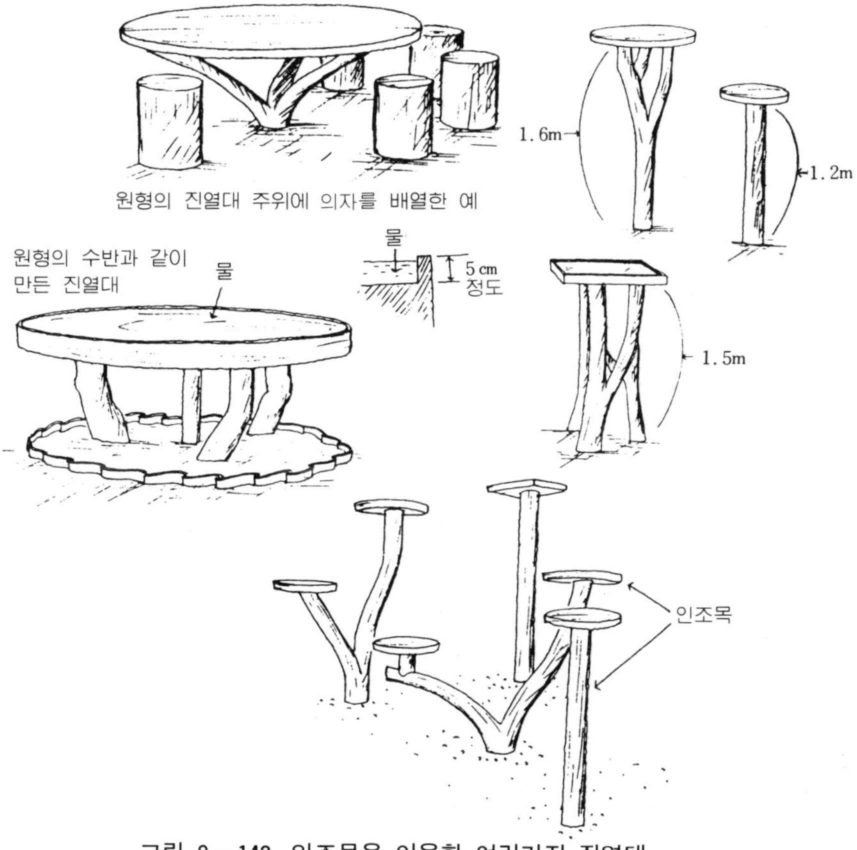

그림 9 - 142   인조목을 이용한 여러가지 진열대

4 한여름의 관리

일반적으로 식물의 활동을 지배하는 것은 기온이며 온도가 상승되는 만큼 활동도 왕성해진다. 그것도 일정의 한도를 넘게되면 반대로 활동이 약해지고 그 한계온도(限界溫度)는 수종에 따라 다르다.

(1) **내서성 (耐暑性)** : 식물의 내서성은 단순히 온도가 높다는 것 뿐만아니라 고온시의 건조(습도)도 크게 영향을 준다.

공기가 현저히 건조하면 동시에 토양도 건조하게 되어 뿌리의 수분흡수가 불충분해진다. 이때 잎에서의 수분증산이 심해지면 식물체내의 수분바란스가 상실되고 이것이 고온과 겹치게 되면 엽소현상이 나타난다.

내서성은 고온건조(高溫乾燥)에 대한 저항성으로 보아도 좋으며 자생지지 조건과 뿌리의 심천(深淺)이 크게 영향을 준다.

고지(高地)의 암벽(岩壁) 등에서 건풍을 받아 순화된 것은 내서성이 크며, 심근성(深根性)은 분에 심게 되면 내서성이 약해지고 천근성(淺根性)은 그다지 변하지 않는다.

그리고 고냉지(高冷地)에 다른 낙엽수와 혼생(混生)하고 있는 것은 평균적으로 내서성이 약하다.

(2) **관리 요령** : 한여름의 강한 직사광선은 식물에 여러 가지 형태로 피해를 주기 때문에 보호해 줄 필요가 있다.

특히 삼나무, 단풍나무류, 당단풍, 너도밤나무, 애기노각나무, 목백일홍, 낙상홍, 금로매 등은 내서성이 약하므로 오후 햇빛을 가려 주어야 한다.

삼나무는 오후의 직사광선이 해로우며, 단풍류는 강한 햇빛하에서 잎이

그림 9 - 143 차광망을 이용한 차광

거칠어지고 노쇠하므로 가을의 아름답고 선명한 단풍을 볼 수 없다. 목
백일홍이나 낙상홍은 잎이 약해서 엽소현상이 일어나기 쉬우며, 너도밤
나무와 금로매는 고온장해를 일으키게 된다.

차광(遮光) 시설을 할 때는 통풍이 잘되도록 2.5m 정도의 높이로 해서
발이나 차광망을 쳐준다.

분이 몇개 안될 경우는 차광시설을 할 필요는 없고 오후 그늘이 지는 큰
나무 밑에 두어도 좋다.

⑤ 방한관리

분수(盆樹)의 대부분이 자
생지에서 그대로 월동을 하
므로 내한력(耐寒力)이 강해
방한의 필요가 없는 것 처럼
생각되지만 작은 분에 적은
분토로 심겨져 있기 때문에
자연 상태의 식물보다 의외
로 내한력이 떨어지는 경우
가 많다.

그림 9 - 144 유리온실내에서 월동하는 분수들

그러므로 영하 7°C 이하가 되는 곳에서는 어느 정도의 방한이 필요하
며, 우리 나라는 건조한 북서계절풍이 불어오므로 이 건조한 한풍(寒風)
에 의한 해(害)는 아주 크다.

단, 지나친 보호(너무 높은 온도에서의 관리)는 오히려 해(害)를 주게
되므로 유의해야 한다.

⑴ 특별히 방한을 필요로 하는 수종

① 난지원산의 나무 : 치자나무, 석류나무, 차나무, 감귤류, 감나무, 목
   백일홍, 왜철쭉류, 대.
② 꽃눈이 동해를 입는 나무 : 동백나무, 늦동백, 매화, 명자나무, 일세
   뽕나무.
③ 잔가지가 마르기 쉬운 나무 : 당단풍, 산단풍, 참단풍류, 느티나무,
   참느릅나무

④ 쇠약한 나무 : 가을에 분올림, 분갈이한 나무, 가을에 접목, 삽목한
것, 가을에 정지한 나무, 노목 등

(2) 방한의 방법

① 햇빛이 잘드는 실내에 둔다.

② 분채로 땅에 묻고 그 위에 짚이나 왕겨로 덮는다.

③ 분재진열대 밑에 넣고 비닐로 사방을 덮는다.

④ 집벽과 붙혀서 비닐온실을 만
든다.

⑤ 비닐터널을 만든다.

⑥ 비닐하우스를 만든다.

비닐터널이나 작은 비닐하우스
는 낮에 온도가 너무 고온이 되
므로 통풍이 잘 되도록 큰 문을
앞 뒤로 달아 두어야 한다. 밤
낮의 온도 차가 심하면 나무에
해로우므로 낮에 너무 고온이되
면 피해를 입는 경우가 많다.

그림 9 - 145 보온덮개로 분을 감싸서
방한을 하는 방법 (남부지방)

그림 9 - 146 왕겨를 이용한 방한 (남부지방)

그림 9 - 147 비닐하우스내에서의 월동

(3) 방한중의 유의사항

① 방한 준비는 지방에 따라 다르지만 대개 11월이 되면 시작한다. 반
   드시 된서리를 2 ~ 3회 맞히고 나서 방한을 하는데 그것은 분수의 내
   한력(耐寒力)을 강하게 하고 꽃눈과 잎눈의 발육을 좋게 한다.

② 방한하기 10일전에 석회유황합제를(상록수는 30배, 낙엽수는 20배)
   줄기 가지에 고루 살포해 준다.

③ 실내에 둔 분재는 건조의 피해를 입기 쉬우므로 수반 위에 두던지 엽
   수를 자주 해준다.

④ 난방기구 가까운 곳에 두지말고 될 수 있는대로 거실 등 온도가 낮은
   창가에 둔다.

⑤ 겨울에도 분을 말리지 않도록 주의하고 분토가 80 % 정도 표면이 하
   얗게 마르면 충분한 관수를 해주어야 한다. 단 관수는 오전에만 한다.

⑥ 만일 보호실에서 새순과 잎이 나오면 4월중순경 완전히 해동될 때
   까지 기다려서 비가오는 날 또는 구름낀 날 실외로 내다 놓는다.
   맑은 날 내면 햇빛의 강도에 의해 새순과 잎이 피해를 입게 된다.

⑦ 실외로 낸 분재는 석회유황합제(30배)를 고루 살포해 준다.
   그리고 1주일쯤 후에 메타시스톡스, 마라치온 등을 살포하여 진딧물
   을 완전히 방제한다.

🌑. 공 해

  근년에 와서 도시에서는 공해로 인한 분재의 피해가 발생하고 있으며 주로 그 피해는 공기오염 (空気汚染, air pollution)에 의한 것이다. 그 증상은 잎의 가장자리나 잎 끝이 적갈색으로 변하거나, 잎의 뒷면이 은회색 또는 청동색으로 되며, 갈색의 반점이 생기는 등 다양하다.

  또 꽃눈이 분화되지 못하고 가지의 신장이 둔화 또는 중지되며, 심할 때는 낙엽과 함께 가지 끝에서 말라들어 가기도 한다.

  공기오염이 심한 도심부나 공장지대에서 분재를 배양할 때는 다음과 같은 사항에 유의해야 한다.

(1) 공해에 강한 수종을 배양할 것

(2) 아침, 저녁으로 엽수를 빈번히 해주고 관수할 때도 반드시 잎을 씻어 주는 작업을 겸한다.

(3) 일조, 통풍이 잘 되는 곳에서 저항력이 있는 강한 나무로 배양한다.

◇ 공해에 강한 나무와 약한 나무 ◇

가장약한나무	약 한 나 무	보 통	강 한 나 무	아주강한나무
소 나 무	산 단 풍	해 송	피 라 칸 사	은 행 나 무
삼 나 무	기리시마철쭉	섬 잣 나 무	참 느릅나무	당 단 풍
	낙 엽 송	편 백 나 무	회 양 목	
	왕 벚 꽃 나 무	매 화 나 무	호랑가시나무	
	낙 상 홍	마 취 목	마 삭 줄	
	사 쓰 끼 철 쭉	느 티 나 무	애 기 라 이 락	
	뽕 나 무	소 사 나 무		
		위 성 류		
		노 박 덩 굴		
		진 백		
		해 당		
		애 기 사 과		
		석 류 나 무		
		단 정 화		

제 10 장 분재의 미학과 진열

「아름다운 산천(山川)을 바라보는 것만으로도 구령(求靈)된 마음에 잠긴다.」고 했듯이 인간은 항상 노래, 시(詩), 조각(造刻)과 회화(繪畵) 등을 통해 자연을 표현하는 예술활동을 하게 되며, 대자연의 미(美)는 예술(藝術)의 미를 낳게하는 모태(母胎)가 된다.

그러므로 미적 표현(美的 表現)은 인간 존재의 축복(祝福) 또는 희망(希望)이기도 하고 인간이 자연을 동경(憧憬)하고 또 이것을 미화(美化)하는 성정(性情)은 인간 모두에게 잠재하는 본능(本能)으로서 언제든지 분출할 수 있다.

그림 10-1 이상적인 수형미를 나타내는 섬잣나무

이와 같이 분재도 단지 한가한 사람들이 하는 헛된 장난이 아니며 사치스러운 것도 아니고 실로 자연미를 추구하는 열정적인 연구를 거듭해야 할 예술작품인 것이다.

제 1장에서 서술한 것과 같이 분재는 다른 화훼류가 나타내는 단순(單純)한 미(美)와는 달리 미의 원칙과 분재의 특성을 나타내는 여러 가지 요소가 표현되어야만 하며, 또 마음대로 어떤 모양으로 비틀고 형(形)을 바꾸는 것이 아니라 「자연의 섭리(攝理)」에 맞게 오랜 세월을 통해 꾸준히 「자연의 미(美)」를 표현하는 것이다.

이러한 과정을 거쳐 만들어진 분재의 진열(陳列) 또한 미적인 표현이 되어야만 올바르게 「자연의 정취(情趣)」를 나타낼 수 있다.

❶. 분재의 예술성 (**藝術性**)

회화(繪畵)와 조각(造刻)을 개괄적으로 조형예술(造形藝術)이라고 하는 것은 누구도 이론(異論)이 없다. 그림이나 조각과 같은 성질을 분재가 가지고 있다면 분재도 조형예술의 하나로서 「盆栽는 藝術」이라는 주장도 성립되는 것이다.

러스킨(Ruskin, 1819 ~ 1900) 은 예술에 관해서 「일반적으로 copy(複寫)는 藝術이 아니지만 imitation(模倣)은 藝術이다」라고 서술하고 있다.

그러나 분재는 단순한 자연의 축소(大木의 imitation)와 같은 모방적 재현(mimésis)이 아니고 회화·조각과 같이 인간 정신의 심미적(審美的) 활동을 바탕으로 해서 자연의 수목(樹木)과 경관(景觀)을 이상화시킨 아름다운 모습으로 표현하는 것이므로 더욱 예술성을 짙게 한다.

그림 10-2 자연의 정취가 잘 나타나 있는 작품(섬잣나무)

이와 같이 회화는 우주(宇宙)의 형상(形象), 자연의 경관을 평면 위에 묘출(描出)하는 것이지만, 분재는 이상적 자연미(樹形美) 와 자연의 정감과 우주의 섭리를 분위에 여실히 표현하는 것이 본질(本質)이며, 분재를 관상하는 것은 이상적인 수형미 뿐만 아니라 분재에 내재하는 「自然의 生命」도 관상(觀賞)하는 것이다.

그림 10- 3 자연수목의 미를 이상화시킨 작품(섬잣나무)

❷. 분재미의 표현요소

분재는 심미안(審美眼)을 가지고 자연의 노수대목(老樹大木)의 모습 또는 산야의 풍치(風致)를 분위에 요약축소해서 이상적인 자연의 미를 표현하는 것이다.

이러한 미(美)를 나타내기 위해서는 다음과 같이 미의 원칙인 안정(安定), 조화(調和), 통일(統一)과 변화(変化)와 그외 분재로서 필요불가결한 요소를 갖추어야 한다.

☐ 안정

분재를 구성하는 분(盆), 분토(盆土), 분수(盆樹)가 잘 어우러져 불안정한 일이 없이 보는 사람으로 하여금 한적(閒寂), 평온(平穩), 안락(安樂)한 것을 느끼게 해야 한다.

여기서는 좌우대칭의 물리적인 힘의 균형(均衡)에 의한 것보다는 정신적(精神的)인 안정감(安定感)이 더욱 요구된다.

A. 좌우대칭은 싫증이 나기 쉽다. (物理的 安定)

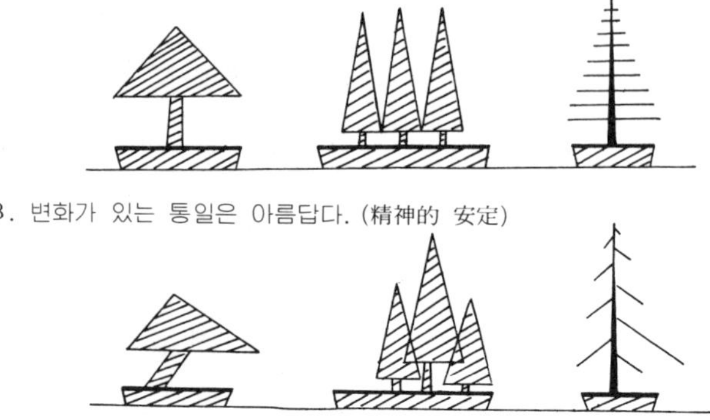

B. 변화가 있는 통일은 아름답다. (精神的 安定)

그림 10- 4

2 고태(古態, 年代感)

오랜 세월이 흘렀음을 나타내는 것으로 황량(荒涼)하고 숙연(肅然), 장엄(莊嚴) 등을 표현한다.

이 고태감(古態感)은 긴 세월을 두고 자연환경의 악조건 속에서도 굳건히 살아나온 강인(強忍)한 생명력(生命力), 그리고 연륜(年輪)이 풍겨주는 생명의 신비감(神秘感)을 자아냄과 함께 풍류(風流)와 아치(雅致)를 함께 느끼게 한다.

그림 10- 5 거칠어진 수피에 이끼가 끼어 더욱 잘 나타나 있는 고태감(古態感)
(해송의 힘찬 줄기)

③ 생동감

5 C의 위대한 미학자 (美學者)인 사혁 (謝赫)의 전통을 이은 장언원 (張彦遠)은 그의 저서 「역대명화기 (歷代名畵記)」에서 유명한 품등론 (品等論 : 畵의 六法으로서 ① 気韻生動, ② 骨法用筆, ③ 應物象形, ④ 隨類賦彩, ⑤ 經營位置, ⑥ 傳模移寫를 들고 있다)에서 제 1의 원리로 '그림은 죽어서는 안된다. 살아있어야 한다'라고논술 (論述)하고 있다.

더우기 분재는 살아있는 생명체를 소재로 하기 때문에 생명이 약동 (躍動)하고 활력 (活力)이 강하며 생기 (生氣)가 넘치는 생동감 (生動感)이 표현되어야 한다.

④ 여백 (餘白, 空白)

명 (明) 시대의 유명한 문인 (文人)인 동기창 (董其昌)은 산수 (山水)를 그릴 때도 어떤 곳은 상세히 어떤 곳은 간략하게 하며 또, 꽃과 풀을 묘사 (描寫)할 때도 일실일허 (一實一虛), 일소일밀 (一疎一密)의 배합 (配合) 에 의해 이루어져야 한다고 논술하고 있다.

즉 구도 (構図)에서는 공백 (空白)을 만드는 것이 대단히 중요한 요소이며, 이것은 인공적 (人工的)인 작위 (作爲)를 억제 (抑制)하여 자연스러움을 나타내기 위한 묘미 (描味)를 발휘시키는 가장 좋은 방법이다.

이러한 구도 방법이 분재에 없어서는 안되는 중요한 여백이며, 가지가 좌우 대칭으로 나온 직간 분재 (直幹盆栽)는 분재로서의 멋이 결여되며 연륜이 나타나지 않는다.

그림 10- 6 특히 **群植**에서는 여백의 표현이 잘되어야 원근감과 자연의 정취를 나타낼 수 있다.

5 조화와 통일

관상(觀賞)을 대상으로 하는 사물은 대개 여러 가지 요소들로 구성되어지며 이 요소들이 서로 조화되고 통일성을 이루어야만 미(美)가 표현된다.

분재의 경우에도 수형(樹形)과 분의 형태, 단풍과 분의 색깔, 꽃이나 열매와 분의 색깔 등이 혼연일체(渾然一體)가 되어 서로 조화(調和)되고 통일성(統一性)을 가져야 한다.

만약 이질적인 요소가 많이 포함되어 혼란(混亂)이 일어나게 되면 조화(harmony)와 통일(unity)이 결여되고 안정감과 풍류 아치도 있을 수 없다.

특히 분경(盆景)이나 군식(群植)에 있어서는 조화와 통일이 더욱 중요한 작용을 한다.

그림 10-7 主木과 副木의 줄기의 선의 흐름과 가지의 뻗음이 비슷하여 조화와 통일이 잘 이루어지고 있다.

그림 10-8 가지의 長短에 의해 변화가 잘 나타나 있다. (해송)

6 변화

하나의 작품에는 여러 가지 요소와 소재로 구성되며, 분재의 요소와 소재로는 줄기, 가지, 꽃과 열매 그리고, 군식이나 분경에서 사용되는 수목의 종류와 첨경물 등이 있다.

이러한 가지와 가지사이의 주종관계, 길이의 장단(長短), 주목(主木)과 부목(副木)의 수고(樹高)의 차이 등은 단조로움을 배제시키고 변화를 준다.

그러므로 표의수형(表意樹形)이나 회화적인 미의 원칙에서 벗어난 변화 있는 구도 방법이 더욱 분재의 풍류와 아치를 자아내게 한다.

7 풍류와 아치

인공적인 작위(作爲)가 뚜렷하게 나타나 자연스러움을 잃은 분재는 풍류(風流)와 아치(雅致)가 결여된다.

그러므로 분재는 화려하고 격식에 매여있거나 자연의 법칙에서 벗어난 형으로 만들어서 멋을 내어서는 안되고, 고상(高尚)한 품격(品格)과 풍치(風致)가 깃들어 있어야 하며 여유가 있는 멋을 나타나게 해야 한다.

그림 10- 9 예스러운 줄기의 흐름이 풍류와 아치를 나타나게 한다. (노간주나무)

벽면에 진열한 소품분재

그림 10-10 제 2 회 선유연합회 전시회

8. 진　　열

　완성된 분재를 실내나 전시장 등에서 진열할 경우에는 그 장소의　분위기에 조화가 되도록 해야하고 또, 분재는 예술성을 지향하므로 진가를 발휘시키기 위해서는 진열법의 연구가 중요하다.

　그리고 전시회는 분재가 가장 아름다우며 실내에 두어도 손상이 적은 시기인 가을에서 봄에 이르는 기간이 제일 좋다.

　가정이나 전시장에서의 광선은 너무 밝지 않고 부드러운 광선이 적합하며, 배경(背景)은 무늬가 없고 회색이거나 엷은 하늘색이 가장 나무를 돋보이게 한다.

　가정에서의 진열은 크기와 높이를 주위와 잘 조화되도록 해야 한다.

　진열 기간은 겨울은 일주일 정도, 봄·가을은 4∼5일, 여름은 2∼3일 이내가 적당하며, 너무 오랫 동안 진열을 하게 되면 광선 부족으로 나무가 쇠약해 진다.

그림 10 - 11 현대 생활 공간에서의 진열

그림 10 - 12 제 1 회 선유연합회 전시회에서의 진열

① 진열법

진열(陳列)에는 일점(一点) 또는 이점(二点)의 작품을 진열하는 경우와
공간의 여유가 있어 삼점 이상의 작품을 조합해서 하는 본격적인 진열법이
있다.

⑴ **일점·이점 진열**：계절적인 것을 중심으로, 예를 들면 봄이면 밝은 꽃
  이 피는 것, 여름이면 시원스런 상엽분재(賞葉盆栽), 가을이면 단풍이나
  열매가 있는 것, 겨울이면 송백(松柏)이나 한수(寒樹)의 분재를 주위에
  진열하게 되면 생활에 계절감(季節感)을 갖게 한다.
  진열 장소에 조금 여유가 있으면 초본분재(草本盆栽)를 곁에 놓거나 작
  은 분재로 대비해 보는 것도 좋다.

그림 10-13 이점 진열의 예

그림 10-14 삼점 진열의 예

⑵ **삼점 진열**：3점 진열의 중점은 개개의 작품의 아름다움은 물론이고 그
  이상인 전체의 조화(調和)와 변화(変化)가 매우 중요하다.

그러면 3점 진열을 아름답게 보이게 하는 진열법에 대해 고찰해 보기로 하자.

3개의 분재를 일직선상에 옆으로 나란히 놓으면 하나의 시점(視点)에서 3개의 분재가 동일 선상에 있게 되므로 원근감(遠近感)과 깊이가 없다.

여기서 3개의 분재를 전후(前後), 좌우(左右), 고저(高低)에 변화를 주어서 배치하면 뒤에 있는 나무, 앞의 나무, 높은 나무, 낮은 나무의 위치 관계에서 원근감이 나와 자연의 경치(景致)가 형성된다.

경치라는 것은 물체와 물체의 관계에서 생기는 것으로 그 배치의 변화에 따라 거리적인 감각(感覺)과 시간적 공간(空間)을 만들어 내는 수단인 것이다.

변화를 주어 3개의 물체를 배치하면 삼각형의 구도가 형성된다. 그러나, 이 삼각형도 형태의 차이에 의해 물체를 보는 눈의 활동과 공간의 변화가 달라진다.

정삼각형의 배치는 공간의 변화가 없어 가장 좋지 못한 진열법이며, 부등변 삼각형의 배치는 물체를 보는 거리적 공간에 변화가 있고 또 시간적 공간에도 변화가 생긴다.

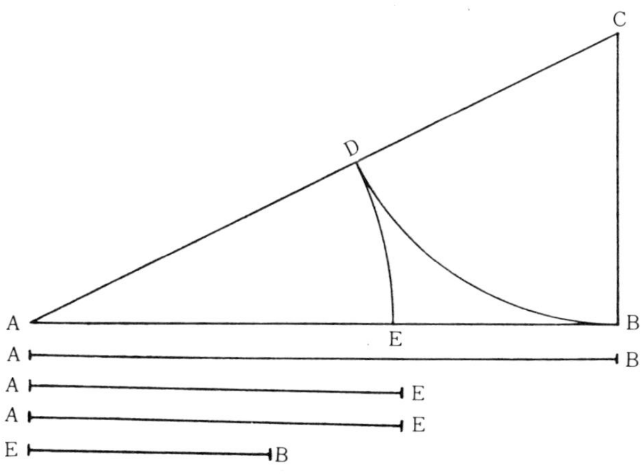

AB와 AE의 비와 AE와 EB의 비가 같다. AB를 10 cm로 하여 E점의 비를 내면
AE : EB = 6.3 : 3.7이 된다.

그림 10-15 황금 분할비

 이와같이 공간의 변화를 주기 위해서는 기본적인 부등변 삼각형에 의해 배치를 하는 것이 좋지만 황금분할비(黃金分割比)에 의한 부등변 삼각형이 가장 이상적이다.

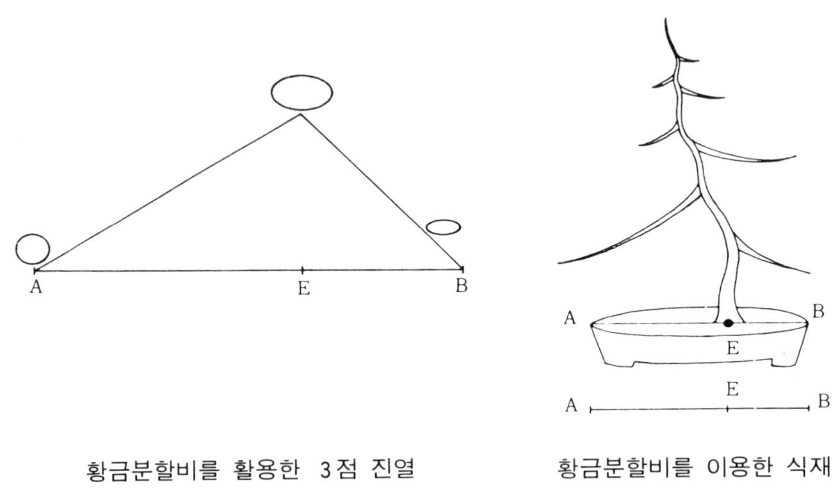

황금분할비를 활용한 3점 진열　　　　황금분할비를 이용한 식재

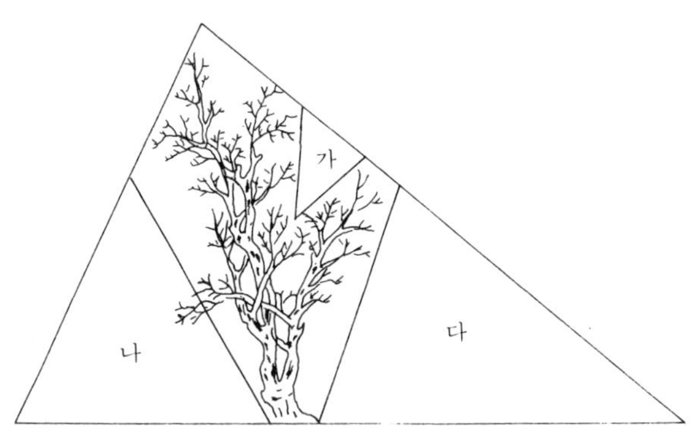

 이 **ABC** 삼각형은 황금분할비의 예에 따라 아름다운 삼각형의 구도이다. 아름다운 수형은 변화있는 공간을 만들고 있다. 공간의 가, 나, 다의 변화를 보라(이 그림은 계자원 수석화보제가 고수법에서)

그림 10-16

(3) **색채** : 진열의 아름다움은 진열하는 나무가 좋은 것만으로는 충분하지 않다. 그 위에 색채(色彩), 형태(形態) 등이 섬세하게 배려될 때에 비로소 변화와 조화가 있는 아름다운 진열이 될 수 있는 것이다.

색(色)에는 유채색(有彩色, 色調가 있는 색=赤, 緑, 黄, 青 등)과 무채색(無彩色, 色調가 없는 색=白, 灰色, 黒)이 있다.

또 색에는 여러 가지 요소가 있는데, 따뜻한 느낌을 주는색, 차게 느끼게 하는 색, 어느 쪽도 아닌 중성색(黄緑, 紫 등)이 있다. 난색(暖色)은 진출(進出)하는 느낌, 한색(寒色)은 후퇴(後退)하는 색이다.

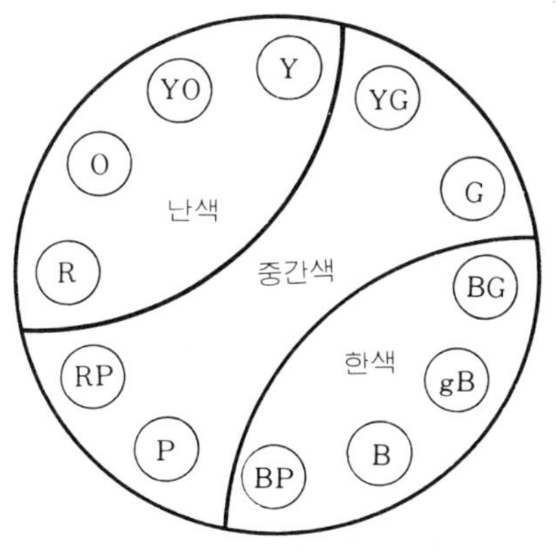

그림 10-17 난색은 전진하는 색채, 한색은 후퇴하는 색채

이러한 색의 기본적인 요소를 머리에 넣어서 금로매(金露梅, Potentilla)를 진열해 보자. 금로매의 잎은 녹색으로 중성색, 꽃은 황색으로 난색이여서 둘다 유채색(有彩色)이다. 여기서 이것을 돋보이게 하기 위해서는 무채색(無彩色)의 흰 분에 심으면 녹색인 잎, 황색의 꽃, 흰 분이 어우러져 아름다운 주목(主木)이 된다.

그 후에 초본과 부목(副木)이 되는 것을 첨가해서 조화가 있는 공간을 만들면 훌륭한 진열이 될 수 있다.

⑷ **형태** : 같은 형태를 하고 있는 것과의 진열은 되도록이면 피하는 것이
  좋다. 예를 들어 주목으로 해송을 사용한다면 해송의 예리한 잎을 강조
  하고 아름답게 보이도록 하기 위해서는 초본이나 부목은 잎이 가늘고 뾰
  족한 것을 사용하지 않고 둥근 잎을 한 것이 잘 조화를 이루며 잎의 특
  징을 더욱 강조하게 된다.

그림 10 - 18 5점 진열의 예

부 록

☆ 상과분재 대표 50수종 배양일람표
☆ 분재수종별 배양관리 일람표

◇ 상과(賞果)분재 대표 50수종 배양일람표 ◇

보 기										
	낙=낙엽수 상=상록수 만=만목(덩굴) 목=목본		관=관목 교=교목		소교=소교목 자연=자연교배 인공=인공교배		제=제주도 울=울릉도 남=남부 중=중부	북=북부		

수 종 명	과 명	식물형태	개 화 기	꽃의형상	교 배	열매감상기	열 매 의 형 상	정 자 요 령	자 생 지	종 류
가막살나무	인동과	낙 관	5 ~ 6	양성화 백색 산방화서 신소단지 선단부	자연 두나무가 있으면잘 결실	9 ~ 11	평난형 암적색 6mm 전후 (식용)	도장지 1~2개 희생지로 도장시키고 단지 만든다. 단지에 7월경 화아분화함. 낙엽후 도장지, 불요지 제거함.	제, 남, 중 (산지곡간)	(아왜나무) (인동덩굴) 황실종
감 나 무	감나무과	낙 교	5하~6	단성화또는 자웅동주 담황색 집산화서 신지선단 액생	옹목두고 자연교배	10 ~ 11	원추, 장원추 황적색	신소선단에 결실하므로 5월 상, 중순에 3~4절 남기고 순치기하여 2차지를 단지화하여 화아분화시킴	제, 남, 중	돌감나무 고욤나무
개당주나무	범위귀과	낙	3 ~ 4	자웅이주 황록색소화 속생 단지액생	웅목두고 자연교배	10 ~ 11	광타원형 8mm 전후 반투명암홍색	이른봄 순나기와 동시에 개화 신소 5~6잎 나면 1~2마디 두고 순치기	남, 중, 북 (산곡수림하)	

		관						겨울 열매 보고 가지 치기, 분갈이는 가을 에 함		
구 기 자	가 지 과	낙 소관	8 ~ 10	양성화 담자색 단생 신지엽액 개 화	자 연	10 ~ 11	장타원형 1cm 전후 홍숙(약 용)	가지치기 - 3월(새순 나기전) 순 치 기 - 4 ~10월 철사걸이 - 5 ~ 6월	전 국 (야 생)	
귤 나 무	운 향 과	상 교	5 ~ 6	양성화 백 색 다수족생 신소엽액	자 연	추 ~ 동	평구형, 다양 황 숙	순치기로 수형가꿈 희생지 도장시키고 단 지 형성	재 배	
괴 불 나 무	인 동 과	낙 관	5	양성화 백색에서 황색 신 지상부액 생 쌍꽃	자 연 인 공	6 ~ 7	쌍열매 홍숙 (동성 있음)	봄, 순나기전에 가지 치기후 철사걸이함 신소나오면 꽃 확인후 도장지 전정	남, 중, 북 (산지곡간)	
낙 상 홍	감탕나무과	낙 관	5하~6	자웅이주 담 자 색 신지엽액	웅목두고 자 연	10~다음해 2월	구형 5 mm 전후 홍 숙	순 나기전에 가지치기 함 순치기는 열매달린 후 순차로 순치기함	재 배	대납언, 호 숙매 (먼나무)
남 오 미 자	목 련 과	상 만 목본	7 ~ 8	단 성 화 자웅동주 담황록색 신지엽액	해뜨기전 에 인공	10 ~ 11	구 형 5 mm 전후 집합과 하수	덩굴성이므로 도장시 킨 후 5 ~ 9월 3마디 남기고 전정 거듭하여 가지 가꾸기함	제, 남 (다도해도서)	

수 종 명	과 명	식물 형태	개 화 기	꽃의형상	교 배	열매감상기	열 매 의 형 상	정 자 요 령	자 생 지	종 류
남 천	매자나무과	상 관	6 ~ 7	양 성 화 백 화 원추화서 새줄기의 선 단 부	자 연	추 ~ 동	구 형 7 ~ 8 mm정도 홍 숙 (약 용)	철사걸이는 5월에 함 정아의 신장이 왕성하므로 전정으로 수형낮게 하고, 군식이나,다간형으로 가꾸면 좋다	재 배	백색 열매 담자색 열매가 있음
노 박 덩 굴	노박덩굴과	낙 만 관	5 ~ 6	자웅이주 황 록 색 집산화서 신지엽액 개 화	웅목두고 자 연 인 공	가 을	구 형 8 mm 전후 황색완숙하면 3 열개 적색가 종피	봄에 신소 3 ~ 4마디 남기고 순치기 한다.6월말경 철사걸이 낙엽 후 정자, 봄가지치기	전 국 (야 산 지)	
다 래 나 무	다 래 과	낙 만 목본	5 ~ 7	자웅이주 백 색 웅화집산 상 자화단생 신지엽액	웅목두고 자 연 인 공	10	광탄원형 길이 2.5cm정도 담녹황색 (식 용)	분에서 결실시키려면 장기간 분에서 배양한다. 가지가꾸기에 힘쓴다. 완성수는 뻗은 가지의 꽃을 확인하고 순치기 함.	전 국 (산지곡간 수림하)	개다래나무 섬다래나무
담 쟁 이 덩 굴	포 도 과	낙 만 목본	6 ~ 7	양 성 화 황 록 색 소 화 집산화서 신지단지 의 선단	자 연	10	구 형 5 ~ 7 mm정도 흑자색숙 표면백분	잎이 커지므로 6월말경 꽃 확인후 긴 가지는 잎따기함. 가벼운 순치기. 정자가지치기는 겨울에 함.	전 국 (산 지)	

때 죽 나 무	때죽나무과	낙 소교	5 ～ 6	양 성 화 백색 5심 열 총상 화서 신지선단 엽 액	자 연	8 ～ 10	난형, 타원형 은 백 색 성숙하면열개 갈색종자 1 cm	배양중은 2 ～ 3 마디 남기고 순치기 7월까 지 계속함	제, 남, 중 (산 지)	쪽동백나무 홍 화 때 죽 나 무
들찔레나무	장 미 과	낙 관	6	양 성 화 백색, 담 홍색 원추화서 신지선단 개 화	자 연 (두나무 있으면 결실확실)	9 ～ 12	구 형 0.8～1 cm 홍 숙	봄새순 순치기 아니함 개화후 꽃없는 가지순 치기 봄순나기전 2 ～ 3 잎 남기고 가지치기함.	전 국 (산 지)	
배 나 무	장 미 과	낙 소교	4 ～ 5	양 성 화 백 색 산형총상 화 서 신지단지 의 선단	자 연 인 공	9	난 형 2 ～ 9 cm다양 황 갈 색	2월경 단지 남기고가 벼운 정자. 6월말경 4 ～ 5절 남 기고 긴가지는 순치기 철사걸이	전 국 (산 지)	
보 리 수 나 무	보 리 수 나 무 과	낙 (상) 관	5 / 9 ～ 11	양성화또 는 자웅 이주백색 신지액생 하 수	두나무의 자 연 인 공	7 ～ 가을 10 ～ 다음 해 5	구형 또는 타 원형 홍 숙 표면배사문 (식 용)	낙엽계와 상록계가 있 음. 철사걸이는 5 ～ 6월	제, 남, 중 (산 록 야지)	
뽕 나 무	뽕 나 무 과	낙	4	자웅이주 또는동주	웅목두고 자 연	6 ～ 7	장타원형의딸 기모양	배양중에는 5 ～ 6 잎 자라면 2 ～ 3마디 두	재 배	산 뽕 나 무 일세뽕나무

수 종 명	과 명	식물형태	개 화 기	꽃의형상	교 배	열매감상기	열 매 의 형 상	정 자 요 령	자 생 지	종 류
		교		담 황 색 두상화서 신지기부 액 생			홍숙후자흑색 (식 용)	고 순치기 계속 장마때 잎따기 완성수 열매떨어진 후 가지치기		
불 수 감 (佛 手 柑)	운 향 과	상 소교	5 ~ 6	양 성 화 백 색 원주화서 신지엽액	자 연 인 공	겨 울	길고, 기부는 원형 선단은 분열 황 숙	과일이 10cm정도 크기 이므로 대분재로 가꾼 다. 철사걸이는 어릴때 한 다. 개화시 습도에 유의해 야 한다.	재 배	
피 라 칸 사	장 미 과	상 관	5 ~ 6	양 성 화 백 색 산방화서 전년단지 의 선단 엽 액	자 연	10 ~ 12	평구형, 구형 등황색, 홍색	순나기, 화아분화 잘 되므로 수형가꾸기 마 음껏해도 된다. 화아분화기(7월상순) 전에 순치기 하여야함	재 배	
마 가 목	장 미 과	낙 교	5 ~ 7	양 성 화 백 색 산방화서 신지선단 개 화	자 연	가 을	구형 5 ~ 6 mm 홍 숙 (홍엽과 함께 우아함)	도장하기 쉽고, 수고 가 높아지므로 순치기 가지치기 거듭하여 수 형가꾸고 개화시킨다. 열매보려면 개화 결실 후 가벼운 전정	제, 남, 중,북 (심 산 상 복)	
				양 성 화			구형, 3 ~ 4 cm	가지치기 - 2월	재 배	살 구 나 무

매 화 나 무 (梅 花)	장 미 과	낙 소교	2 ~ 3	백, 홍이 기 본 전 년 지 엽 액	자 연	5 ~ 6	녹색에서황색	2 ~ 3 마디 남기고 순 치 기 - 5 월초 2 ~ 3 잎 남기고 철사걸이 - 5 ~ 6 월		자 두 나 무
매 자 나 무	매자나무과	낙 관	4	양 성 화 황 색 총상화서 신지엽액	자 연	10 ~ 11	장타원형 8 mm 전후 홍 숙	봄에서 초여름에 열매 확인하고 열매 위 1~ 2 마디 남기고 순치기 순나기 전에 2 ~ 3 마 디 남기고 가지치기	중, 북 (산 양 지)	
멀 꿀	으름덩굴과	상 만 목본	4 ~ 5	자웅이화 동주 백색, 담 홍 자 색 산 방 상 신지단지 의 엽액	두주두고 인 공	추 ~ 동	광타원형 4 ~ 6 cm전후 암홍자색 (과육백색 식 용)	덩굴성이므로 신지의 기부 절사걸이한 후 가지치기로 수형가꿈 개화결실을 위해서 분 에 오래 가꾸어 단과 지 배양해야 한다.	제, 울, 남 (도서산림)	
먼 나 무	감탕나무과	상 교	5 ~ 6	자웅이주 담 자 색 집산화서 신지엽액 개 화	웅목두고 인 공	추 ~ 동	구 형 4 ~ 8 mm전후 가을홍숙월동	가지치기는 순나기전 2 ~ 3 월 불요지는 4 ~ 5 월 제거함 철사걸이는 4 ~5월에 함	제, 남 (산 지)	
명 자 나 무	장 미 과	낙 관	4 ~ 5	양 성 화 전년지기 부 2, 3 년지엽액	자 연	9 ~ 12	작은모과형상 3 ~ 5 cm전후 황 숙	순나기전 2~ 3 마디남 기고 가지치기 5 월초 신소 2 ~ 3 마 디 남기고 순치기	전 국 (산 지 곡 간) 재 배	꽃보고 열 매보는 원 예품종다양

수 종 명	과 명	식물형태	개 화 기	꽃의형상	교 배	열매감상기	열 매 의 상 (형, 상)	정 자 요 령	자 생 지	종 류
								철사걸이는 5~6월에 함 낙엽후 화아 확인하고 정자		
모 과 나 무	장 미 과	낙교	3~4	양성화 백색(담홍색) 산방화서 신지선단 개화	자연 인공	10~11	타원형, 도란형 10cm 전후 황숙 방향	줄기에 나온 도장지는 희생지로 두고 신소갈색이 되면 4~5마디 남기고 가지치기 하여 2차지에서 단과지 배양한다.	남, 중 (산 지)	
사 과 나 무	장 미 과	낙소교	4~5	양성화 백색, 담홍색 전년지 신지의 단지의정단	동계 타수종 자연	10~11	구형 홍숙	배양중에는 희생지 도장시키고, 다른가지는 2~3마디에서 순치기하여 단지가꾼다. 완성수는 도장지도 그대로 두고 7초 이후에 제거 또는 2~3마디에서 전정한다.	재 배	을 여 애기국광 애기사과
산 수 유 (山 茱 萸)	층층나무과	낙교	3	양성화 또는 자웅이주 황색, 산형화서 전년지선	두분두고 자연 인공	8~9	장타원형 1~1.5cm 전후 광택선홍색 하수(약용)	가지마디가 길어지므로, 봄개화후 한마디에서 자른다. 겨울 화아보고 가지치기한다. 철사걸이는 신소에 5	중, 남 (재 배)	

				단 개 화				월.		
산 사 나 무	장 미 과	낙관 또는 소교	4 ~ 5	양 성 화 백색 (홍색) 산방화서 산아의끝 에 개화	자 연	8 ~ 10	구형 1.5cm전 후 상부에 악 이 남음 적실, 황실 (약 용)	겨울 휴면기 긴가지만 전지한다 (화아는 단지 의 정아에 분화) 땅가지 잘 나오므로 제 거한다.	남, 중, 북 (곡간계천변)	홍색화는서 양산사 대실 소실 다양
석 류 나 무	석류나무과	낙 소교	6 ~ 8	자웅동주 등적, 백 등 다양 홀, 겹 신지선단 개 화	자 연	9 ~ 10	구 형 두부에숙존악 적등색, 황색 (속의 외종피 식용)	6월하순 꽃확인후 3 마디 남기고 순치기함 6월 절사걸이 봄 눈나기전에 가지치 기 정자	제, 남 (재 배)	애 기 석 류 나 무
섬개야광나무	장 미 과	낙 관 (소 교)	5 ~ 6	양 성 화 백 색 복총상화 서 신지정생	자 연	10~다음해 2월	구 형 5 mm 전후 선홍색	가지가 도장하기 쉬우 므로 순치기 가지치기로 수형 가꾸 고 난 후 개화시킴 5 ~ 6월 절사걸이 (우리나라 특산 천연 기념물)	울릉도 (도동해 변산 지)	
심 산 해 당	장 미 과	낙 관 소교	4 ~ 6	양 성 화 백 색 담 홍 색 신지단지 의 선단	자 연	9 ~ 11	난형 또는 구 형 8 mm 전후 적 실 황 실	수세강건하고 맹아력 강하므로 완전 개작 용이함 희생지 도장시켜 단지 배양	남, 중 (산 지)	

수종명	과명	식물형태	개화기	꽃의형상	교배	열매감상기	열매의 형상	정자요령	자생지	종류
								철사걸이 5~6월 낙엽후 가지치기 정자		
앵도나무	장미과	낙관	4	양성화 담홍색또는 백색 전년지액생	자연	7~8	소구형 0.8~1cm 홍숙 (식용)	꽃, 열매 잘달린다. 수형이 잘 흐트러지므로 초여름까지 순치기 한다. 철사걸이는 5~6월 겨울에는 긴가지만 가지치기	재배	백실종
이나무	이나무과	낙교	4~5	자웅이주 담황록색 원추화서 신지선단 개화	웅목을두고 자연	10~11	구형 5~10mm 홍숙 총상하수	잎이크므로 대형, 중형 분재로 가꾼다. 6월 신소에 철사걸이 겨울 긴가지만 전정	제, 남 (해변산지)	
윤노리나무	장미과	낙관 (소교)	4~5	양성화 백색 산방화서 신지선단 개화	자연 두나무 있으면확실하다.	10	도란형 7~8mm 홍숙 (생식함)	화아는 충실한 단과지에 분화하므로, 신소를 4~5절 남기고 순치기 2차지 2마디남기고 순치기하여 단지 배양한다.	남, 중, 북 (야산지곡간)	일세윤노리나무
으름덩굴	으름덩굴과	낙만 (관)	4	자웅1가 담자색 충상화서 전년지	두분이상두고, 서로인공	10~11	타원-장타원 6~7cm전후 (과육식용)	순치기는 6월부터 10월까지 열매를 보아서 3~5마디 남기고 순치기함	전국 (산지)	

액 생

수종명	과명		수고	꽃		개화기	열매	정지전정	분포	비고
은 행 나 무	은행나무과	낙 교	4	자웅이주 웅화담황색 자화녹색 신지단지 엽 액	자 연	9 ~ 10	구 형 2 cm 전후 (실 식 용)	순치기 거듭하여 단지 가꿈(도장지는 화아없고 굵어지므로 주의한다)	전 국 (마 을 근 처)	유 은 행
작 살 나 무	마편초과	낙 관	6 ~ 7	양 성 화 담 자 색 집산화서 신지잎기 부 위쪽	자 연	10 ~ 11	구 형 5 mm 전후 자 숙	신지가 길게 자라고상부에 개화하므로 순나기 전 2마디 남기고 가지치기 한다.	전 국 (산 지 곡 간)	일 세 품 종 백 실 종
정 금 나 무	진달래과	낙 관	5 ~ 7	양 성 화 담적갈색 총상화서 신지선단 (하 향)	자 연	9 ~ 10	구 형 6 ~ 7 mm 흑 갈 색 (표면백분) (식 용)	먼저 순치기 거듭하여 잔가지 내기, 수형 가꾸기에 힘쓴다. (순치기 자리 유합제 바른다)	제, 남, 중 (산 지)	
졸 참 나 무	참나무과	낙 교	5	자웅이화 동 주 황갈색긴 웅화수짧은 자화 수는신지 하부액생	자 연	가 을	갈색 장타원형 1.5 ~ 2 cm 견 과	순나기 전에 가지치기 한다. 도장지 이외는 순치기 아니함 철사걸이는 4 ~ 5월	전 국 (산 지)	

수 종 명	과 명	식물형태	개 화 기	꽃의형상	교 배	열매감상기	열 매 의 형 상	정 자 요 령	자 생 지	종 류
종 알 귤나무 (金 묘)	운 향 과	상 소관	여 름	양 성 화 백 색 단생 또는 족생 신소엽액	자 연	11~다음해 3월	구형타원형 등황색 1 cm 전후	맹아력 강하므로 3월 말 개작용이 순치기로 가지 가꿈 신소에 5월 철사걸이 함	재 배	알 귤나 무 (金 柑)
쥐 뚱 나 무	물 푸 레 나 무 과	반낙 관	5 ~ 6	양 성 화 백 색 총상화서 신지끝에 개 화	자 연	10	구형, 타원형 7 mm 전후 자 흑 색	순나기전에 1~2 마디 남기고 가지치기함 순치기 1마디 남기고 거듭한다. (꽃보고 싶으면 개화기까지 기다린다)	전 국 (산 지 곡 간)	
참 밤 나 무	참 나 무 과	낙 교	6	자웅이화 동 주 황백색 신지하부 엽 액	자 연	9 ~ 10	밤 송 이	전지후 가지 마르기쉬우므로 길게 남기고전 정한다. 철사걸이 5월 순치기는 개화후 2마 디 남기고	전 국 (산 지)	팔 방 성 참 나 무
참 회 나 무 (참회잎나무)	노박덩굴과	낙 관 (소 교)	5 ~ 6	자웅이주 담록색의 4변화 전년지기 부 액생	웅목두고 자 연	10 ~ 11	4 각형 익으면 4 열 담 홍 색 (가종피는 홍 색)	철사걸이는 신소가 어 린 5월에 건다. 순치기는 여름까지 2 마디만 남기고 거듭한 다.	남, 중, 북 (산 록 지)	
		낙		양 성 화 (자웅이		개화 다음 해 여름	장타원형 5 ~ 7 mm	화아는 신소선단에 붙 으므로 순치기 주의한	군 산 (습 지 주 변)	

청 사 조	갈매나무과	만 (관)	8 ～ 9	주?) 녹백색 원추화서 신지의 선단	자 연	＼	다음해 여름 황홍색에서흑색	다. 철사걸이는 5월			
치 자 나 무	꼭두서니과	상 관	6 ～ 7	양성화 백색 담황백색 신지선단 개화	자 연	9 –다음해 3월	도 란 형 6능익, 악 황적색 (약용, 염료)	최초의 신지는 3마디 남기고 자름 2차지는 2마디 남기고 자름	재	배	세엽종 환엽종
화 살 나 무	노박덩굴과	낙 관	5 ～ 6	양성화 담황록색 집산화서 신지의엽액	두나무두고 자 연	10 ～ 12	타원형 8mm 전후 (속에 구형의 홍색 가종피)	봄신소 자라면 일찍순치기함 꽃확인 후 가벼운 순치기작업 철사 걸이는 하지 않음.	전 (산	국 지)	
호 숙 매 (胡 椒 梅)	감탕나무과	낙 소관	5 ～ 6	자웅동주 담 자 색 산 형 상 신지액생	자 연	추 ～ 동	구 형 2mm 전후 홍 숙	눈나기 전에 가지치기 순치기는 기부에 화아 가 있으므로 2～3마디 남기고 함 2차지 도 같은 요령으로 함.	재	배	
홍 자 단 (紅 紫 檀)	장 미 과	낙 (반낙) 관	5 ～ 6	양성화 담 자 색 5변화단생 전년지기 부액생	자 연	9 ～다음해 2월	구 형 5mm 전후 선 홍 색	개화, 결실이 잘 됨 긴가지만 2～3마디 남기고 자름 새순나기전 2～3마 디 남기고 가지치기 가을은 가벼운 정자	재	배	백 실 종

◇ 분재수종별 배양관리 일람표 ◇

구분 분류	수 종 명	주요수형	분갈이 (분올림)	관 수	시 비	정형, 정자 (순치기, 가지치기)	철 사 걸 이	적 요
송 백 분 재	해　송 (곰　솔)	곡　간 사　간 직　간 현　애 표준곡간 연　근 사 리 간	3～4중 2～3년에 1회 완성목은 5～ 6년에 1회	횟수 : 보통 6～7적게 겨울 : 아주적게	깻묵덩이 거름 봄～가을, 춘비 보다 추비를 중 점시비	2월～3월 : 잎 숙기 4월 : 순따기 6중～7초 : 새가 지치기 (단엽 처리) 8월 : 순숙기	2～3월 : 철 사걸이 (11 ～3까지 휴 면기에 한 다)	엽성 피성 ＞ 이좋은 품종을 선택해 야 한다.
	섬 잣 나 무 (日本五葉松)	직　간 사　간 표준곡간 쌍　간 총 생 간 현　애 연　근	3상～4상 3～4년에 1회 완성목은 5～ 6년에 1회	횟수적게(해송보 다 더 적게) 여름, 건조기에 엽수자주 한다.	해송의 반정도 시비적게 한다.	4월 : 순따기로 정형정자 한다. 새순이 1 cm 정 도 일 때 크기가 비슷한 것 1～ 2개 남기고 큰 것은 제거하고 남긴 순도 $\frac{1}{2}$정 도 순따기 한다	2～3월	시비를 많이 하 면 뿌리가 부패 한다. 8월에 고엽을 가위로 잘라 준 다. 과습도 삼간다.
	소 나 무 (적　송)	사　간 자연곡간 표준곡간	해송과 같다.	해송과 같다.	해송과 같다.	4월 순따기로 정자한다. 새잎이 1～2mm 정도 파릇파릇 나올때가 적기 새잎이 3단정도	2～3월	건조와 박토에 강하다. 공해에 약하다

						짧게 남기고 순 따기 하되 크기가 비슷한 것 2개만 남긴다. 또는 해송과 같이 단엽처리(단 수세올려서 실시)		
	금 송 (錦 松)	직 간 사 간 표준곡간	해송과 같다.	해송과 같다. 관수를 많이 하면 잎이 길어진다.	해송과 같다.	3중~하 : 도장 지치기 9중~하 : 신소 치기 $\frac{1}{2}\sim\frac{1}{3}$ 남기고 고엽은 제거한다. 또는 해송과 같은 단엽처리(단 격년에 실시)	어린나무 : 3월 노목은 7월 수피가 황피 되지 않은 가지만 철사걸이 한다.	수세가 해송보다는 조금 약한 편이다.
	노간주나무	사 리 간 반 간 곡 간 文 人 木	3하~5상 4~5년에 1회	건조에 강하므로 관수 적게한다. 엽수를 때때로 하여 엽색을 좋게 한다.	깻묵덩이거름 : 5, 6, 9~10월 3회정도	사리조각은 3상~4상 1개월간 수태감아 둔다. 순치기는 5~8월사이 새순 잎이 벌어지기 전에 순치기 한다	잘 교정이 안 된다. 철사걸이하면 3~4년 그대로 둔다. 잔가지는 순치기로 정자한다.	건조, 한서, 공해에 강하며 재질이 강해 썩지 않는다. 백골이 좋다.

구분분류	수종명	주요수형	분갈이 (분올림)	관수	시비	정형,정자 (순치기, 가지치기)	철사걸이	적요
	진백	사리간 곡간 반간 현애 석부 총생간	3중~4중 장마철 8하 ~ 9중 3~4년에 1회	관수적게 한다. 엽수는 빈번히 한다.	깻묵덩이 거름 4~6월 8하~9월 액비 월 1~2회 가을 잿물거름	순치기 4~10월 계속 실시, 가지치기, 속가지 정리 3월에 하여 통풍이 잘되게 한다	3~4월 굵은 가지나 줄기는 잘 안된다.	성질강건, 재질이 강하고 부패하지 않으므로 사리간한다. 변화가 심하면 침엽이 나온다. 순치기만 3~4년 하면 인엽으로 돌아간다.
	가문비	직간 사간 쌍간 연근 군식 석부	3하~4중 어린나무 1~2년에 1회 성목 3~4년에 1회 뿌리는 많이 자르면 좋지않다.	관수 많이 한다 습도 높은 것이 좋다. 새순 날때는 특히 관수 많이 한다.	깻묵덩이 거름 3~5월 9~10월 가을에 액비	순치기 4~6월 잎이 벌어지기 전에 새순을 $\frac{1}{2}$~$\frac{2}{3}$ 따낸다. 가지치기는 3중~하	3중하 탄력이 강해 잘 듣지 않으므로 조금 굵은 것을 사용한다.	공해에 약하다. 소품 분재에는 다아성 품종이 좋다. 석부에도 좋다.
	삼나무	직간 쌍간 연근 사리간 군식	4~5월 어린나무 2년에 1회 보통 3~4년에 1회	관수 많이 한다 엽수를 빈번히 하여 잎을 씻어준다.	깻묵덩이 거름 4~6, 8~10 (장마철 제외)	순치기 4~6월 잎이 벌어지기 전에 새순을 $\frac{1}{2}$~$\frac{2}{3}$ 따낸다. 가지치기 4월,9월	4~6월 피복선 사용	직간성 나무이다. 공해에 약하다.
	편백(화백)	직간 군식	3중~4상 2년에 1회	건조에 강하므로 관수를 적게	깻묵덩이 거름 4~10월	가지치기, 3월 하순	철사걸이 잘 안된다. 3~	건조에 강하다. 재질이 강하다.

		총생간		한다. 한여름 저녁 햇빛 가려준다.	장마철, 한여름 제외	순치기, 5~7월,9월 2~3회 신소 1~2눈 남기고 잘라준다.	4년 걸어두어야 한다.	
상엽분재	당단풍 산단풍	곡간 사간 연근 군식	3중~4중 (새순 나기전) 1~2년에 1회 완성목 2~3년에 1회	충분한 관수 한여름 해가리	깻묵덩이 거름 4~10월 장마철, 한여름 제외	가지치기 2월 (나무에 물이오르고 난 뒤의 가지치기 불가) 순치기 4~9월 반복, 1~2잎 남기고 순치기	장마철 수피에 파고들기 전에 풀어야 한다.	6월 하순경 잎따기 작업 (매년 불가)
	느 티 나 무 참느릅나무	직간 곡간 표준곡간 소품	3~4중 (새순 나기 전) 1~2년에 1회	충분한 관수 엽수 빈번히	깻묵덩이 거름 4~7월	가지치기, 3월 순치기, 4~9월 반복 2~3잎 남기고 순치기	6하~7중 피복선 사용	6월 하순경 잎따기 작업 잎을 $\frac{1}{5}$ 정도 남기고 가위로 자른다.
	소 사 나 무	곡간 표준곡간 현애 사간 군식 총생간	3~4중 (새순 나기 전) 어린나무 1~2년에 1회 노목 3~4년에 1회	충분한 관수 여름 엽수 한여름 저녁해가리	깻묵덩이 거름 4~7월	가지치기 3월 순치기 4~9월 반복, 2~3잎 남기고 순치기	장마철 피복선 사용 일찍풀어야한다.	6월 하순경 잎따기 작업 (격년 실시)
	너 도 밤 나 무	표준곡간	3~4중 (새순	충분한 관수	깻묵덩이 거름	순치기 4~6월	3월 (새순 나	7월 초순경

구분 분류	수 종 명	주요수형	분갈이 (분올림)	관 수	시 비	정형, 정자 (순치기, 가지치기)	철 사 걸 이	적 요
		곡 간 군 식	나기전) 1 ~ 2년에 1회 노목 3 ~ 4년에 1회	엽수 빈번히	4 ~ 7월	반복 잎이 완전히 벌어지기 전에 순치기	기전) 장마철	잎따기
	은 행 나 무	직 간 군 식	3 ~ 4중 어린나무 1 ~ 2년에 1회 노목 3 ~ 4년에 1회	관수 많이 엽수는 하지 않는다 여름관수 충분히	시비 적게 4 ~ 7월	가지치기 3월 순치기 6월하순경	6상중순경 별로 하지 않는다.	가지 상처 말라 들기 쉽다.
	검 양 옻 나 무	표준곡간 군 식	3중순 (순나기전) 1 ~ 2년에 1회	관수 적게(습지를 싫어한다)	깻묵덩이거름 : 4 ~ 7월	새순이 완전신장 후 순치기 2 ~ 3잎 남기 고 실시	8하순경, 피복선사용	한여름 저녁 해가리, 강한 바람 가려준다.
	화 살 나 무 회 잎 나 무	곡 간 표준곡간	3상 ~ 하순 어린나무 매년 완성수 2년에 1회	충분한 관수 여름 말리지 않도록 주의	깻묵덩이거름 : 4 ~ 7월 액비 9월 2회정도	순치기 4 ~ 9반복, 2 ~ 3잎남기고 순치기 가지치기 11 ~ 3	장마철	수세강함
	매 자 나 무	곡 간 표준곡간 소 품	3중 ~ 4상 1 ~ 2년에 1회	관수 많이	깻묵덩이거름 : 4 ~ 7월 액비, 9월 2회	순치기, 4 ~ 9 빈번히 2 ~ 3잎 남기 고 순치기	3월 (순나기전)	소품은 삽목번식
	담 쟁 이 덩 굴	현 애	3중 ~ 4중	충분한 관수	깻묵덩이거름 :	넝쿨이 7 ~ 8	분올림 할 때	굵어지지 않으

		반현애 사 간 표준곡간 곡 간	(순나기 전) 2~3년에 1회		4~9월 잿물거름:4~8월, 월1~2회 (단풍이 아름다워진다.)	마디 자라면 2마디에서 순치기 불필요한 눈따기 6중순 잎따기	필요한 곳만 실시	므로 굵은 줄기에 뿌리접을 한다.
상 화 분 재	매 화 나 무	곡 간 표준곡간 사 간 사 리 간 수 양 형	3중~하순 (새순 나기전) 매년 1회 고목 2년에1회	건조에 견딘다. 보통 관수 화아분화기(7월) 관수 줄임	깻묵덩이거름: 4~7월 액비:월 2회 배양중인 것은 10월까지 시비	신소 3~5 cm 자랐을 때 2~3잎 남기고 가지치기 하고 2차지에 꽃피운다. (5월 10일까지)	장마철	품종수 200종백매, 분홍매 =홍매 짙은 홍색= 비매 수양매
	명 자 나 무	총 생 간 곡 간	9하~10중 (가을기온이 내린 뒤) 1~2년에 1회 (뿌리혹 있으면 완전제거 하고 석회유황합제 5배액을발라준다)	계속 충분한 관수(여름 말리면 낙엽지고 다음 해 개화못함)	깻묵덩이거름: 4~9 (장마, 한더위제외) 분갈이 때 골분 넣어준다.	5월 10일 전에 한번 순치기 2~3잎 남기고 2차지에 개화시킴.	장마철 신소에 피복선	봄에 뿌리에 손상이 생기면 뿌리혹병이 필히 발생하므로 봄에는 뿌리 자르면 안된다.
	영 춘 화	곡 간 쌍 간 석 부 현 애	3중~4중 6월 9~10월 1~2년에 1회	건조에 강함 횟수 줄인다.	깻묵덩이거름: 4~10월 (장마, 한더위제외)	3~4중, 가지치기 5초, 순치기 (2차지에 개화시킨다)	장마철 신소에 피복선 (잘부러진다)	맹아가 도장하기 쉬우므로 일찍제거 엽수 주지않고 장마 때 비가림

구분 분류	수 종 명	주요수형	분갈이 (분올림)	관 수	시 비	정형,정자 (순치기, 가지치기)	철 사 걸 이	적 요
	해 당	곡 간 사 간 표준곡간 연 근	3중~4중 1~2년에 1회	물말리면 엽소 현상 발생 계속 관수에 유 의	깻묵덩이거름 : 4~9월 (장마, 한더위 제외) 분갈이시 골분 넣어줌	3~4중 가지 치기 도장지는 6하 ~7초 단지의 눈이 갈색이 되 면 순치기 (2~ 3잎 남기고)	장마철 8하~9초	상처는 혹이 되 기 쉬우므로 파 내고 유합제 도 포.
	벚 나 무	자연곡간 표준곡간 총 생 간	3중~하 10월 매년 1회	여름해가리하고 관수적게 한다.	과비, 농비에약 하므로 연한 액 비 월 1~2회	가지치기하면말 라 들어가는 성 질이 있으므로 년 2회정도 순 치기하여 정자 한다.	5하~6중 피복선 사용	분재용으로는붉 은 눈의 산벚꽃 수양벚꽃 부사 벚꽃등이라야된 다.
	산 사 나 무	곡 간 표준곡간 형 애 총 생 간	3중~4중 매년 1회	충분한 관수 한더위 해가림	깻묵덩이거름 : 4~9 (장마제 외) 가을거름 많이	가지치기 3월 6중순까지 2~ 3 cm 남기고 순 치기 끝낸다.	6중~7중 신소에 실시 피복선 사용	백화는 홍황색 열매, 홍화는겹 꽃 아름답다.
	채 진 목 (采 振 木)	곡 간 표준곡간 현 애 총 생 간	3중~4 초 9초~중 매년 1회	4~5 관수 많 이, 엽수 빈번 히	깻묵덩이거름 : 4~9 가을 거름 많이	가지치기 3월 6중순까지 2~ 3마디 남기고 순치기 2~3회	6 신소피복선사 용	배양기에 잔가 지 많이 불리도 록 한다.
	사 쯔 기 철 쭉	직 간 표준곡간 다 간	6월 (개화직후) 어린나무 매년 노목 2년에 1회	관수 많이, 엽 수 빈번히 한여름 요수, 관	깻묵덩이거름 : 3~10월 액비	순치기 7까지 2잎 남 기고 실시 (5~	3중~하 6월 (개화후) 피복선 사용	품종 아주많음.

	현 애 총 생 간	어린나무는 뿌리 $\frac{1}{3}$ 잘라냄.	수 실시	월 1~2회	6잎 났을때) 순숙기 일찍 2개만 남기고 신소숙기 함	수피파고들기 전에 푼다.	
치 자 나 무	총 생 간 자연수형 현 애	3중~하 6, 10 1~2년에 1회	관수 적게 (일조 충분히)	깻묵덩이거름 : 3~10 장마, 한더위제외	3중~하 가지치기 5 순치기 6 잎따기	5~6	한여름 해가림 다화성이고 향기 높다.
목 백 일 홍	곡 간 표준곡간 사 간 자연수형	4상~중 (추위에 약하다) 매년 1회	관수 충분히 그러나 너무 많이 하면 가지 길어진다.	거름 많이 깻묵덩이거름 : 4~6 액비 월 2회	가지치기 (분갈이 할 때) 작년지 2~3 마디에서 6월말경 긴 신소 2-3잎 남기고 순치기 2차지에 개화시킴	4월 주요지 철사걸이 6월 신소에 실시	수세강건, 배양용이 삽목, 취목용이
꽃 석 류	사 간 곡 간 표준곡간 현 애	4하~5상 새순이 트기 시작할 때 1~2년에 1회	충분한 관수	거름 많이 장마철, 겨울제외 연중 깻묵덩이거름 액비 월 2~3회	순치기는 6월 꽃봉오리가 자란 후에 실시 (2~3잎 남기고) 가지치기 6~8월	6~8월 피복선사용	수세강함 추위에 약함

구분 분류	수 종 명	주요수형	분갈이 (분올림)	관 수	시 비	정형,정자 (순치기, 가지치기)	철 사 걸 이	적 요
	등 나 무	자연수형	3중~4월 1~2년에 1회	관수 많이 7상~8상이화 아분화기 잎이 시들 정도로 관 수 줄인다.	4~7월 거름 많이 깻묵덩이거름많 이, 액비 월 2회	순치기 (2~3잎 남기고) 1차 5월 상 2차 6월 상 가지치기 11월 (꽃눈을 확인하 고)	신소 6하 피복선사용 4월	접목용이 일세등 (자색,백 색) 꽃이 잘 핀 다. 높은 곳에 둔다
	자 귀 나 무	자연수형	3중~하 2년에 1회	많은 관수 여름 물말리면 잔가지 마른다.	질소분 적게 칼 리거름을 주로 한다.	순치기 : 수형흐 트러지게 하는 것만 가지치기 개화 후에	7중~8중 피복선사용	근삽, 삽목, 일 세 자귀나무가 좋다.
	개 나 리	자연수형 소 품	10~11 개화후 매년 1회	보통	보통	눈따기 불필요 한 눈은 따버린 다. 6중~하 순치 기	장마 때	삽목 일세 개나리가 소품에 알맞다.
	목 련 고 부 시	자연수형	개화직후 1~2년에 1회	충분한 관수 한여름 해가림	깻묵덩이거름 : 4~7 액비 4~7월 2회	순치기 5월하순 눈따기 불필요 한 눈 제거	장마철	목련은 태양을 등지고 개화하 므로 분방향을 때로 바꾼다.
	동 백 늦 동 백	자연수형 곡 간 표준곡간	4~5 1~2년에 1회 고 목	보통 관수 공중 습도를 유지해 줄것 (엽수를 빈	깻묵덩이거름 : 4~7 액비	가지치기 4~5 순치기 6하	5~6 피복선사용 일찍 푼다.	한여름 해가림 늦동백은 개화 기 반음지에 둘

	사 간	2~3년에 1회	번히)	4~7월 2회			것
차 나 무	자연수형 군 식	4~5 2년에 1회	보통관수이나조금 적게 한여름 해가림	동백과 같음	가지치기 4~5 6~7잎 자랐을 때 순치기 3~4잎 남기고 1회만실시	장마철 피복선사용	추위에 약함
마 취 목	자연수형 총 생 간	4월, 6월 1~2년에 1회	충분한 관수	깻묵덩이거름: 4~7 9	가지치기 4월 순치기 5~6월	4월 6월	적아계가 좋다. 봄 일찍 개화함 유독식물, 삽목 번식
백 화 등	자연수형 곡 간	4~5월 1~2년에 1회	충분한 관수	깻묵덩이거름: 4~10 (장마, 한여름 제외)	가지치기 4~5월 순치기 5~6월 (5~6잎 자라면 2~3잎 남기고 실시)	4월 장마철 피복선사용	꽃향기 1개월간 가을 홍단풍 봄까지 볼수 있다 덩굴 식물이나 수형이 가꾸어 진다.
금 로 매	자연수형 곡 간 표준곡간 총 생 간	4월 1~2년에 1회	충분한 관수 여름 시원하게 해가림	깻묵덩이거름: 4~10 (6월, 장마, 한여름 제외)	가지치기 4~5월 순치기 5중~하 신소 5~6잎 일 때 2~3잎 남기고 실시 8~9 순치기	4월 8월	6월 선황색 꽃 1개월여 계속 개화 북부 고원 늪지에 자생하므로 여름 더위 약하다.
애 기 사 과	곡 간 사 간	분올림 3월 분갈이 격년 9	충분한 관수 단 6월 화아분	깻묵덩이거름: 3하~7중	배양중인 것 신소 7~8매	장마철 피복선사용	수세강하고 내한 성도 있다.

상

구분 분류	수 종 명	주요수형	분갈이 (분올림)	관 수	시 비	정형, 정자 (순치기, 가지치기)	철 사 걸 이	적 요
과 분 재		표준곡간 자연수형	~10 1년 개화 결실 후 1년은 쉬게하고 가을 분갈이	화기는 관수 조금적게 조절	7하~8 시비 않음 깻묵덩이거름 : 9~10	자라면 2~3마디 남기고 순치기 계속 • 개화주 6하~7초까지 순치기 아니 한다. 단과지 끝눈이 갈색으로 변하면 도장지 2~3마디에서 잘라주고 2차지 자라면 다시 순치기 한다.	9월 일찍 풀 어줄것	열매가 큰 을여 애기국광이 좋다.
	석 류 나 무	사 간 곡 간 표준곡간 쌍 간 현 애 석 부	4하~5상 어린나무 매년 노목 2~3년에 1회 새순이 돋아 나온후에 하는 것이 좋다.	일조, 통풍을좋게 한다. 꽃봉오리가 나올때까지 관수적게 조절한다. 그후 충분한 관수	깻묵덩이거름 : 4하~6하 9~10 충분한 거름	4하 : 불필요한 순제거 5~6 : 꽃봉오리를 확인한 후 2~3마디에서 전지	5중~6하 피복선 사용 왼쪽으로 감는다. (그렇지 않으면 가지 부러진다)	추위에 약하다. 수세강하고 큰 가지도 삽목이 된다. 열간 품종이 빠른 기간에 운치있는 수형이 된다.
모 과 나 무		사 간 표준곡간 자연수형	3상~중 매년 1회 노목	봉오리가 자라고 개화 결실기까지 관수적게	다비 깻묵덩이거름, 액비 모두 배이	가지치기 3월 배양수 신소가 갈색이 되면 2	신소 장마철 삼으로 감고 철사걸이 한	수세강건 호장한 분재가 된다

수종	수형	분갈이	관수	시비	전정	번식	비고
		2~3년에 1회 물올림 가장 빠르다.	조절 충분한 관수	상으로 많이 시비한다. 결실후 더욱 많이	~3마디 남기고 가지치기, 2차지도 반복실시 개화수 가지치기 1차만 하되 4~5 마디 남긴다.	다.	
심 산 해 당	사 간 곡 간 표준곡간 자연수형	3상~중 매년 1회	관수 많이 한여름 해가리 (엽소현상발생)	개화 결실기 시비 않음, 결실 후 시비많이 9월까지	애기사과와 같다.	신소 : 6~7 피복선사용	열매를 오래 감상하려면 방한 해야 한다.
윤 노 리 나 무	자연수형 석 부	3중~하 매년 1회	충분한 관수 한여름해가림	깻묵덩이거름 : 3하~9	가지치기 3중 순치기 긴 신소만 2~3마디 남기고 순치기	6중~하 . 신소에 실시	산채가 주종이지만 실생하는 것도 좋다.
보 리 수	자연수형 석 부 현 애	3중~하 매년 1회	보통 관수	깻묵덩이거름 : 3하~6 8하~9 (많이 준다)	가지치기 3중 신소 6상 중순에·긴가지만 4~5마디 남기고 전지	장마철 신소에 실시 피복선사용	왕보리수가 좋다. 당보리수는 꽃에 향기가 있어 좋다. 취목이 잘된다.
앵 도 나 무	총 생 간 석 부 자연수형	4중(개업을 시 작할 때) 매년 1회	8중하 화아분 화기는 적게 조절	장마, 화아분화기는 시비않음. 4~9 깻묵덩	가지치기 2~3 신소 6월 긴가지만 2~3절	6월 신소 가을에 푼다.	수세강건, 발근 맹아왕성, 흰열매가 있다.

구분 분류	수 종 명	주요수형	분갈이 (분올림)	관 수	시 비	정형, 정자 (순치기, 가지치기)	철사걸이	적 요
				그외는 많이 관수	이 거름	남기고 전지		
	낙 상 홍	곡간 사간 표준곡간 쌍간 충생간	3중~하 매년 1회	충분한 관수 한여름 해가리	4~9 깻묵덩이거름: 액비 (장마철 제외)	가지치기 전년지 2~3 마디에서 전지 한다. 눈따기 불필요 한 새순제거 신소는 개화후 전지	장마 전후 피복선 사용 잘부러진다.	암수 딴 나무 (숫나무가 있어야 열매가 달린다)
	피 라 칸 사	직간 사간 표준곡간	3하~4상 매년 1회	물을 많이 요구하지만 관수를 너무 많이 하면 도장한다.	깻묵덩이거름: 4~9 (장마철 제외)	가지치기 3월 순치기 신소 6월에 1회, 4~5엽 남기고 전지	잔가지 2~3 신소 6월 가을에 풀어준다.	수세강하고, 취목, 삽목용이황 실종도 있다.
	홍 자 단	현애 표준곡간 곡간 석부	3중~4상 (새순나기전에) 새순 나오고 이식, 분갈이 하면 피해발생	다습하면 뿌리 부패한다. 물 적게준다.	거름은 많이 깻묵덩이거름액비 겸용하고 결실후 더 많이	가지치기 2~3 순치기, 불요지 제거는 4~7까지 반복 이후그대로 둔다.	철사걸이 잘 된다. 수시가능	잔가지 잘 나오고 중소분재에 알맞다. 줄기 잘 굵어지지 않는다.
	으름덩굴 멀꿀	자연수형 현애 표준곡간	3중~하 2~3년에 1회	충분한 관수 한여름 해가리	골분, 재거름을 많이 사용 결실후 많이시비	가지치기 3월 신소 6월 초순에 2~3잎 남기고 전지 2차	철사걸이하지 않고 당겨맨다.	3엽, 5엽의으름덩굴이 있다. 10시경 인공 수분, 2~3주함

					지는 그대로 신 장시킨다.		께 배양해야 수 분잘 된다.
감 나 무	곡 간 사 간 자연수형 표준곡간	3하~4상 2~3년에 1회	보통관수, 6~7월 관수 적게 하면 화아분화 잘된다.	깻묵덩이거름, 액비겸용	가지치기10~3 순치기, 신소의 꽃눈 확인후 도 장지 전지	4하~6중 피복선 사용 가을에 푼다.	고목산채 분재 좋다. 일세성 품종도 있다.
배 나 무	자연수형 표준곡간	3중~하 2~3년에 1회	많이 관수 결실기 적게 관수	깻묵덩이거름, 액비겸용 3~4월 7월, 9월	가지치기 10~3 전년지 긴가지 2~3마디 남 기고 전지 (다음 해 단과지 많이 발생, 필요없는 새순은 6까지 전지	5~7 신소에 피복 선 사용 일찍 푼다.	1과에 20매의 잎을 기준해서 열매 달리게 한 다.
감 귤 류	자연수형 곡 간 사 간 소 품	매년 1회 장마철에 잔 긴 뿌리 자르고 분 갈이	관수 많이, 특히 4~7많이 (말리지 않도록 주의)	깻묵덩이거름, 액비겸용, 특히 많이 시비 3 6~7 9	가지치기 3 6하 장마철 시 작할 때 신소 2~3잎 남기고 전지 2 차지에 개화 시 킨다.	6상, 중 10 피복선 사용	추위에 약하다. 겨울추위와 영 양 부족하면 결 실 잘 안된다.
밤 나 무	자연수형 표준곡간	3중~하 매년 1회	충분한 관수 일조, 통풍을좋 게 한다.	깻묵덩이거름, 액비, 골분, 재 거름 많이 4~10	가지치기 10~3 전년지의 결과 모지에서 자란 신소에 개화하	6중~7중 피복선 사용	3년이면 결실 원예품종도 많 다.

구분 분류	수 종 명	주요수형	분갈이 (분올림)	관 수	시 비	정형,정자 (순치기, 가지치기)	철 사 걸 이	적 요
						므로 꽃확인 후 순치기 한다.		
	남 오 미 자	자연수형 표준곡간	3중~하 2~3년에 1회	보통 관수, 신장기는 적게 관수 (도장하기 쉽다)	잔뿌리 적으므로 년중 시비가 능 3~10 깻묵덩이거름, 액비겸용	순치기 5~6 신소 2~3엽남기고 순치기 반복 계속	신장기 이외 수시 가능	삽목용이 개화기 그늘에서 배양하고 인공수분 새벽에 실시
	참 회 잎 나 무 화 살 나 무	표준곡간	3상~하 어린나무 매년 완성목 2~3년에 1회	충분한 관수 여름 해가리	깻묵덩이거름 : 많이 사용 3~10 (한여름, 겨울 제외)	가지치기 11~3 5월 순치기 실시	5~6 신소에 실시	수세 강함
	노 박 덩 굴	자연수형 표준곡간 현 애 석 부 문 인 목	3상~하 어린나무 매년 노목 2~3년에 1회	보통 관수 6월 신장기 적게 조절 (도장하기 쉽다)	깻묵덩이거름, 액비겸용 3~10	가지치기 11~3 5월상, 중 순 치기 실시 (개화후 도장지 전지)	5~6 신소에 실시	암나무에 결실 근삽으로 문인목
	뽕 나 무	표준곡간 소 품	4상~중순 1~2년에 1회	충분한 관수 물말리면 잎이 탄다.	깻묵덩이거름 : 4~7월 액비 9월 2회	순치기 : 4~9 (7~8매 잎났을 때 2~3잎 남기고 순치기) 6월말 잎따기 실시	3월 (순나기전)	긴뿌리 자르지 말고 감아 심는다.